Markus Stephan Haschka

Online-Identifikation
fraktionaler Impedanzmodelle für die
Hochtemperaturbrennstoffzelle SOFC

Schriften des
Instituts für Regelungs- und Steuerungssysteme,
Universität Karlsruhe (TH)

Band 04

Online-Identifikation fraktionaler Impedanzmodelle für die Hochtemperaturbrennstoffzelle SOFC

von

Markus Stephan Haschka

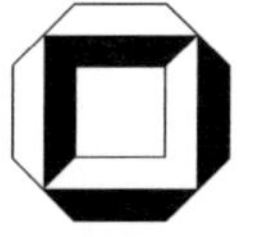

universitätsverlag karlsruhe

Dissertation, Universität Fridericiana Karlsruhe
Fakultät für Elektrotechnik und Informationstechnik, 2008

Impressum
Universitätsverlag Karlsruhe
c/o Universitätsbibliothek
Straße am Forum 2
D-76131 Karlsruhe
www.uvka.de

Universitätsverlag Karlsruhe 2008
Print on Demand

ISSN 1862-6688
ISBN 978-3-86644-236-8

Online-Identifikation fraktionaler Impedanzmodelle für die Hochtemperaturbrennstoffzelle SOFC

Zur Erlangung des akademischen Grades eines

DOKTOR-INGENIEURS

von der Fakultät für Elektrotechnik und Informationstechnik
der Universität Fridericiana Karlsruhe
genehmigte

DISSERTATION

von

Dipl.-Ing. Markus Stephan Haschka
aus Karlsruhe

Tag der mündlichen Prüfung: 12. Februar 2008

Hauptreferent: Prof. Dr.-Ing. Volker Krebs
Korreferentin: Prof. Dr.-Ing. Ellen Ivers-Tiffée

Karlsruhe, den 8. Mai 2008

„Die Natur macht keine Sprünge.“

Gottfried Wilhelm Leibniz (1646 − 1716),
deutscher Philosoph und Mathematiker

Vorwort

Es ist geschafft! Nach fünf schönen, spannenden und manchmal auch anstrengenden Jahren am Institut für Regelungs- und Steuerungssysteme bin ich nun soweit, diese Arbeit zu veröffentlichen. Daher bin ich bei all denen, die mich auf diesem Weg begleitet haben zu Dank verpflichtet.

Ich beginne bei Herrn Professor Volker Krebs, der mich als Institutsleiter zu dieser Arbeit angeregt hat und schließlich das Hauptreferat übernahm. Er gab mir die nötige Freiheit, aber auch die nötige Unterstützung, die ich benötigte, um diese Arbeit anzufertigen. Stets zum Gespräch bereit schuf er ein hervorragendes Arbeitsklima. Frau Professor Ellen Ivers-Tiffée bin ich ebenso zu Dank verpflichtet, denn erst durch die interdisziplinäre Zusammenarbeit mit dem Institut für Werkstoffe der Elektrotechnik, dessen Leiterin sie ist, war diese Arbeit möglich. Freundlicherweise übernahm sie auch das Korreferat und unterstützte mich engagiert.

Diese Arbeit wäre in dieser Form nicht möglich gewesen ohne die Unterstützung meiner Kollegen am Institut für Regelungs- und Steuerungssysteme. Besonders bedanken möchte ich mich bei Herrn Dirk Feßler, der mich bei der Korrektur dieser Arbeit engagiert unterstützte und mir auch viele wertvolle Hinweise gab, die zur Verbesserung beitrugen. Auch bei Erhard Hodrus, Jens Niemeyer, Dr. Mathias Kluwe, Michael Buchholz und Florian Wolff muss ich mich für die wertvollen konstruktiven wissenschaftlichen Diskussionen und für das Interesse an meiner Arbeit bedanken. Einen weiteren wesentlichen Beitrag zum Gelingen dieser Arbeit leistete auch Matthias Schwaiger, der mich vor allem im Umgang mit LaTeX hervorragend unterstützte.
Viele der in dieser Arbeit verwendeten Grafiken wurden von Frau Doris Bickel mit der notwendigen Sorgfalt erstellt. Dafür möchte ich mich auch bei ihr bedanken.
Ebenso bedanke ich mich bei den von mir betreuten Studien- und Diplomarbeitern, die mit ihren Arbeiten einen wertvollen Beitrag geleistet haben.
Auch viele Mitarbeiter des Instituts für Werkstoffe der Elektrotechnik halfen durch ihr Wirken mit, diese Arbeit in dieser Form zu ermöglichen und gaben mir wertvolle Hinweise und Anregungen. Besonders Herr Dr. André Weber, Volker Sonn und Bernd Rüger möchte ich hier erwähnen.

Nürnberg, 5. Mai 2008

Inhaltsverzeichnis

Abbildungen

Kapitel 1

Einleitung und Übersicht

Eine der wichtigsten Aufgaben der Natur- und Ingenieurwissenschaften ist die effiziente Umwandlung von Energie. Vor allem die Erzeugung von Elektrizität aus primären Energieträgern ist für moderne Industriestaaten bedeutend. Bei einem weltweit steigenden Energiebedarf und zur Minimierung von klimaschädigenden Emissionen ist es daher notwendig, die Energie-Umwandlung möglichst effizient durchzuführen.

Eine Möglichkeit dieses Ziel zu erreichen, ist die Verwendung von Brennstoffzellen zur gleichzeitigen Erzeugung von elektrischer Energie und Wärme durch eine elektrochemische Reaktion. Vor allem die Festelektrolyt-Brennstoffzelle SOFC (Solid Oxide Fuel Cell) ist eine mögliche Technologie, um in dezentralen Kraftwerken vor Ort beim Verbraucher Elektrizität und Wärme mit einem hohen Gesamtwirkungsgrad zu erzeugen. Man zählt diesen Brennstoffzellentyp zu den Hochtemperaturbrennstoffzellen, da seine Betriebstemperatur bei ungefähr 1000°C liegt. Aus dieser Betriebsbedingung folgen hohe Anforderungen an die verwendeten Werkstoffe.

Viele grundlegende Probleme für die Konstruktion und den Betrieb von Festelektrolyt-Brennstoffzellen wurden zwar bereits gelöst, dennoch sind weitere Schwierigkeiten zu überwinden, um die Kosten eines serienreifen SOFC-Systems auf einen marktgerechten Wert zu verringern. Der Betrieb eines kompletten Brennstoffzellen-Systems kann durch eine geeignete Betriebsführungsstrategie effizienter werden. Ebenso muss die Lebensdauer der verwendeten Komponenten der Brennstoffzelle deutlich erhöht werden. Erreicht werden können diese Ziele durch den Einsatz von modellbasierten Methoden aus der Regelungs- und Automatisierungstechnik.

Die elektrochemische Charakterisierung von Brennstoffzellen führt schon seit vielen Jahrzehnten auf eine Beschreibung mit Impedanzen. Diese Impedanzen sind lineare Modelle für das dynamische Strom/Spannungs-Verhalten an den Klemmen. Die Messung des elektrischen Klemmenverhaltens ist relativ einfach durchzuführen. Mit diesen Messdaten gelingt dann die Bestimmung dynamischer Modelle, die Aufschluss über innere Vorgänge in der Zelle geben.

Die Aufzeichnung der Impedanz mit der elektrochemischen Impedanzspektroskopie erfolgt durch das Aufprägen eines verhältnismäßig kleinen sinusförmigen Signals auf den Strom- oder den Spannungswert der Zelle im Arbeitspunkt. Die Antwort der Zelle auf diese dynamische Anregung ermöglicht die Ermittlung der Impedanz für die Frequenz des anregenden Sinus. Um die Impedanz über einen großen Frequenzbereich zu bestimmen, muss dieser Vorgang für jeden Frequenzpunkt wiederholt werden. Diese Vorgehensweise ist daher sehr zeitintensiv und erfordert außerdem eine zeitinvariante Zellimpedanz. Über den Messzeitraum, der mehrere Minuten betragen kann, darf sich also das elektrische Klemmenverhalten der Zelle nicht verändern. Gerade für eine Betriebsführungsstrategie, die frühzeitig sich ändernde, ungünstige Betriebszustände einer Brennstoffzelle erkennen soll, ist dieses Verfahren daher nur bedingt geeignet. Außerdem liegen nach einer abgeschlossenen Messung nur diskrete, komplexwertige Impedanzpunkte vor.

Um ein parametrisches dynamisches Modell der Impedanz zu erhalten, muss eine Parameterschätzung mit einem numerischen Optimierungsverfahren erfolgen. Als Modellansatz für Zellimpedanzen hat sich eine Schaltung bestehend aus mehreren sogenannten Cole-Cole-Gliedern bewährt. Diese unterscheiden sich durch das Auftreten eines reellwertigen Exponenten im Nennerpolynom der Übertragungsfunktion von den in der Elektrotechnik üblichen RC-Gliedern. Das erhaltene parametrische Modell enthält Widerstandswerte, Zeitkonstanten und die reellwertigen Exponenten der verwendeten Cole-Cole-Glieder. Diese Parametersätze enthalten Informationen, über die Intensität und die Art der Verlustprozesse in der Zelle. Ferner erlauben die Zeitkonstanten eine Zuordnung zu bekannten physikalischen Effekten.

Um die erwähnten Nachteile der elektrochemischen Impedanzspektroskopie überwinden zu können, wird in dieser Arbeit eine alternative Methode zur Onlineschätzung parametrischer Impedanzmodelle entwickelt. Diese neue Methode wird eine Schätzung der Impedanz durch die Verwendung von Zustandsraummodellen im Zeitbereich mit Hilfe von nichtlinearen Filtern ermöglichen. Bei der Lösung der gestellten Aufgabe treten zwei wesentliche Probleme auf: Zum einen wird das Zeitbereichsmodell der Zellimpedanz benötigt, und zum anderen muss ein nichtlineares Schätzbeziehungsweise Filterproblem gelöst werden.

Bei der Untersuchung der Impedanzen im Zeitbereich stellt man fest, dass durch die Verwendung von Cole-Cole-Gliedern Differenzialgleichungen im Zeitbereichsmodell auftreten, die nicht-ganzzahlige Ableitungen enthalten. Diese ungewöhnliche mathematische Eigenschaft ist eine Besonderheit dieser Impedanzmodelle. In der Mathematik werden solche nicht-ganzzahligen Ableitungen fraktionale Ableitungen genannt und sind seit 1974 Gegenstand der Forschung, obwohl die Anfänge dieser Theorie bis ins 19. Jahrhundert zurückreichen. Eine Impedanzschätzung im Zeitbereich benötigt somit ein Zustandsraummodell, das fraktionale Ableitungen enthält.

In dieser Arbeit wird ein solches Modell mit einem neuartigen Approximationsverfahren entwickelt, das auf ein höherdimensionales, aber gewöhnliches lineares Zustandsraummodell führen wird. Dieses neue Verfahren zur Simulation fraktionaler Systeme im Zeitbereich basiert auf einer etablierten mathematischen Analysemethode für Impedanzmessdaten im Frequenzbereich.

Um die Zustandsgrößen und die zeitveränderlichen Modellparameter des fraktionalen Impedanzmodells zu schätzen, muss ein nichtlineares Modell verwendet werden. Lineare Zustandsschätzer, wie beispielsweise der Luenberger-Beobachter oder das lineare Kalman-Filter, können daher nicht verwendet werden. Die Schätzung wird daher mit einem sogenannten Sigma-Punkt-Kalman-Filter durchgeführt, das auch für nichtlineare Prozessmodelle einsetzbar ist. Dieses ist eine Weiterentwicklung des gewöhnlichen linearen Kalman-Filters und besitzt ebenfalls eine Prädiktor-Korrektor-Struktur. Das Sigma-Punkt-Kalman-Filter unterscheidet sich vom bekannten erweiterten Kalman-Filter durch die explizite Verwendung der nichtlinearen Systemfunktionen; es wird also keine Linearisierung dieser Funktionen für die Schätzung durchgeführt. Stattdessen werden wenige deterministisch ausgewählte Punkte im Zustandsraum (die in der Literatur Sigma-Punkte genannt werden) mit den exakten nichtlinearen Gleichung des Systems abgebildet. Anschließend werden die Mittelwerte und die Kovarianzmatrizen aus den abgebildeten Sigma-Punkten durch gewichtete Summen näherungsweise berechnet. Das Sigma-Punkt-Kalman-Filter verwendet die auf diese Weise approximierten Momente zur Ermittlung des Schätzwerts.

Mit dieser Arbeit soll gezeigt werden, dass die Modellparameter einer zeitvarianten SOFC-Impedanz durch die hier vorgestellte neue Methode zur Approximation fraktionaler Modelle und unter Verwendung von Sigma-Punkt-Kalman-Filtern im Zeitbereich geschätzt werden können.

Gliederung der Arbeit:
Im Kapitel 2 werden die wesentlichen Grundlagen von Brennstoffzellen erläutert. Dabei wird eine Einteilung in unterschiedliche Brennstoffzelltypen vorgenommen, die durch die verwendeten Werkstoffe und die Betriebsbedingungen definiert sind. Der Schwerpunkt liegt auf der in dieser Arbeit verwendeten SOFC, deren Funktionsweise detailliert erklärt wird. Ferner wird auch das elektrische Verlustverhalten dieses Zelltyps vorgestellt, das durch komplexe Impedanzen in den Arbeitspunkten der Zelle beschrieben werden kann.

Die zur mathematischen Modellierung der Impedanzen im Frequenzbereich verwendeten Cole-Cole-Glieder werden im Kapitel 3 eingeführt. Um das für die Schätzung benötigte Zeitbereichsmodell zu erhalten, wird die fraktionale (nicht-ganzzahlige) Ableitung definiert. Dabei werden auch einige Grundlagen dieser mathematischen Theorie vorgestellt, bevor im Kapitel 4 die numerische Lösung von Differenzialgleichungen für solche Impedanzmodelle untersucht wird, die fraktionale Ableitungen enthalten. Hierfür wird ein neuartiges Verfahren zur Approximation fraktionaler Systeme entwickelt.

Zur Lösung der in dieser Arbeit behandelten nichtlinearen Schätzaufgabe wird das Sigma-Punkt-Kalman-Filter verwendet, dessen Grundlagen im Kapitel 5 erläutert werden. Ferner wird in diesem Kapitel eine detaillierte Herleitung der vom Sigma-Punkt-Kalman-Filter verwendeten Formeln durchgeführt.

Im Kapitel 6 wird das für die nichtlineare Schätzung verwendete Gesamtmodell angegeben. Dabei werden einige Zustandsgrößen transformiert, um physikalische Begrenzungsbedingungen bereits im Modell zu berücksichtigen. Danach wird die Leistungsfähigkeit der Impedanzschätzung mit Sigma-Punkt-Kalman-Filtern anhand eines am Rechner simulierten Beispiels vorgestellt und diskutiert.

Im Kapitel 7 wird die gesamte Arbeit mit ihren wesentlichen Ergebnissen noch einmal zusammengefasst.

In den Anhängen A-D werden Definitionen, Hilfssätze, Beweise und Herleitungen angegeben, die zum vollständigen Verständnis dieser Arbeit notwendig sind.

Kapitel 2

Grundlagen der Hochtemperaturbrennstoffzelle SOFC

Seit dem 19. Jahrhundert wird die Erzeugung elektrischer Energie hauptsächlich mit Wärmekraftmaschinen durchgeführt, die aus der chemischen Energie der Brennstoffe zuerst Wärmeenergie erzeugen, danach in Bewegungsenergie umwandeln und schließlich daraus elektrische Energie generieren. Dabei sind also mehrere Energieumwandlungen notwendig, die nicht ideal ablaufen können, weil ein gewisser Anteil der Energie nicht in die nächste Energieform umgewandelt werden kann. So ist es aufgrund des zweiten Hauptsatzes der Thermodynamik (Hauptsatz der Entropie) verständlich, dass die Wärmeenergie nicht vollständig in Bewegungsenergie umgewandelt werden kann. Der Umwandlung von Energie sind also physikalische Grenzen gesetzt und eigentlich treten noch technische und ökonomische Grenzen hinzu.

Zur Verwendung der Wärmekraftmaschine existiert schon seit dem 19. Jahrhundert ein alternatives Konzept: die von Sir William Grove 1839 vorgestellte Brennstoffzelle [Eul74]. Sie ermöglicht die direkte Umwandlung chemischer in elektrische Energie und ist - wie Batterien und Akkumulatoren - ein galvanisches Element. Wärme entsteht dabei nur noch als Neben- und nicht mehr als Zwischenprodukt. Alle galvanischen Elemente erzeugen elektrische Energie direkt aus chemischer Energie, jedoch unterscheiden sie sich in einigen Punkten.

In Batterien läuft eine irreversible elektrochemische Redox-Reaktion ab. Ein Stoff in der Batterie wird oxidiert, der andere wird reduziert. Dabei entsteht ein Spannungsabfall zwischen den Elektroden der Batterie. Werden die beiden Pole/Elektroden der Batterie über eine elektrische Last verbunden, so wird in dieser Last Arbeit verrichtet. Die bei elektrischer Belastung in der Batterie ablaufende Redox-Reaktion wandelt die Elektrodenmaterialien um, bis diese vollständig verbraucht sind und die Batterie schließlich entladen ist. Die Umkehrung dieser Redox-Reaktion ist bei Batterien praktisch nicht möglich.

Bei Akkumulatoren ist die Umkehrung dieser Reaktion dagegen möglich. Dies geschieht beim Laden, wenn von außen elektrische Energie über die Elektrodenanschlüsse zugeführt wird.

In Brennstoffzellen laufen ebenfalls Reduktionen und Oxidationen ab, aber die benötigten Stoffe werden während des Betriebs ständig von außen zugeführt. Es findet also kein Lade-/Entladevorgang statt, wie er bei Batterien und Akkumulatoren auftritt. Brennstoffzellen nehmen das Brennmaterial (z.B. Wasserstoff oder Kohlenmonoxid) und das Oxidationsmittel (z.B. Luft oder reiner Sauerstoff) kontinuierlich auf und verbrennen das Brennmaterial an der Anode. Man nennt diesen Vorgang auch kalte Verbrennung, obwohl dabei auch Wärmeenergie frei wird. Diese Wärmeenergie ist aber ein Nebenprodukt der Brennstoffzelle und kein Zwischenprodukt, wie bei der Wärmekraftmaschine. An der elektrischen Last zwischen Anode und Kathode wird elektrische Arbeit verrichtet, die zuvor nicht den Umweg über Wärmeenergie gehen musste.

Dies ist der bedeutende Vorteil der Brennstoffzellentechnologie, denn es sind theoretisch höhere Wirkungsgrade als mit der Wärmekraftmaschine erzielbar, da die Umwandlung in elektrische Energie direkt erfolgt.

Ein weiterer Vorteile der Brennstoffzelle ist ihre kompakte Bauweise, die es in Zukunft ermöglichen soll, dezentral, also beim Kunden vor Ort, Wärme und Elektrizität aus Brennmaterial zu erzeugen. Die Abwärme der Brennstoffzelle kann in diesem Anwendungsfall genutzt werden, um ein Gebäude zu beheizen.

Auch mobile Anwendungen der Brennstoffzelle sind möglich. So ist zum Beispiel geplant, eine Brennstoffzelle als Hilfsaggregat in Kraftfahrzeugen einzusetzen. Auch kleinere mobile Geräte, wie zum Beispiel Notebooks können mit einer Brennstoffzelle betrieben werden.

Außerdem ist die Brennstoffzelle im Betrieb sehr leise, da keine beweglichen Teile auftreten. Diese Tatsache ist vor allem für militärische Anwendungen, wie zum Beispiel als Energiequelle für U-Boot-Antriebe, vorteilhaft.

Eine frühe Anwendung der Brennstoffzelle war der Einsatz an Bord der Gemini- und der Apollo-Raumfahrzeuge der US-amerikanischen NASA während des Mondfahrprogramms in den 1960er-Jahren. So war es beispielsweise bereits 1965 ein Missionsziel von Gemini V die Tauglichkeit der Brennstoffzelle für die späteren Mondflüge zu testen (Quelle: NASA).

In der Raumfahrt spielen - wie bei militärischen Anwendungen - ökonomische Einschränkungen nur eine geringe Rolle. Heute ist es aber ein vorrangiges Ziel der

Brennstoffzellen-Entwicklung, möglichst kostengünstig und zuverlässig Energie umzuwandeln, damit der Einsatz dieser vielversprechenden Technologie auch in der Breite möglich wird. Um diese Aufgabe lösen zu können, sollen auch Methoden der Automatisierungstechnik eingesetzt werden.

Es existieren verschiedene Brennstoffzellen-Typen, die sich in den verwendeten Materialien und Betriebstemperaturen unterscheiden [IT01, LD00, HV98]:

- **Alkalische Brennstoffzelle (AFC)**
  Die Alkalische Brennstoffzelle wurde bereits im Apollo-Programm der NASA eingesetzt. Der wässrige Elektrolyt dieser Zelle besteht hauptsächlich aus Kalilauge. Der Ladungstransport im Elektrolyt wird daher von den Hydroxidionen (OH^-) der Lauge getragen. Betrieben wird diese Zelle, die als eine der ersten technisch nutzbar war, bei ungefähr 80°C. Der elektrische Wirkungsgrad dieser Zelle liegt bei 63%, aber es werden reiner Wasserstoff als Brenngas und reiner Sauerstoff als Oxidationsgas benötigt. Aus diesem Grund war diese Zelle für die Raumfahrt geeignet, da diese Gase ohnehin in reiner Form im Antrieb des Raumfahrzeugs verwendet wurden. Für den breiten Einsatz ist die AFC jedoch zu teuer.

- **Phosphorsäure-Brennstoffzelle (PAFC)**
  Dieser Brennstoffzellen-Typ verwendet Phosphorsäure als Elektrolyt, die in eine poröse, schwammartige Kunststoffschicht eingebettet ist. Auf diesem Phosphorsäure-Schwamm sind die Elektroden angebracht, auf deren Oberflächen sich katalytisch aktive Edelmetall-Partikel (Gold und Platin) befinden. Da die Säure nicht mit Kohlendioxid reagiert, kann vorrefomiertes Erdgas - das nach der Reformation CO_2 enthält - als Brenngas verwendet werden. Der elektrische Wirkungsgrad der PAFC liegt bei über 40%, aber bei zusätzlicher Verwendung der Restwärme (Betriebstemperatur: 200°C) kann der Gesamtwirkungsgrad bis zu 80% betragen. Die hier erforderlichen edlen Katalysator-Materialien sind aber als Nachteil dieses Zelltyps zu bewerten.

- **Polymer-Elektrolyt-Brennstoffzelle (PEM)**
  Wie die AFC und die PAFC, so zählt auch die Polymer-Elektrolyt-Brennstoffzelle zu den Niedertemperatur-Brennstoffzellen, deren Betriebstemperatur zwischen 50°C und 80°C liegt. Ihr Elektrolyt ist eine protonenleitende Polymer-Membran. Sie besitzt - wie die AFC - eine relativ niedrige Betriebstemperatur und einen elektrischen Wirkungsgrad von ungefähr 60%. Die von diesem Zelltyp verwendeten Gase sollten rein sein, da Verunreinigungen zu einer geringeren Effizienz oder sogar zu Beschädigungen führen können. Vor allem Kohlenmonoxid, das bei einer Reformierung als Nebenprodukt entsteht, kann die katalytische Aktivität und damit den Wirkungsgrad der Zelle verringern [LD00]. Außerdem muss der Elektrolyt während des Betriebs mit Wasser

befeuchtet werden, um ein Austrocknen zu verhindern. Als mögliches Anwendungfeld für diese Zelle ist der elektrische Antrieb von Kraftfahrzeugen möglich. Die Daimler-Chrysler AG hat bereits in den 1990er-Jahren Prototypen mit diesen Brennstoffzellen entwickelt.

Ferner existieren Projekte zur Spannungsversorgung von kleineren mobilen elektrischen Geräten, wie zum Beispiel tragbare Computer (Notebooks) oder Staubsauger-Roboter.

Eine mit der PEM verwandtes Brennstoffzellen-Konzept ist die Direkt-Methanol-Brennstoffzelle (DMFC), die Methanol als Brennstoff verwendet und vor allem für mobile Kleingeräte geeignet ist.

- **Schmelzkarbonat-Brennstoffzelle (MCFC)**
  Die Schmelzkarbonat-Brennstoffzelle zählt, wie die Festelektrolyt-Brennstoffzelle zu den Hochtemperaturbrennstoffzellen. Bei einer Betriebstemperatur von 650°C wird eine Karbonatschmelze als Elektrolyt verwendet. Der Ladungstransport im Elektrolyt wird von negativ geladenen Karbonationen übernommen. Der elektrische Wirkungsgrad dieser Zellen beträgt zwar nur 48-56%, aber dafür sind die verwendeten Materialien kostengünstig. Die Realisierung eines MCFC-Systems ist aber verfahrenstechnisch anspruchsvoll, da dem Oxidationsmittel Luft zusätzlich Kohlendioxid zugeführt werden muss, um das Absinken der Karbonationen-Konzentration zu verhindern. Daher können aber auch kohlenstoffdioxidhaltige Gase verwendet werden, was bei anderen Zelltypen nicht möglich ist. Die aus Lithium- und Kalziumkarbonat bestehende Schmelze ist aber sehr aggressiv und greift die verwendeten Materialien an. Daher ist die Verringerung der Korrosion und die damit verbundene Lebensdauerverlängerung ein wichtiges Forschungsziel für die Zukunft.

- **Festelektrolyt-Brennstoffzelle (SOFC)**
  Die in dieser Arbeit untersuchte Festelektrolyt-Brennstoffzelle SOFC (Solid Oxide Fuel Cell) ist eine Hochtemperaturbrennstoffzelle, die bei zirka 1000°C betrieben wird. Im Gegensatz zu den anderen hier beschriebenen Zelltypen besteht die gesamte Zelle aus Feststoffen. Es treten also bei der SOFC nur feste Werkstoffe und gasförmige Betriebsstoffe auf; ein zusätzlicher verfahrenstechnischer Aufwand (wie zum Beispiel eine Befeuchtung der Gase oder das Hinzuführen von Kohlendioxid) beim Betrieb des Elektrolyten ist daher nicht notwendig. Außerdem entfällt die Verwendung teurer katalytisch aktiver Edelmetalle, da bei dieser hohen Betriebstemperatur die relevanten chemischen Reaktionen bereits stattfinden [LD00]. Die Herstellungskosten einer SOFC sind daher verhältnismäßig niedrig. Die verwendeten Gase müssen nicht so rein sein, wie bei anderen Brennstoffzellen-Typen. Dafür ist der elektrische Wirkungsgrad einer SOFC mit 55-65% [IT01] niedriger als bei den Nieder-

temperaturbrennstoffzellen (AFC, PAFC und PEM). Dagegen besitzen auch moderne Steinkohlekraftwerke einen elektrischen Wirkungsgrad von nur 45%. Der durchschnittliche Wirkungsgrad von Kohlekraftwerken in der Europäischen Union beträgt derzeit sogar nur 36% (Quelle: E.ON AG).

Die hohe Betriebstemperatur der SOFC führt dazu, dass die maximal elektrochemisch nutzbare Energiemenge (die Gibbsche Freie Energie) geringer ist als bei einer MCFC mit einer niedrigeren Betriebstemperatur. Dafür ist der Innenwiderstand einer SOFC kleiner, da ein relativ dünner Elektrolyt für den Betrieb möglich ist.

Die in dieser Zelle verwendeten Materialien sind größtenteils keramische Werkstoffe. Auch der Elektrolyt ist eine Keramik: Yttrium-stabilisiertes Zirkonoxid, das für Sauerstoffionen (O^{2-}) leitfähig ist. Im Elektrolyt wird daher der Ladungstransport von den Sauerstoffionen getragen.

Das Funktionsprinzip einer Brennstoffzelle wird am Beispiel einer SOFC im folgenden Abschnitt 2.1 näher erläutert.

2.1 Aufbau und Funktionsweise einer SOFC

Eine Brennstoffzelle ist ein galvanisches Element, das Reduktions- und Oxidationsmittel räumlich getrennt miteinander chemisch reagieren lässt.

In Abbildung 2.1 ist der Aufbau einer SOFC schematisch dargestellt. Bei einer elektrischen Belastung der Zelle fließt Strom (mit technischer Zählrichtung) von der Kathode zur Anode der Brennstoffzelle, da ein Potenzialgefälle zwischen den Elektroden auftritt, wenn Sauerstoffgas an die Kathode und Wasserstoffgas an die Anode gelangt. Dieses Potenzialgefälle tritt auch im unbelasteten Fall (im Leerlauf) auf. Die Kathode ist also im Vergleich zur Anode positiv geladen. Da ein solches Potenzialgefälle nur entstehen kann, wenn gegen das elektrische Feld elektrische Ladungen verschoben werden, muss es - neben dem elektrischen Feld - eine weitere antreibende Kraft in der Zelle geben.

Diese Kraft, die eine Verschiebung der Ladungen bewirkt und zur Entstehung des Potenzialgefälles führt, ist die Diffusion. Sie wird angetrieben durch Konzentrationsgefälle beweglicher Teilchen in einem Material. Diese Teilchen sind bei der SOFC die O^{2-}-Sauerstoffionen, denn deren Konzentration ist in der Kathode sehr hoch und in der Anode nahezu nicht vorhanden. Die Werkstoffe von Kathode, Elektrolyt und Anode müssen also für Sauerstoffionen leitfähig sein, damit durch Diffusion ein Potenzialgefälle entstehen kann. Wenn das gegen den Ionenstrom wirkende elektrische Feld so groß geworden ist, dass sich diese beiden entgegen wirkenden Kräfte ausgleichen, befindet sich das System Brennstoffzelle im elektrochemischen Gleichgewicht.

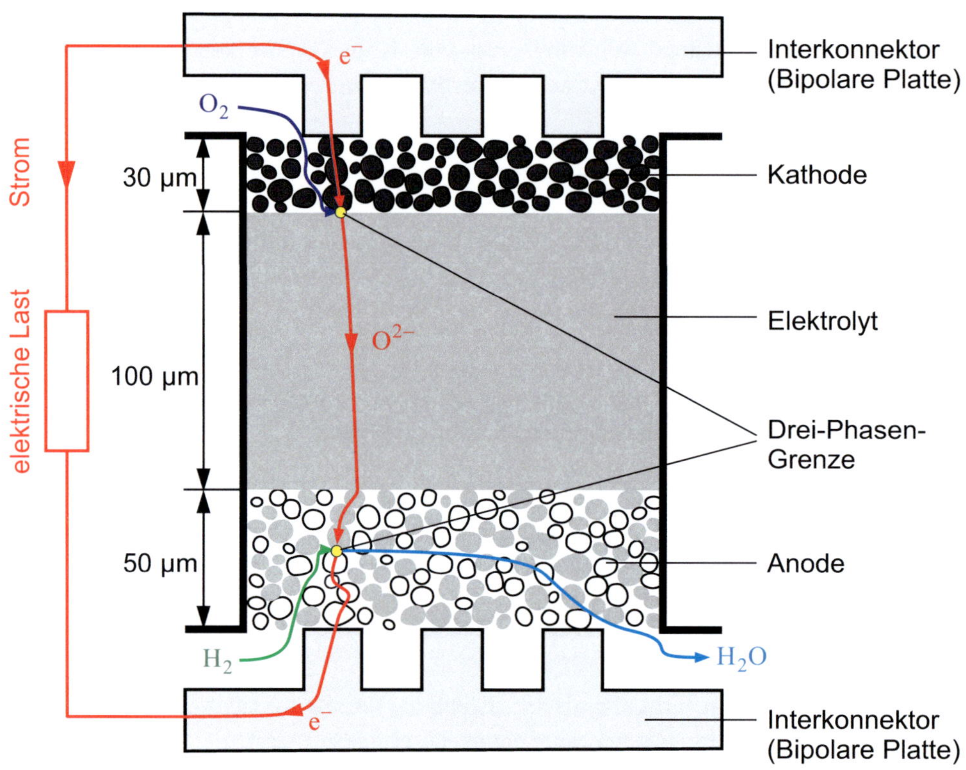

Abbildung 2.1: Aufbau und Funktionsweise einer SOFC

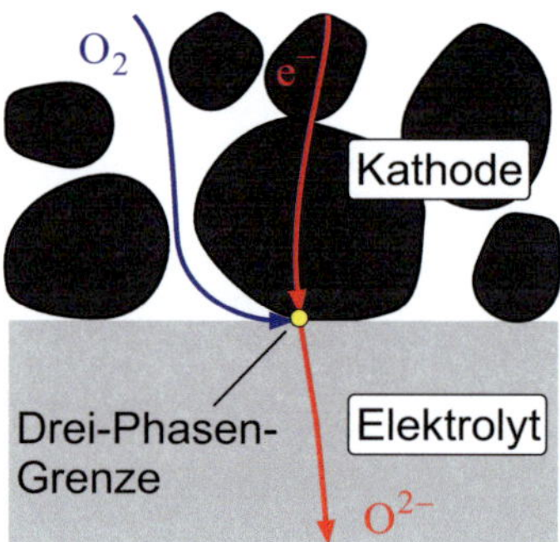

Abbildung 2.2: Die Drei-Phasen-Grenze an der Kathoden/Elektrolyt/Gasraum-Schnittstelle auf der Kathodenseite SOFC

An der Kathode liegt - wie in Abbildung 2.1 dargestellt - Sauerstoffgas an. Um dieses Gas zu ionisieren und in Sauerstoffionen umzuwandeln, muss die chemische Reaktion

$$\frac{1}{2}O_2 + 2e^- \rightarrow O^{2-} \qquad \textbf{(Reduktion in der Kathode)}$$

in der Kathode ablaufen. Da diese Reaktion an einem Ort stattfinden muss, an dem die drei beteiligten Stoffe/Phasen zusammentreffen, wird er Drei-Phasen-Grenze genannt. In den Abbildungen 2.1 und 2.2 ist die Drei-Phasen-Grenze jeweils mit einem gelben Punkt markiert. Da der gasförmige Sauerstoff an diese Grenze gelangen muss, darf die Kathode nicht massiv sein, sondern muss eine gasdurchlässige poröse Struktur besitzen, wie sie in Abbildung 2.2 dargestellt ist. Zudem ist durch die Porosität eine große katalytisch aktive Oberfläche - eine große Drei-Phasen-Grenze - gegeben, was zu einer Steigerung der Leistungsfähigkeit der SOFC beiträgt.

Das Kathodenmaterial muss in der Lage sein, bei den herrschenden Temperaturen das Sauerstoffgas durch die Aufnahme von Elektronen in Ionen umzuwandeln und danach in das eigene Materialgefüge einzubauen. Chemische Reaktionen, bei denen Elektronen aufgenommen werden, bezeichnet man in der Elektrochemie als Reduktion. Die Elektrode, an der die Reduktion stattfindet wird definitionsgemäß als Kathode bezeichnet [HV98].

Ein Werkstoff, der die Reduktion in der Kathode der Brennstoffzelle ermöglicht und Elektronen leitet, ist Strontium-dotiertes Lanthanmanganat (abgekürzt LSM), ein keramisches Material.

An der Drei-Phasen-Grenze auf der Kathodenseite entstehen also Sauerstoffionen, die - von der Diffusion angetrieben - durch den Elektrolyt wandern. Der Elektrolyt muss daher zwei wichtige elektrische Eigenschaften besitzen: Er soll Sauerstoffionen leiten, muss aber für Elektronen einen sehr großen ohmschen Widerstand besitzen. Idealerweise sollte der Elektrolyt keine Elektronen leiten. Könnten Elektronen direkt durch den Elektrolyt fließen, so wäre die Zelle intern kurzgeschlossen und an der außen angeschlossenen Last würde keine elektrische Arbeit verrichtet werden. Die Brennstoffzelle würde somit nicht funktionieren.

Schon Walther Hermann Nernst - ein Pionier der Elektrochemie - erkannte bereits 1899, dass Zirkonoxid (ZrO_2) für Sauerstoffionen (O^{2-}) bei sehr hohen Temperaturen leitend ist [LD00]. Da zudem der elektrische Widerstand für Elektronenleitung in diesem Material sehr groß ist, kann dieser Werkstoff als Elektrolyt verwendet werden. Außerdem ist dieser ebenfalls keramische Werkstoff sowohl in oxidierenden als auch in reduzierenden Umgebungen chemisch stabil. Diese Eigenschaft ist wichtig, denn der Elektrolyt ist mit den beiden Elektroden verbunden, an denen diese stark unterschiedlichen Bedingungen herrschen.

Um zu verhindern, dass sich die Reaktionsgase mischen können, muss der Elektrolyt zudem gasdicht sein. Er darf also nicht, wie die gasdurchlässigen Elektroden, porös sein. Außerdem soll der Elektrolyt mechanisch robust sein, was durch die Dotierung mit Yttrium erreicht wird.

Durch die Diffusion gelangen die Sauerstoffionen durch den Elektrolyt hindurch in die Anode, wo schließlich die Oxidation (Elektronenabgabe)

$$O^{2-} + H_2 \rightarrow H_2O + 2e^- \qquad \textbf{(Oxidation in der Anode)}$$

stattfindet. Bei dieser Reaktion verschwinden wieder die Sauerstoffionen und so entsteht das Konzentrationsgefälle dieser Ionen von der Kathode zur Anode hin, das den Diffusionsstrom verursacht.

Die Anode ist definitionsgemäß die Elektrode eines galvanischen Elements, an der die Oxidation stattfindet. Die Oxidationsreaktion findet ebenfalls an einer Drei-Phasen-Grenze statt, die sich auch innerhalb der Anode befinden kann und in Abbildung 2.1 ebenfalls durch einen gelben Punkt gekennzeichnet ist. Das Oxidationprodukt an der Anode ist Wasser (H_2O), das als Dampf zusammen mit dem unverbrannten Wasserstoffgas den Anodenraum wieder verlässt und über die Gaskanäle in der Bipolaren Platte abtransportiert wird.

Die beiden elektrochemischen Reaktionen - Oxidation und Reduktion - lassen sich zur Gesamtreaktion

$$\frac{1}{2}O_2 + H_2 \rightarrow H_2O \qquad \textbf{(Gesamtreaktion)}$$

der Festelektrolyt-Brennstoffzelle zusammenfassen.

An der Anode herrscht aufgrund des Sauerstoffmangels eine reduzierende Atmosphäre. Somit muss ein metallischer Werkstoff für die Anode verwendet werden; ein rein keramischer Werkstoff, der Sauerstoffatome im Gefüge enthält, wäre unter diesen Bedingungen nicht stabil. Nickel ist neben wesentlich teureren Edelmetallen dafür geeignet, da es eine hohe elektrische Leitfähigkeit besitzt. Da Nickel einen hohen thermischen Ausdehnungskoeffizienten besitzt, würde durch die hohe Betriebstemperatur eine mechanische Spannung zwischen der Anode und dem Elektrolyt entstehen, die das Zellgefüge beschädigen kann. Um diese Spannungen zu vermeiden und um die Drei-Phasen-Grenze auf den gesamten Anodenraum auszudehnen, wird die Anode aus einem Cermet, einer Keramik-Metall-Verbundstruktur, gefertigt. Das darin enthaltene Metall ist Nickel, der keramische Stoff ist Yttrium-dotiertes Zirkonoxid, aus dem auch der Elektrolyt gefertigt wird. Die Anode ist porös, damit das Brenngas die gesamte Elektrode ausfüllt. Ferner besitzt dieses Cermet sowohl für Ionen als auch für Elektronen eine deutliche Leitfähigkeit.

Das Größenverhältnis der Elektroden und des Elektrolyten ist in Abbildung 2.1

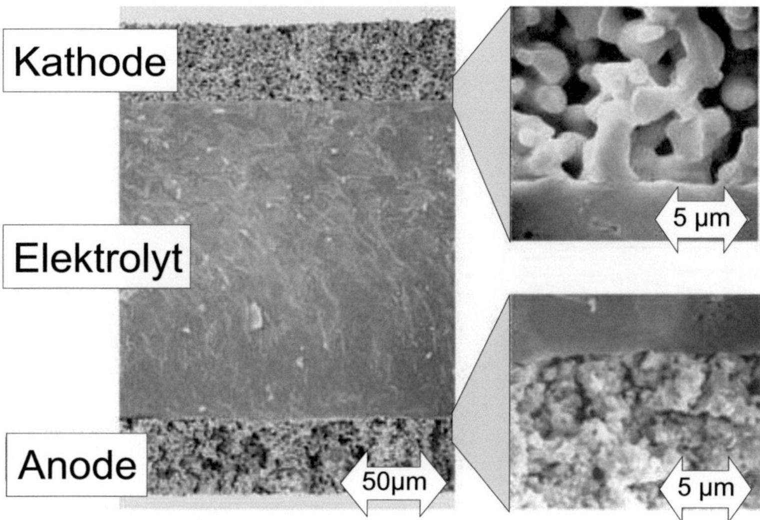

Abbildung 2.3: Aufnahme einer durchgeschnittenen SOFC mit einem Raster-Elektronenmikroskop (Quelle: Institut für Werkstoffe der Elektrotechnik, Universität Karlsruhe [Web02])

maßstabsgetreu dargestellt.

Abbildung 2.3 zeigt die Aufnahme einer durchgeschnittenen SOFC mit einem Raster-Elektronenmikroskop. In dieser Aufnahme erkennt man die Porosität der beiden Elektroden und den gasdichten Festkörper-Elektrolyt.

Werden die unterschiedlich geladenen Elektroden über die metallischen Interkonnektoren miteinander verbunden, so fließt ein Ausgleichsstrom durch die elektrische Last. Im Inneren der Elektroden laufen die beiden Reaktionen an den Drei-Phasen-Grenzen ab, solange diese mit den Reaktionsgasen versorgt werden. Die Interkonnektoren besitzen Gas-Kanäle, durch die das jeweilige Reaktionsgas an die Elektroden gelangt.

Der gesamte Stromkreis ist in Abbildung 2.1 rot markiert dargestellt. Dabei wird der Stromfluss von verschiedenen Ladungsträgern aufrecht erhalten. In der äußeren elektrischen Last, in den metallischen Interkonnektoren und in den Elektroden fließen Elektronen, die vom elektrischen Feld angetrieben werden. Im Elektrolyt und teilweise auch in der Cermet-Anode fließen Sauerstoffionen, die von der Diffusion angetrieben werden und somit gegen das elektrische Feld fließen können. Die dafür nötige Energie stammt aus den an den beiden Elektroden ablaufenden Reaktionen, die somit das Konzentrationsgefälle der Sauerstoffionen verursachen, das die Brennstoffzelle antreibt.

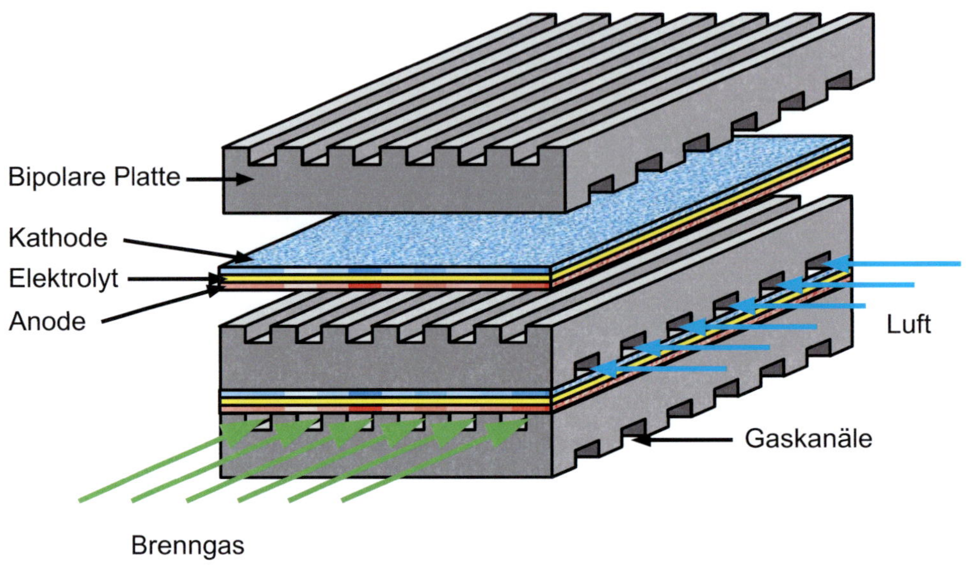

Abbildung 2.4: Prinzipieller Aufbau eines SOFC-Stacks

Die Leerlaufspannung einer mit Wasserstoff und Sauerstoff betriebenen SOFC kann nicht größer als die theoretische Zellspannung von $U_{th} = 1{,}2\text{V}$ sein. Dieser Wert wird durch die verwendeten Gase bestimmt. Um also mit diesen verwendeten Gasen höhere Spannungen zu erzielen, müssen mehrere Einzelzellen zu einem sogenannten Stack (deutsch: Stapel) in Reihe zusammengeschaltet werden. Bei einer Parallelschaltung von mehreren Einzelzellen in einem Stack-Verbund, können auch höhere Lastströme entnommen werden. In Abbildung 2.4 ist als Beispiel ein Brennstoffzellenstack, der aus nur zwei Einzelzellen besteht, schematisch dargestellt. Die Interkonnektoren (Bipolare Platten) verbinden die Anoden und die Kathoden zweier hintereinander liegender Einzelzellen. Durch die in die Platten eingearbeiteten Kanäle werden das Brenn- und das Oxidationsgas räumlich getrennt an die entsprechenden Elektroden geführt. Schließlich gelangt auch das verbrauchte Gas durch diese Kanäle aus den porösen Elektroden heraus. Das unverbrannte Wasserstoffgas, das aus der Anode stammt kann in andere Einzelzellen des Stack-Verbunds geführt und oxidiert werden. Wenn die Konzentration (der Partialdruck) des Wasserstoffgases auf der Anodenseite abnimmt, sinkt auch die erzielbare Zellspannung. Darum ist darauf zu achten, dass in einem Stackverbund bei Parallelschaltung keine zu hohen Ausgleichsströme zwischen Einzelzellen fließen.

Die theoretisch erreichbare Spannung einer Wasserstoff/Sauerstoff-Brennstoffzelle beträgt

$$U_{th} = -\frac{\Delta G}{nF}.$$

Dabei ist ΔG die - in der Elektrochemie bedeutende - Freie Reaktionsenthalpie. Darunter versteht man die Energiemenge, die bei einer isobaren (konstanter Druck) und isothermen (konstante Temperatur) elektrochemischen Reaktion eines Mols Brennmaterial frei werden kann. Bei der Brennstoffzelle sind nämlich diese beiden Bedingungen - im Gegensatz zum Verbrennungsmotor - erfüllt. Die Konstante F wird in der Elektrochemie Faraday-Konstante genannt und ist das Produkt der Elementarladung eines Elektrons mit der Avogadro-Zahl. Da n die Ladung des Elektrolyt-Ions in Elementarladungen angibt - bei O^{2-}-Sauerstoffionen gilt daher $n = 2$ -, ist das Produkt $n \cdot F$ die Ladungsmenge, die transportiert wird, wenn ein Mol Ionen durch den Elektrolyt gewandert ist. Die Freie Enthalpie ist von den in den Elektroden herrschenden Partialdrücken und der Temperatur abhängig und kann nach [IT01, Web02] durch die Formel

$$ U_{th} = \frac{RT}{4F} \ln \left(\frac{p_{O_2,\text{Kathode}}}{p_{O_2,\text{Anode}}} \right) \qquad R : \text{allgemeine Gaskonstante} $$

in Abhängigkeit der Sauerstoff-Partialdrücke ($p_{O_2,\text{Kathode}}$ und $p_{O_2,\text{Anode}}$) und der thermodynamischen Temperatur T angegeben werden. Da der Sauerstoff-Partialdruck an der Anode auch von der Temperatur abhängt, sinkt häufig die Zellspannung, wenn die Temperatur erhöht wird [IT01].

Unter idealen Bedingungen ist der Elektrolyt der Brennstoffzelle gasdicht und rein ionenleitend. Ferner sollen die Gaszusammensetzungen an den Elektroden zeitlich unveränderlich sein. Außerdem wird angenommen, dass sich die chemischen Reaktionen, die bei konstantem Druck und konstanter Temperatur stattfinden, im Gleichgewicht befinden. Diese Forderungen sind beim Betrieb nicht erfüllbar und darum ist die theoretische Zellspannung praktisch nicht zu erreichen.

Bei einer elektrischen Belastung der Zelle ($I_{SOFC} \neq 0$) treten zudem Verluste auf, die zu einer weiteren Verringerung der Zellspannung führen. Dabei wird unterschieden zwischen statischen Verlusten, die auch im stationären Betrieb auftreten und dynamischen Verlusten, die bei einer zeitlichen Veränderung der elektrischen Belastung vorliegen.

2.2 Statische Verluste in der SOFC

Die statischen Verluste treten beim stationären, belasteten Betrieb der Zelle auf, wenn also keine zeitlichen Veränderungen der Betriebsparameter der Brennstoffzelle vorliegen. Diese Verlustmechanismen lassen sich somit durch eine mathematische Funktion (Kennlinie) $U_{SOFC} = f(I_{SOFC})$ beschreiben, die das elektrische Klemmenverhalten in Abhängigkeit des Laststroms angibt. Der prinzipielle Verlauf dieser Funktion ist in Abbildung 2.5 dargestellt. Von der theoretischen Zellspannung wer-

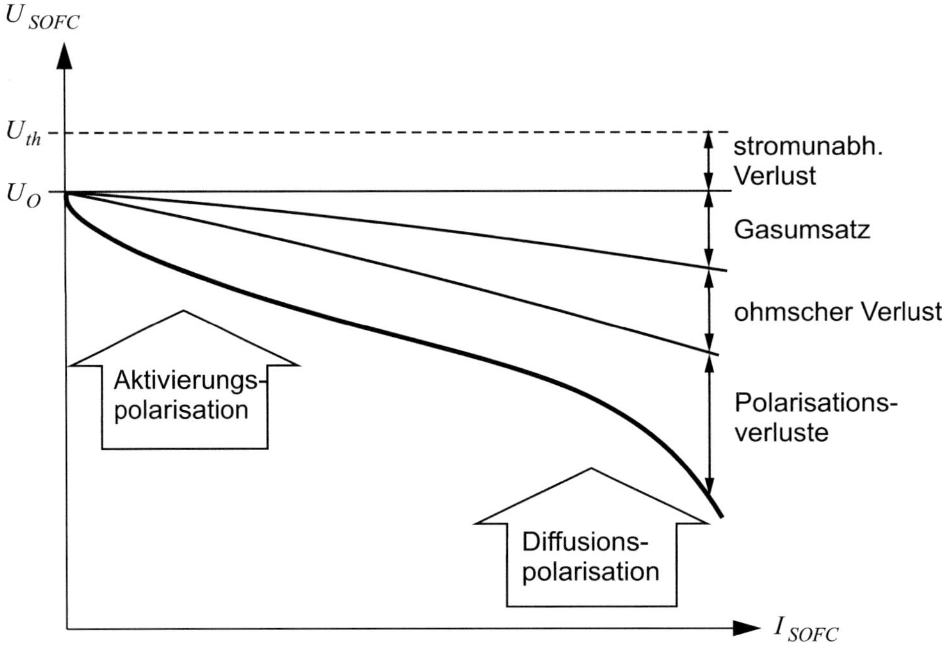

Abbildung 2.5: Der prinzipielle Verlauf der Strom/Spannungs-Kennlinie einer SOFC und die auftretenden statischen Verluste

den die einzelnen Verlustanteile subtrahiert, sodass sich der folgende Ausdruck

$$U_{SOFC}(I_{SOFC}) = \underbrace{U_{th} - \tilde{U}}_{=U_0} - \underbrace{U_{Gas}(I_{SOFC})}_{\text{Gasumsatz}}$$
$$- \underbrace{U_{\Omega}(I_{SOFC})}_{\text{Ohmscher Verlust}} - \underbrace{U_{Pol}(I_{SOFC})}_{\text{Polarisationsverluste}} \quad (2.1)$$

für die Zellspannung ergibt. Die einzelnen Verlustspannungen lauten [IT01, Web02]:

- **Stromunabhängige Verluste**
  Der mit $\tilde{U}$ bezeichnete Anteil ist nicht vom Laststrom I_{SOFC} abhängig und muss in Gleichung (2.1) eingeführt werden, um eine mögliche Verringerung der Konzentrationsdifferenz der Elektrodengase zu berücksichtigen. Diese Verringerung kann durch Undichtigkeiten entstehen oder auch durch eine vorhandene Elektronenleitfähigkeit des Elektrolyten, was zu inneren Ausgleichströmen in der Zelle führt und die Klemmenspannung um einen bestimmten Betrag verringert. Diese Effekte werden mit dem stromunabhängigen Verlustanteil $\tilde{U}$ zusammengefasst beschrieben.

- **Gasumsatz**
  Proportional zum durch die Zelle fließenden Strom nimmt der Gasumsatz zu. Damit steigt auch die Konzentration von Wasserdampf im Gas auf der Anodenseite und die Wasserstoff-Konzentration nimmt ab. Da aber eine hohe Konzentration notwendig ist, um eine hohe Zellspannung zu erhalten, nimmt diese in Abhängigkeit des Gasumsatzes ab. Die Spannung $U_{Gas}(I_{SOFC})$ beschreibt in Gleichung (2.1) diesen Effekt.

- **Ohmscher Verlust**
  Beim Transport von Ladungsträgern treten immer auch ohmsche Verluste auf. Diese werden sowohl vom Elektronen- als auch vom Ionenstrom verursacht und durch den Term $U_\Omega(I_{SOFC})$ in Gleichung (2.1) berücksichtigt. Eine unvollständige oder schadhafte elektrische Kontaktierung im Zellverbund kann zu einer deutlichen Vergrößerung dieses Verlustterms führen. Eine mechanische Ablösung der Elektroden oder die Bildung von unerwünschten korrosionsbedingten Zwischenschichten führen ebenso zu einer Vergrößerung dieser ohmschen Verluste. Daher ist ein zu hoher ohmscher Widerstand der Zelle ein Indiz für eine mögliche Schädigung der Zelle.

  Da die ionische Leitfähigkeit in den entsprechenden Materialien temperaturabhängig ist, besitzen auch diese Verluste eine Temperaturabhängigkeit.

- **Polarisationsverluste**
  Um die Reduktions- und Oxidationsreaktionen in der Zelle zu ermöglichen, wird Aktivierungsenergie benötigt. Ohne diese Energiemenge können die notwendigen chemischen Reaktionen nicht ablaufen. Daher tritt bei kleinen Strömen die sogenannte **Aktivierungspolarisation** als Verlustmechanismus, wie in Abbildung 2.5 dargestellt, auf.

  Um Sauerstoffionen durch den Elektrolyt zu bewegen, muss auch das dafür nötige Gas von den Kanälen in den Bipolaren Platten durch die porösen Elektroden hindurch zum Elektrolyt geführt werden. Steigt der durch die Zelle fließende Strom, so steigt ebenfalls der Bedarf an Gasmolekülen an den Drei-Phasen-Grenzen. Ein Konzentrationsgefälle der Gasmoleküle zwischen den Bipolaren Platten und dem Elektrolyt verursacht dabei den notwendigen Transportvorgang der Gase. Steigt der Strom, so steigt auch der Gasstrom, weil sich ein Konzentrationsgefälle in den Elektroden bildet. Das bedeutet aber auch, dass die Gaskonzentration und damit auch der Partialdruck an den Drei-Phasen-Grenzen abnimmt, was zu einer stromabhängigen Verringerung der Zellspannung führt. Dieser Effekt wird **Diffusionspolarisation** genannt.

  Die Polarisationsverluste besitzen eine deutlich nichtlineare Abhängigkeit vom Zellstrom, was in Abbildung 2.5 schematisch dargestellt ist.

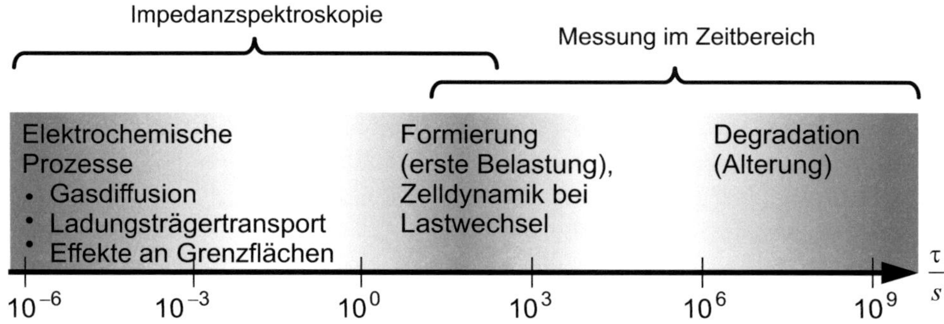

Abbildung 2.6: Dynamische Prozesse bei der SOFC und ihre Zeitkonstanten

2.3 Dynamische Prozesse in der SOFC

Zur vollständigen Charakterisierung von SOFC-Hochtemperaturbrennstoffzellen ist die alleinige Betrachtung der statischen Strom/Spannungs-Kennlinie nicht ausreichend. Zusätzliche Informationen über physikalische Vorgänge in einer betriebenen Brennstoffzelle können durch die Untersuchung der dynamischen Prozesse gewonnen werden. Unter dynamischen Prozessen werden hierbei zeitgetriebene Vorgänge verstanden, die nur durch Differenzial- oder Integralgleichungen mathematisch beschrieben werden können. Eine Veränderung der Betriebsparameter (Strom, Temperatur, Gasversorgung) regt die sich im Gleichgewicht befindende Brennstoffzelle an. Dabei wird der bisherige Gleichgewichtszustand verlassen und ein neuer stellt sich innerhalb einer bestimmten Zeitspanne ein. Die Zeitdauer, die benötigt wird, um die neue Ruhelage zu erreichen, wird durch Zeitkonstanten beschrieben. Je größer diese Zeitkonstanten sind, desto langsamer sind die für das Erreichen des neuen Gleichgewichts verantwortlichen dynamischen Prozesse. Daher kann aufgrund der Größenordnung der Zeitkonstanten eine grobe Zuordnung zu bestimmten bekannten dynamischen Vorgängen erfolgen. In Abbildung 2.6 ist ein Überblick über dynamische Prozesse in der SOFC und ihre entsprechenden Zeitkonstanten dargestellt. Es zeigt sich, dass ein großer Bereich von Zeitkonstanten untersucht werden muss. Die Zeitkonstanten der schnellen Prozesse betragen nur wenige Mikrosekunden; die langsamen Prozesse laufen dagegen innerhalb von Monaten oder Jahren ab. Daher müssen verschiedene Methoden gewählt werden, um die Dynamik von Brennstoffzellen beschreiben zu können.

Die langsamen Prozesse werden durch Messungen des Klemmenverhaltens (Strom- und Spannungsmessungen) über die Zeit erfasst. Vor allem die langsamen Degradationsvorgänge (Alterungsvorgänge) werden auf diese Weise untersucht. Auch schnellere Veränderungen, wie beispielsweise die Formierung der Zelle bei der ersten elektrischen Belastung, werden so ausgewertet [Sch03, SKIT02]. Die bei Lastwechseln auftretenden Einschwingvorgänge liegen in der gleichen Größenordnung und können durch einfache nichtlineare Modelle beschrieben werden [HWK$^+$06].

Die Gasdiffusion, die einen Teil des statischen Klemmenverhaltens vor allem bei hohen Belastungen verursacht, zeigt aber auch ein dynamisches Verhalten, wenn sich die Belastung der Zelle verändert. Dieses Verhalten besitzt sehr kleine Zeitkonstanten im Bereich von wenigen Mikrosekunden. Ebenso sind Ladungsträgertransportvorgänge oder Effekte an Grenzflächen, an denen elektrochemische Reaktionen ablaufen, sehr schnell. Diese sehr schnellen Dynamiken werden traditionell mit der sogenannten Impedanzspektroskopie beschrieben, die in der Elektrochemie seit den 1940er-Jahren eingesetzt wird, um dynamische Prozesse in galvanischen Elementen zu beschreiben [Mac87, Sch02].

Bei der Impedanzspektroskopie wird die frequenzabhängige Impedanz $Z_{SOFC}(j\omega)$ einer Zelle aufgezeichnet, indem dem konstanten Laststrom I_0 im Arbeitspunkt ein zusätzlicher zeitabhängiger sinusförmiger Strom

$$\Delta I = i_0 \sin(\omega_0 t)$$

überlagert wird. Dabei wird die Amplitude i_0 im Vergleich zum Strom I_0 im Arbeitspunkt verhältnismäßig klein gewählt, damit nichtlineare Effekte vernachlässigbar sind. Nach einer Einschwingphase wird an den Klemmen der Zelle eine Verlustspannung der Form

$$u(t) = U_0 + u_0 \sin(\omega_0 t + \Delta\phi)$$

gemessen. Aus dem Verhältnis von i_0 und u_0 sowie der Phasenverschiebung $\Delta\phi$ kann die komplexwertige Impedanz

$$Z_{SOFC}(j\omega_0) = \frac{u_0}{i_0} \, \mathrm{e}^{j\Delta\phi}$$

für die Frequenz ω_0 berechnet werden. Dieser Vorgang kann für verschiedene diskrete Frequenzen durchgeführt werden. Auf diese Weise erhält man für jede dieser ν diskreten Frequenzen

$$\omega_{0,1}, \omega_{0,2}, \ldots, \omega_{0,\nu}$$

den entsprechenden Impedanzwert

$$Z_{SOFC}(j\omega_{0,1}), Z_{SOFC}(j\omega_{0,2}), \ldots, Z_{SOFC}(j\omega_{0,\nu})$$

der Brennstoffzelle. In Abbildung 2.7 ist die durch eine solche Messreihe punktweise aufgenommene Impedanz einer SOFC-Einzelzelle durch Kreuze dargestellt. Um von dieser Impedanzmessung ausgehend zu einer geschlossenen Darstellung der Zellimpedanz zu gelangen, muss ein geeigneter Ansatz $Z_{Modell}(j\omega)$ gewählt werden. Mit einem numerischen Optimierungsverfahren können dann die Parameter der Ansatz-

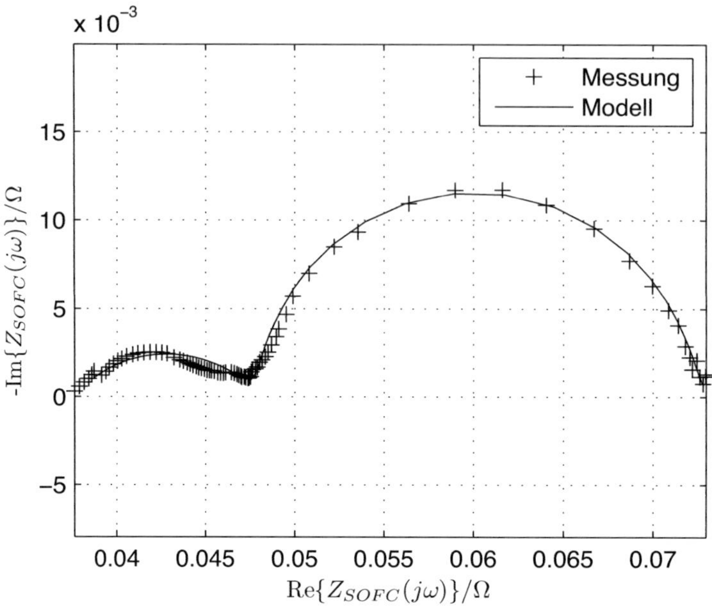

Abbildung 2.7: Gemessene und geschätzte Impedanz einer SOFC-Einzelzelle (Messung: Institut für Werkstoffe der Elektrotechnik, Universität Karlsruhe)

funktion so bestimmt werden, dass die Abweichungen zwischen Messung und Modell minimal werden. Ein mögliches Gütemaß kann als

$$J = \sum_{k=1}^{\nu} |Z_{SOFC}(j\omega_{0,k}) - Z_{Modell}(j\omega_{0,k})|$$

formuliert werden, das den Betrag der komplexwertigen Differenz zwischen Modell und gemessener Impedanz als Fehlermaß verwendet. Ein empirischer Ansatz zur Anpassung eines analytischen Modells an die Messdaten lautet [Mac87, Sch02, FK41]:

$$Z_{Modell} = R_0 + \sum_{n=1}^{N} \frac{R_n}{1 + (j\omega\tau_{0,n})^{\alpha_n}}. \tag{2.2}$$

Dabei sind die R_n Widerstandswerte und $\tau_{0,n}$ sind Zeitkonstanten von dynamischen Prozessen, die durch die kleinen Auslenkungen um die Ruhelage angeregt wurden. Alle Widerstände und Zeitkonstanten sind reelle, positive Zahlen. Eine Besonderheit in der Impedanz (2.2) sind die ebenfalls reellwertigen Parameter α_n, die zwischen 0 und 1 liegen. Diese sind notwendig, um die vorliegenden Impedanzdaten genau beschreiben zu können, denn eine Verkleinerung der α_n führt zu flacheren Impedanzbögen.

Mit Gleichung (2.2) wurde die Struktur des Impedanzmodells in Abhängigkeit von N angesetzt. Dieser Parameter muss bereits vor der Optimierung festgelegt werden. Je größer N gewählt wird, desto genauer kann die Impedanzmessung beschrieben werden. Ein zu großer Wert sollte aber nicht vorgegeben werden, denn es müssen insgesamt $3N + 1$ Parameter geschätzt werden. Das Finden eines (globalen) Minimums des Gütemaßes J wird deutlich schwieriger, wenn zu viele Modellparameter bestimmt werden müssen. Bei der Wahl von N gilt daher der Grundsatz: Der Parameter N muss so groß wie nötig, sollte aber auch so klein wie möglich gewählt werden.

Eine numerische Optimierung mit einem Gradientenabstiegsverfahren führt schließlich zu einem geeigneten Parametersatz, dessen Impedanzverlauf ebenfalls in Abbildung 2.7 eingezeichnet ist und durch

$$Z_{Modell}(j\omega) \;=\; 0{,}0375 + \frac{0{,}001719}{1 + (j\omega\,9{,}089)^{0{,}54}} +$$
$$+\frac{0{,}02339}{1 + (j\omega\,1{,}113)^{0{,}97}} + \frac{0{,}01054}{1 + (j\omega\,0{,}000167)^{0{,}54}} \qquad (2.3)$$

als Gleichung dargestellt werden kann. Man erkennt in Abbildung 2.7, dass das Modell und die gemessene Impedanz eine hohe Übereinstimmung aufweisen. Die geschätzten optimalen Werte der Parameter α_n in (2.3) sind reellwertig und liegen zwischen 0 und 1. Die Einführung dieser reellwertigen Exponenten für die Beschreibung der Zellimpedanz ist also notwendig.

Die Impedanz hängt von den Betriebsbedingungen (z.B. Temperatur, Brenngaszusammensetzung, Laststrom/Lastspannung, u.s.w.) der Zelle ab. In Abbildung 2.8 ist das Ergebnis einer Impedanzmessung bei verschiedenen elektrischen Lastbedingungen dargestellt. Der aus der Zelle entnommene Laststrom wurde dabei zwischen 1 A und 12 A variiert.

Das Aufzeichnen einer Zellimpedanz mit der vorgestellten Methode der elektrischen Impedanzspektroskopie besitzt den bedeutenden Vorteil einer hohen Genauigkeit, da nur der eingeschwungene Fall betrachtet wird, um die Zellimpedanz für eine feste Frequenz zu ermitteln. Es wird jedoch eine sehr große Datenmenge aufgezeichnet, aus der nur verhältnismäßig wenig Information zu entnehmen ist. Ferner ist zu beachten, dass die elektrische Impedanzspektroskopie ein sehr zeitaufwändiges Verfahren ist, das zudem nur dann sinnvoll eingesetzt werden kann, wenn sich die Zellimpedanz zeitinvariant verhält. Die Messung der in Abbildung 2.7 dargestellten Impedanz dauerte beispielsweise ungefähr 20 Minuten. Innerhalb dieser Zeitspanne darf sich die Impedanz nicht verändern, da sonst die ersten und die letzten gemessenen Impedanzpunkte im Frequenzbereich verschiedene Impedanzen beschreiben.

Eine Schätzung der Impedanz unter zeitvarianten Bedingungen wäre aber sehr hilf-

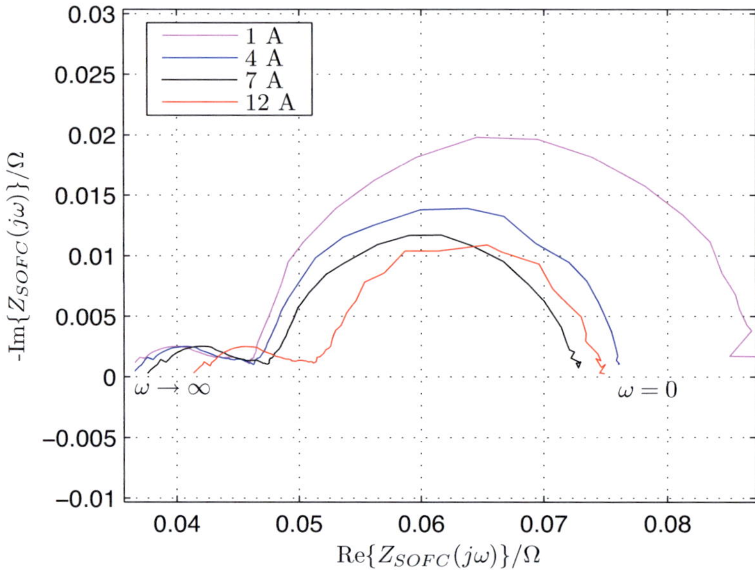

Abbildung 2.8: Gemessene Impedanz einer SOFC-Einzelzelle in Abhängigkeit des Laststroms (Messung: Institut für Werkstoffe der Elektrotechnik, Universität Karlsruhe)

reich, da auf diese Weise schon frühzeitig kritische Betriebszustände erkannt und vermieden werden können. Auch langsame, schleichende Veränderungen in den Werkstoffen der Zelle könnten detektiert werden, wenn eine zeitvariante Impedanzschätzung möglich wäre.

Die lange Zeitdauer einer Impedanzspektroskopie wird vor allem durch die langsamen Prozesse mit großen Zeitkonstanten verursacht.

2.4 Zusammenfassung

Die Technologie der SOFC-Hochtemperaturbrennstoffzelle ist eine vielversprechende neue Methode, um auf elektrochemischem Weg chemische Energie direkt in elektrische Energie (und Wärme) umzuwandeln. Dabei ist der effiziente, kostengünstige Betrieb dieser Anlagen nur möglich, wenn geeignete Werkstoffe zur Verfügung stehen, die unter den gegebenen physikalischen Bedingungen beständig und funktionsfähig sind.

Die Beschreibung der Werkstoffe durch mathematische Modelle ist daher besonders wichtig, um aus Messungen des elektrischen Verhaltens der Zelle Rückschlüsse auf innere Vorgänge in den Materialien zu ermöglichen.

Besonders dynamische Impedanzmodelle sind sehr weit verbreitetet, um eine mathematische Beschreibung der Zelldynamik zu erhalten. Die etablierte Methode der elektrischen Impedanzspektroskopie (EIS) ist jedoch neben der sehr hohen Genauigkeit mit einigen Nachteilen - vor allem für die Online-Überwachung des Zellbetriebs - behaftet. Die Durchführung von Messungen mit der EIS dauert verhältnismäßig lange und erfordert zeitinvariante Zellen über den gesamten Messzeitraum. Diese beiden Nachteile sollen durch eine modellgestützte Online-Schätzung im Zeitbereich vermieden werden. Doch bevor diese Onlineschätzung im Zeitbereich durchgeführt werden kann, müssen zunächst die verwendeten Impedanzmodelle im Kapitel 3 näher untersucht werden, denn sie besitzen eine ungewöhnliche mathematische Eigenschaft, die eine Beschreibung im Zeitbereich erschweren wird.

Kapitel 3

Lineare fraktionale Systeme

In der Regelungstechnik sind mathematische Modelle ein bedeutendes Werkzeug, um das Verhalten von realen technischen Prozessen zu beschreiben. Das Formulieren dieser Modelle ist häufig der erste Schritt bei der Lösung einer konkreten automatisierungstechnischen Aufgabe.

Um physikalische Vorgänge mathematisch beschreiben zu können, werden in der Regel Naturgesetze, empirische Gleichungen oder messtechnisch gewonnene Modelle verwendet. Treten in diesen Formeln Ableitungen von physikalischen Größen auf, so führt dies auf Differenzialgleichungen. Besonders die Naturgesetze der Physik und der Chemie, die zeitlich ablaufende Vorgänge beschreiben, werden mit Methoden der Integral- und Differenzialrechnung formuliert.

Die bekannte aus der Mechanik stammende Newtonsche Gleichung

$$F(t) = m\, a(t)$$

beschreibt den mathematischen Zusammenhang der zeitabhängigen Beschleunigung $a(t)$ mit der auf die Punktmasse m wirkenden resultierenden ebenfalls zeitabhängigen Kraft $F(t)$. Da die Beschleunigung $a(t)$ die zweite Ableitung der Position $x(t)$ nach der Zeit ist, liegt bereits eine Differenzialgleichung

$$F(t) = m\, \ddot{x}(t)$$

vor, die gelöst werden muss, um die Position $x(t)$ der Punktmasse mathematisch zu beschreiben. Wenn die Kraft von der Position $x(t)$ und der Geschwindigkeit $\dot{x}(t)$ gemäß

$$F(x(t), \dot{x}(t)) = -cx(t) - \delta\dot{x}(t)$$

abhängt, so führt dies auf die Differenzialgleichung

$$m\, \ddot{x}(t) + \delta\dot{x}(t) + cx(t) = 0$$

eines Feder-Masse-Dämpfer-Systems. Mit bekannten Anfangswerten $x(0)$ und $\dot{x}(0)$ kann schließlich diese Differenzialgleichung dazu verwendet werden, um die Position $x(t)$ einer Punktmasse m in Abhängigkeit der Zeit eindeutig zu bestimmen.

Die Gestalt der grundlegenden Naturgesetze und ihre Formulierung mit Methoden der Integral- und Differenzialrechnung führt auf Differenzialgleichungen, in denen ganzzahlige Ordnungen der Ableitungen der Systemgrößen auftreten. Doch diese grundlegenden Naturgesetze beschreiben eigentlich nur unter idealen Bedingungen das dynamische Verhalten der realen Welt. Im soeben vorgestellten Feder-Masse-Dämpfer-System wird von einer idealen Punktmasse ausgegangen, die keine räumliche Ausdehnung besitzt, aber an einem einzigen Punkt $x(t)$ konzentriert auftritt. Auch bei der Reibung wurde idealisiert davon ausgegangen, dass diese nur linear von der Geschwindigkeit der Punktmasse abhängt. Selbstverständlich ist die reale Welt immer wesentlich komplexer als mathematische Modelle dieser realen Welt. Jedoch sind die fast immer gemachten idealisierenden Annahmen nötig, um mit vertretbarem Aufwand ein Modell aufstellen und regelungstechnische Methoden darauf anwenden zu können. Eine Berücksichtigung der Haftreibung würde beispielsweise das mathematische Modell für das Feder-Masse-Dämpfer-System verbessern, aber gleichzeitig wären viele Methoden der linearen Systemtheorie nicht mehr anwendbar, da das erweiterte neue Modell nichtlinear wäre.

Man muss also bei der Modellbildung eine Abwägung vornehmen, um einen Kompromiss zwischen Genauigkeit und praktischer Verwendbarkeit des Modells zu finden. Die in dieser Arbeit untersuchte Impedanz von Brennstoffzellen erfordert eine ungewöhnliche, aber notwendige mathematische Modellform, um eine hinreichend genaue und systemtheoretisch handhabbare Beschreibung im Zeitbereich zu ermöglichen.

3.1 Mathematische Modellierung der Zellimpedanz mit Cole-Cole-Gliedern

Wie bereits im Kapitel 2 erwähnt, kann die Impedanz von SOFC-Brennstoffzellen durch Übertragungsfunktionen der Form

$$Z_{SOFC}(j\omega) \;=\; \frac{\Delta U(j\omega)}{\Delta I(j\omega)} = R_0 + \sum_{n=1}^{N} \frac{R_n}{1 + (j\omega\tau_{0,n})^{\alpha_n}} \tag{3.1}$$

$$R_0, R_n, \tau_{0,n} \in \mathbb{R}^+, \quad \alpha_n \in (0, 1]$$

im Frequenzbereich dargestellt werden. Die Abweichungen des Stroms und der Spannung werden mit ΔI beziehungsweise mit ΔU bezeichnet. Dieser Ansatz zur mathematischen Beschreibung der Impedanz von elektrochemischen Prozessen ist empirisch und wird schon seit den 1940er-Jahren verwendet [Mac87]. Dabei ist R_0 der rein ohmsche Widerstand der Zelle und

$$\frac{R_n}{1 + (j\omega\tau_{0,n})^{\alpha_n}} \qquad n \in \{1, 2, ..., N\}$$

sind N sogenannte Cole-Cole-Glieder (siehe Definition 3.1), die in der Elektrochemie weit verbreitet sind und erstmals von Cole und Cole 1941 angegeben wurden [CC41].

Definition 3.1 (Cole-Cole-Glied):

Das durch die Übertragungsfunktion

$$Z_{CC}(j\omega) = \frac{R}{1 + (j\omega\tau_0)^{\alpha}} \tag{3.2}$$

definierte lineare System mit den Parametern $R, \tau_0 \in \mathbb{R}^+$ und $\alpha \in (0, 1]$ wird Cole-Cole-Glied genannt.

Durch den reellwertigen Exponenten α unterscheiden sich Cole-Cole-Glieder von gewöhnlichen Verzögerungsgliedern erster Ordnung, wie sie in der Regelungstechnik verwendet werden. Der Parameterwert $\alpha = 0$ wird in der Definition 3.1 ausgeschlossen, da in diesem Fall die Impedanz $Z_{CC}(j\omega)$ zu einem gewöhnlichen ohmschen Widerstand entartet würde.

Um den Einfluss des Exponenten verstehen zu können, sind die Ortskurven des Cole-Cole-Glieds

$$Z_{CC}(j\omega) = \frac{1}{1 + (j\omega)^{\alpha}} \tag{3.3}$$

für $\alpha = 0{,}25$, $\alpha = 0{,}5$, $\alpha = 0{,}75$ und $\alpha = 1$ in Abbildung 3.1 dargestellt. Dabei ist in Abbildung 3.1 zu erkennen, dass die Ortskurve mit kleiner werdendem Exponent immer flacher wird. Für $\alpha \to 1$ wird ein Cole-Cole-Element zu einem Verzögerungsglied erster Ordnung und die Ortskurve trifft die reelle Achse der komplexen Ebene rechtwinklig. Die abgeflachten Halbkreise in der Ortskurvendarstellung sind eine charakteristische Eigenschaft von Cole-Cole-Elementen. Da die gemessenen Impedanzortskurven von SOFC-Brennstoffzellen ebenfalls diese abgeflachten Halbkreise aufweisen, ist die Verwendung von Cole-Cole-Gliedern notwendig. In den Abbildungen 3.2 und 3.3 sind die Betrags- und die Phasenverläufe des Cole-Cole-Glieds (3.3) für verschiedene Werte des Exponenten α dargestellt. Dabei ist zu erkennen, dass ein kleiner werdender Exponent zu einem sanfteren abknicken des Betragsverlaufs führt. Auch der Übergang der Phase von $\angle\{Z_{CC}(j\omega)\} = 0$ für kleine Frequenzen ω zum Wert $\angle\{Z_{CC}(j\omega)\} = \pi\alpha/2$ für hohe Frequenzen $\omega \to \infty$ wird weicher, wenn ein kleiner Wert für α vorliegt. Später im Kapitel 4 wird sich herausstellen, dass

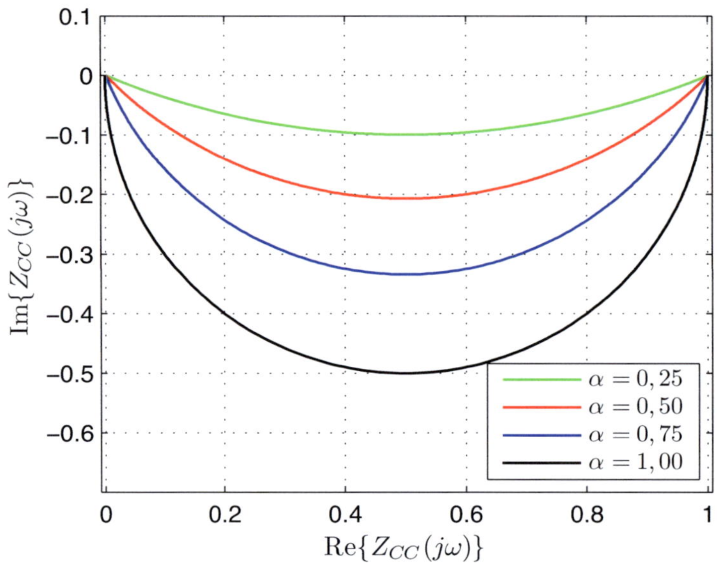

Abbildung 3.1: Ortskurven von Cole-Cole-Gliedern mit verschiedenen Exponenten α

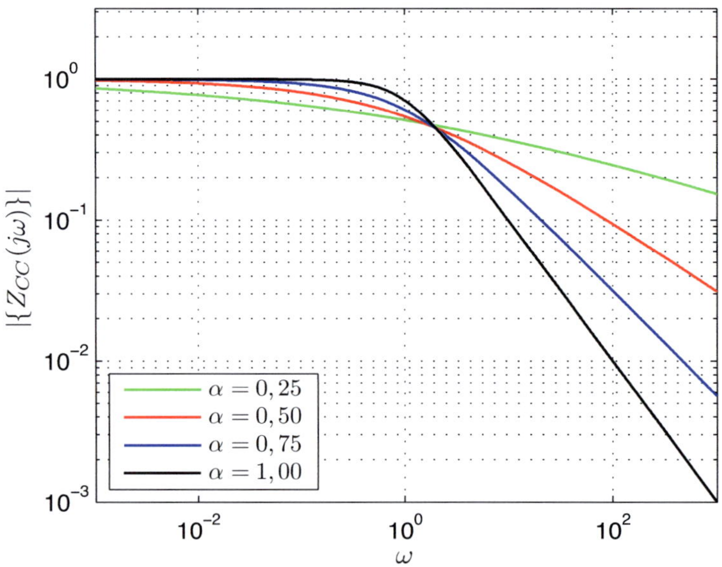

Abbildung 3.2: Betragsverläufe von Cole-Cole-Gliedern mit verschiedenen Exponenten α

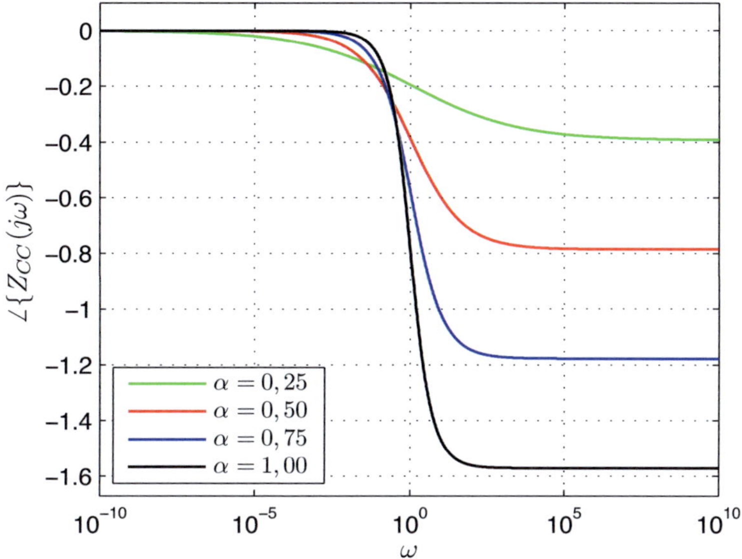

Abbildung 3.3: Phasenverläufe von Cole-Cole-Gliedern mit verschiedenen Exponenten α

die mathematische Beschreibung von Cole-Cole-Gliedern im Zeitbereich wesentlich aufwändiger ist, wenn α kleine Werte annimmt.

In Abbildung 3.4 ist der Verlauf des Imaginärteils der Impedanz eines Cole-Cole-Glieds dargestellt. Dabei ist zu erkennen, dass das Minimum des Imaginärteils unabhängig von α bei der Frequenz

$$\omega_0 = \frac{1}{\tau_0}$$

liegt. Außerdem ist diese Frequenz von Bedeutung, da sich bei der Asymptotennäherung des Betragsverlaufs bei ω_0 der Schnittpunkt der beiden Asymptoten für kleine und für große Frequenzen befindet. Für sehr große Frequenzen $\omega \to \infty$ kann der Betragsverlauf eines Cole-Cole-Glieds durch

$$|Z_{CC}(j\omega)| \approx \frac{R}{(\omega\tau_0)^\alpha}$$

angenähert werden; für sehr kleine Frequenzen gilt dagegen die Näherung

$$|Z_{CC}(j\omega)| \approx R.$$

Daraus folgt, dass sich diese beiden Asymptotengeraden bei ω_0 schneiden, wenn eine doppelt-logarithmische Darstellung gewählt wird.

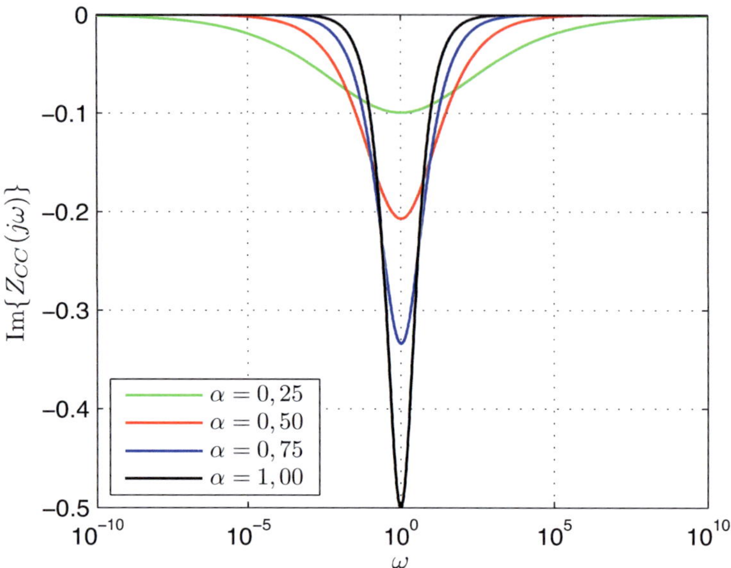

Abbildung 3.4: Imaginärteil der Übertragungsfunktionen eines Cole-Cole-Glieds mit verschiedenen Exponenten α

Die Ortskurven von Cole-Cole-Gliedern sind immer Teil eines Kreises mit dem Radius

$$\rho = \frac{R}{2\cos\left(\dfrac{\pi}{2}(1-\alpha)\right)} \tag{3.4}$$

um den Mittelpunkt

$$Z_M = \frac{R}{2} + j\frac{R}{2}\tan\left(\frac{\pi}{2}(1-\alpha)\right) \tag{3.5}$$

in der komplexen Zahlenebene. Diese Tatsache lässt sich zeigen, wenn die Impedanz (3.2) in Real- und Imaginärteil getrennt wird

$$\begin{aligned}
Z_{CC}(j\omega) &= \frac{R}{1+(j\omega\tau_0)^\alpha} = \\
&= \frac{R\left[1+(\omega\tau_0)^\alpha\left(\cos\left(\alpha\frac{\pi}{2}\right) - j\sin\left(\alpha\frac{\pi}{2}\right)\right)\right]}{1 + 2\left(\omega\tau_0\right)^\alpha\cos\left(\alpha\frac{\pi}{2}\right) + \left(\omega\tau_0\right)^{2\alpha}}
\end{aligned} \tag{3.6}$$

und in die Kreisgleichung

$$|Z_{CC}(j\omega) - Z_M| = \rho$$

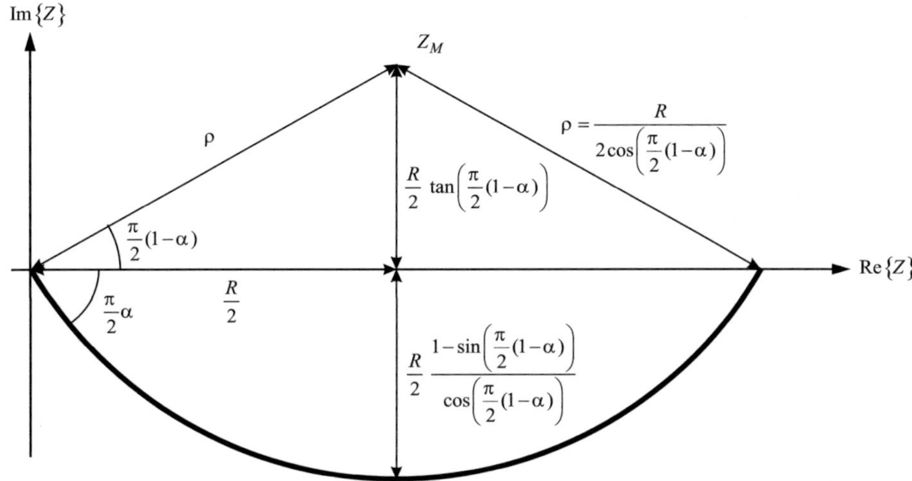

Abbildung 3.5: Eigenschaften der Ortskurve eines Cole-Cole-Glieds

mit dem unbekannten komplexwertigen Kreismittelpunkt Z_M und dem reellwertigen, positiven Radius ρ eingesetzt wird. Dieser Ansatz führt schließlich auf ein Gleichungssystem, dessen Lösung sich als (3.4) und (3.5) herausstellt. In Abbildung 3.5 sind diese Zusammenhänge, die zur Konstruktion der Ortskurve eines Cole-Cole-Glieds verwendet werden können, dargestellt.

Würde in Gleichung (3.2) ein ganzzahliger Exponent $\alpha \in \mathbb{N}$ auftreten, dann wäre das Cole-Cole-Glied im Zeitbereich nach einer inversen Laplacetransformation - nachdem $s = j\omega$ gesetzt wird - durch die gewöhnliche Differenzialgleichung

$$\tau^\alpha \frac{d^\alpha u(t)}{dt^\alpha} + u(t) = Ri(t) \tag{3.7}$$

beschreibbar, wobei der Strom $i(t)$ als Eingangsgröße und die Spannung $u(t)$ als Ausgangsgröße zu verstehen sind. Bei einem Cole-Cole-Glied ist der Exponent α eine reelle Zahl, für die zudem $0 < \alpha \leq 1$ gilt. Unter diesen Bedingungen wäre die Differenzialgleichung (3.7) nur definierbar, wenn eine Operation $\mathcal{D}_t^\alpha$ im Zeitbereich existiert, für die

$$s^\alpha F(s) \;\bullet\!\!-\!\!\circ\; \mathcal{D}_t^\alpha\{f(t)\}$$

gilt, wenn $F(s)$ die Laplace-Transformierte von $f(t)$ ist. Dann könnte mit diesem - noch hypothetischen - Operator die Differenzialgleichung eines Cole-Cole-Glieds wie folgt definiert werden:

$$\tau^\alpha \mathcal{D}_t^\alpha\{u(t)\} + u(t) = Ri(t).$$

Anschaulich betrachtet, müsste dieser neue Operator eine *nicht-ganzzahlige Ablei-tung*, also eine Ableitung der reellwertigen Ordnung α ausführen. Zudem sollte dieser Operator für $\alpha = 1$ mit der konventionellen einfachen Ableitung identisch sein, es sollte also

$$\mathcal{D}_t^1\{f(t)\} = \frac{df(t)}{dt} \tag{3.8}$$

gelten. Zusätzlich muss der gesuchte Operator $\mathcal{D}_t^\alpha$ linear sein, er sollte also ebenso die Bedingung

$$\mathcal{D}_t^\alpha\{c_1\phi_1(t) + c_2\phi_2(t)\} = c_1\mathcal{D}_t^\alpha\{\phi_1(t)\} + c_2\mathcal{D}_t^\alpha\{\phi_2(t)\} \tag{3.9}$$

erfüllen.

Im folgenden Abschnitt werden die Grundlagen der Theorie der fraktionalen Ab-leitungen vorgestellt, die sich mit nicht-ganzzahligen Ableitungen befasst und somit zur Beschreibung des Übertragungsverhaltens von Cole-Cole-Gliedern im Zeitbereich verwendet werden kann. Mit der fraktionaler Differenzialrechnung wird es gelingen, einen geeigneten Differenzialoperator $\mathcal{D}_t^\alpha$ zu definieren, der die oben genannten Be-dingungen erfüllt.

3.2   Grundlagen fraktionaler Ableitungen

Schon *Gottfried Wilhelm Leibniz*, einer der Pioniere der klassischen Differenzial- und Integralrechnung, stellte in einem Brief vom 30. September 1695 an *de l'Hôpital* die Frage, ob es eine Bedeutung für eine *halbe* Ableitung gibt. Außerdem vermutete Leib-niz, dass daraus nützliche Konsequenzen folgen könnten. Doch erst im 19. Jahrhun-dert begann in der Mathematik die Entwicklung einer Theorie für nicht-ganzzahlige Ableitungen, für die schließlich der Begriff *fraktionale Ableitungen* gewählt wurde. Erst mit der im Juni 1974 veranstalteten *First Conference on Fractional Calculus and its Applications* an der University of New Haven (Connecticut, USA) begann eine nennenswerte Entwicklung dieser mathematischen Theorie. Seit dieser Konfe-renz beschäftigen sich auch immer mehr Naturwissenschaftler und Ingenieure mit fraktionalen Ableitungen und ihren Anwendungen.

3.2.1 Definitionen für fraktionale Ableitungen und Integrationen

3.2.1.1 Definition nach Riemann-Liouville

Die Definition der fraktionalen Ableitung nach Riemann-Liouville ist die bekannteste Definition einer nicht-ganzzahligen Ableitung und ist in allen Standardwerken [Pod99, OS02, SKM93, MR93] der fraktionalen Analysis zu finden. Erstmals wurde sie jedoch von Bernhard Riemann, auf Arbeiten von Joseph Liouville aus dem 19. Jahrhundert basierend, entwickelt und veröffentlicht [Rie53]. Sie kann durch eine Verallgemeinerung der Cauchy-Dirichletschen-Formel für eine mehrfache Integration formuliert werden.

Zunächst wird in Definition 3.2 der Operator $_a\mathcal{I}_t^n$ für die n-fache Integration eingeführt. Dieser kann auch auf nicht-ganzzahlige, also fraktionale Integrationen erweitert werden. Ausgehend von der fraktionalen Integration kann schließlich die fraktionale Ableitung nach Riemann-Liouville als der Inverse Operator zur fraktionalen Integration eingeführt werden.

In Definition 3.2 wird ein Operator eingeführt, der als Abkürzung dafür dient, dass eine Funktion n-mal von der unteren Integrationsgrenze a bis zur Variablen t integriert wird.

Definition 3.2 (Integraloperator $_a\mathcal{I}_x^n$):

Der Operator

$$_a\mathcal{I}_t^n\{f(t)\} = \int_{t_{n-1}=a}^{t} \int_{t_{n-2}=a}^{t_{n-1}} \cdots \int_{t_0=a}^{t_1} f(t_0)\,dt_0 \cdots dt_{n-2}\,dt_{n-1} \qquad (3.10)$$

führt die n-fache Integration über die Funktion $f(t)$ aus. Dabei ist a die untere Integrationsgrenze jeder Integration und es gilt $n \in \mathbb{N}_0$.
Für den Sonderfall $n = 0$ wird der Operator zu

$$_a\mathcal{I}_t^0\{f(x)\} = f(t)$$

definiert.

Mit diesem neuen Integraloperator kann die Cauchy-Dirichletsche Formel der mehrfachen Integration, wie in Satz 3.1 angegeben werden [Dre76].

Satz 3.1 (Cauchy-Dirichletsche Formel für mehrfache Integration):

Die mehrfach ausgeführte Integration kann für $n \in \mathbb{N}$ durch die Formel

$$_a\mathcal{I}_t^n\{f(t)\} = \frac{1}{(n-1)!} \int_{\tau=a}^t (t-\tau)^{n-1} f(\tau)d\tau \qquad (3.11)$$

auf eine einfache Integration zurückgeführt werden.

Der Beweis dieses Satzes ist im Anhang C angegeben.

Mit der zur Verfügung stehenden Cauchy-Dirichletschen-Formel (3.11) kann eine n-fache Integration ausgeführt werden, wobei bis jetzt $n \in \mathbb{N}$ gilt. Der nächste Schritt zur fraktionalen Ableitung hin, ist die Verallgemeinerung dieser Formel für reelle Werte $\alpha \in \mathbb{R}$. Hierzu muss die Fakultät durch die im Anhang A (Definition A.1) angegebene Gamma-Funktion $\Gamma(\,\cdot\,)$ ausgedrückt werden. Man verwendet hierzu die Gleichung

$$(\alpha-1)! = \Gamma(\alpha), \qquad (3.12)$$

die auch für positive reelle Zahlen α ausgewertet werden kann.

Definition 3.3 (fraktionale Integration nach Riemann-Liouville):

Eine fraktionale Integration der Ordnung $\alpha \in \mathbb{R}^+$ ist durch

$$_a\mathcal{I}_t^\alpha\{f(t)\} = \frac{1}{\Gamma(\alpha)} \int_{\tau=a}^t (t-\tau)^{\alpha-1} f(\tau)d\tau \qquad (3.13)$$

definiert [Pod99, OS02, SKM93, MR93].

Anmerkung: Wenn in dieser Arbeit in Formeln der fraktionalen Differenzialrechnung Integrale auftreten, dann sind diese als Riemann-Integrale zu interpretieren. Es wird also lokale absolute Integrierbarkeit in $\mathbb{R}^+$ vorausgesetzt.

In dieser Arbeit wird immer von einer unteren Integrationsgrenze $a = 0$ ausgegangen, da zur Impedanzschätzung bei der Brennstoffzelle ein bekannter, fester Anfangszeitpunkt existiert, der zu $t_0 = 0$ gesetzt wird. Darum wird beim fraktionalen Integraloperator $_a\mathcal{I}_t^\alpha$ für $a = 0$ die untere Integrationsgrenze nicht mehr explizit angegeben; es gilt also die folgende Vereinbarung:

$$_0\mathcal{I}_t^\alpha\{f(t)\} = \mathcal{I}_t^\alpha\{f(t)\}.$$

Aufgrund der Gestalt des Integrals in Gleichung (3.13) ist es möglich, den fraktionalen Integraloperator $\mathcal{I}_t^\alpha$ durch ein Faltungsintegral auszudrücken. Diese für Sys-

temtheoretiker vertrautere Interpretation wurde schon in [Doe58] verwendet.
In Abschnitt A des Anhangs ist die allgemeine Form eines Faltungsintegrals in Definition A.3 angegeben.
Wird für $\alpha \in \mathbb{R}^+$ eine Funktion

$$\Phi_\alpha(t) = \sigma(t)\frac{t^{\alpha-1}}{\Gamma(\alpha)}, \qquad \text{mit der Sprungfunktion } \sigma(t) = \left\{ \begin{array}{ll} 0, & t < 0 \\ 1, & t \geq 0 \end{array} \right.$$

definiert, so kann der fraktionale Integraloperator $\mathcal{I}_t^\alpha$ als eine Faltung mit der Funktion $\Phi_\alpha(t)$ wie folgt dargestellt werden [GM97]:

$$\mathcal{I}_t^\alpha\{f(t)\} = \Phi_\alpha(t) * f(t).$$

Es lässt sich jetzt auch die Zusammensetzungsregel für eine wiederholte Anwendung des Operators $\mathcal{I}_t^\alpha$ angeben. Wird der Operator $\mathcal{I}_t^\alpha$ auf $\mathcal{I}_t^\beta\{f(t)\}$ angewendet, so kann das Ergebnis durch eine zweifache Faltung

$$\mathcal{I}_t^\alpha\left\{\mathcal{I}_t^\beta\{f(t)\}\right\} = \Phi_\alpha(t) * \Phi_\beta(t) * f(t)$$

berechnet werden. Die erste Faltung $\Phi_\alpha(t) * \Phi_\beta(t)$ kann mit dem Faltungsintegral wie folgt berechnet werden:

$$\Phi_\alpha(t) * \Phi_\beta(t) = \frac{1}{\Gamma(\alpha)\Gamma(\beta)} \int_{\tau=0}^{t} \tau^{\alpha-1}(t-\tau)^{\beta-1}\, d\tau = \frac{1}{\Gamma(\alpha+\beta)}t^{\alpha+\beta-1} = \Phi_{\alpha+\beta}(t).$$

Da $\Phi_\alpha(t) * \Phi_\beta(t) = \Phi_{\alpha+\beta}(t)$ gilt, kann die folgende Zusammensetzungsregel

$$\mathcal{I}_t^\alpha\left\{\mathcal{I}_t^\beta\{f(t)\}\right\} = \mathcal{I}_t^{\alpha+\beta}\{f(t)\} \tag{3.14}$$

für den fraktionalen Integraloperator angegeben werden.

Nachdem die fraktionale Integration eingeführt und einige ihrer wesentlichen Eigenschaften vorgestellt wurden, soll ein fraktionaler Differenzialoperator $\mathcal{D}_t^\alpha$ definiert werden, der eine Inversion des Operators $\mathcal{I}_t^\alpha$ durchführt. Es soll also der folgende Zusammenhang

$$\mathcal{D}_t^\alpha\left\{\mathcal{I}_t^\alpha\{f(t)\}\right\} = f(t)$$

zwischen fraktionaler Integration und fraktionaler Ableitung gelten. Eine einfache Herangehensweise wäre das Verwenden negativer Ordnungen $-\alpha$ für den fraktionalen Integraloperator. Dieser Ansatz würde zu folgender Definition

$$\mathcal{D}_t^\alpha\{f(t)\} = \frac{1}{\Gamma(-\alpha)} \int_{\tau=0}^{t} \frac{f(\tau)}{(t-\tau)^{\alpha+1}}\, d\tau \tag{3.15}$$

für die fraktionale Ableitung führen. Leider zeigt sich schon bei der Berechnung der fraktionalen Ableitung der einfachen Funktion $f(t) = 1$ (für $\alpha = 1/2$), dass die Definition nach Gleichung (3.15) weniger ratsam ist. Das zu berechnende uneigentliche Integral

$$\mathcal{D}_t^{\frac{1}{2}}\{1\} = \frac{1}{\Gamma(-\frac{1}{2})} \int_{\tau=0}^{t} \frac{1}{(t-\tau)^{\frac{3}{2}}}\, d\tau = \frac{1}{\Gamma(-\frac{1}{2})} \left[\frac{2}{\sqrt{t-\tau}} \right]\Bigg|_{\tau=0}^{t}$$

konvergiert nicht, da für die Stammfunktion des Integrals kein oberer Grenzwert bei $\tau = t$ existiert.

Die Definition nach Gleichung (3.15) führt schon bei sehr einfachen Funktionen zu Konvergenzproblemen. Um diese Schwierigkeit zu umgehen, definiert man die fraktionale Ableitung $\mathcal{D}_t^\alpha$ über die Gleichung

$$\mathcal{D}_t^\alpha\{f(t)\} = \frac{d^m}{dt^m}\left\{\mathcal{I}_t^{m-\alpha}\{f(t)\}\right\}, \quad m-1 < \alpha \leq m, \quad m \in \mathbb{N}. \tag{3.16}$$

Zuerst wird die fraktionale Integration mit der Ordnung $m - \alpha$ ausgeführt, damit m-fach konventionell - nicht fraktional - abgeleitet werden kann. Der Vorteil besteht darin, dass die Berechnung des fraktionalen Integrals (3.13) weniger Konvergenzprobleme bereitet, als die Berechnung des Integrals in (3.15). Somit kann jetzt in Definition 3.4 die fraktionale Ableitung nach Riemann-Liouville angegeben werden.

Definition 3.4 (fraktionale Ableitung nach Riemann-Liouville):

Die fraktionale Ableitung der Ordnung $\alpha \in \mathbb{R}^+$ kann mit

$$\mathcal{D}_t^\alpha\{f(t)\} = \begin{cases} \dfrac{d^m}{dt^m}\left(\dfrac{1}{\Gamma(m-\alpha)} \displaystyle\int_{\tau=0}^{t} \dfrac{f(\tau)}{(t-\tau)^{\alpha-m+1}}\, d\tau\right), & m-1 < \alpha \leq m \\[3mm] \dfrac{d^m}{dt^m} f(t), & \alpha = m \end{cases}$$

$$\tag{3.17}$$

berechnet werden. Dabei muss $m \in \mathbb{N}$ so gewählt werden, dass die Bedingung $m - 1 < \alpha \leq m$ gilt.

Die in Definition 3.4 eingeführte fraktionale Ableitung ist die Umkehrung der fraktionalen Integration, denn mit der Zusammensetzungsregel aus Gleichung (3.14) kann der folgende Zusammenhang

$$\mathcal{D}_t^\alpha\{\mathcal{I}_t^\alpha\{f(t)\}\} = \frac{d^m}{dt^m}\mathcal{I}_t^{m-\alpha}\{\mathcal{I}_t^\alpha\{f(t)\}\} = \frac{d^m}{dt^m}\mathcal{I}_t^m\{f(t)\}$$

für $m \in \mathbb{N}$ hergeleitet werden. Mit Satz B.1 aus Anhang B folgt schließlich, dass

$$\frac{d^m}{dt^m}\mathcal{I}_t^m\{f(t)\} = f(t)$$

$f(t)$	$\mathcal{D}_t^\alpha\{f(t)\}$	$(t > 0,\ \alpha \in \mathbb{R}^+)$
1	$\dfrac{t^{-\alpha}}{\Gamma(1-\alpha)}$	
t^γ	$\dfrac{\Gamma(\gamma+1)}{\Gamma(\gamma+1-\alpha)}t^{\gamma-\alpha},$	$(\gamma > -1)$
$\mathrm{e}^{\lambda t}$	$t^{-\alpha}\mathrm{E}_{1,1-\alpha}(\lambda t)$	
$t^{\beta-1}\mathrm{E}_{\gamma,\beta}(\lambda t^\gamma)$	$t^{\beta-\alpha-1}\mathrm{E}_{\gamma,\beta-\alpha}(\lambda t^\gamma),$	$(\beta > 0, \gamma > 0)$

$$\text{Tabelle 3.1: Wichtige fraktionale Ableitungen}$$
$$\text{(Quelle: [Pod99])}$$

gilt. Die fraktionale Ableitung nach Riemann-Liouville ist aber im Allgemeinen nur die Linksinverse zur fraktionalen Integration, denn es gilt

$$\mathcal{D}_t^\alpha\{\mathcal{I}_t^\alpha\{f(t)\}\} = f(t) \neq \mathcal{I}_t^\alpha\{\mathcal{D}_t^\alpha\{f(t)\}\}.$$

Mit der Riemann-Liouville-Definition der fraktionalen Ableitung aus Definition 3.4 kann jetzt auch die Ableitung $\mathcal{D}_t^{\frac{1}{2}}\{1\}$ berechnet werden. Diese ergibt sich zu

$$\mathcal{D}_t^{\frac{1}{2}}\{1\} = \frac{1}{\Gamma(\frac{1}{2})}\frac{d}{dt}\int_{\tau=0}^{t}\frac{1}{\sqrt{t-\tau}}d\tau = \frac{1}{\sqrt{\pi}}\frac{d}{dt}\left(2\sqrt{t}\right) = \frac{1}{\sqrt{\pi t}},$$

einer zeitabhängigen Funktion. Die fraktionale Ableitung einer Konstanten ist nicht unbedingt gleich null. Diese paradoxe Eigenschaft tritt bei fraktionalen Ableitungen in der Tat auf, wenn α keine natürliche Zahl ist. Für $\alpha \in \mathbb{N}$ gilt jedoch wieder die vertraute Eigenschaft der Ableitung von Konstanten, denn in diesem Fall geht nach Definition 3.4 die fraktionale in die konventionelle nicht-fraktionale Ableitung über.

Die fraktionale Ableitung der Funktion $f(t) = t^\gamma$ für $\alpha, \gamma \in \mathbb{R}^+$ kann jetzt ebenfalls mit Definition 3.4 berechnet werden. Diese Ableitung ergibt sich zu

$$\mathcal{D}_t^\alpha\{t^\gamma\} = \frac{\Gamma(\gamma+1)}{\Gamma(\gamma+1-\alpha)}t^{\gamma-\alpha},$$

einer verallgemeinerten Form der ganzzahligen Ableitung von t^γ. In Tabelle 3.1 sind einige fraktionale Ableitungen angegeben. Die in dieser Tabelle auftretende Mittag-Leffler-Funktion $\mathrm{E}_{\alpha,\beta}(t)$, die in Anhang A über eine Potenzreihe definiert ist, spielt eine besondere Rolle im Umgang mit fraktionalen Differenzialgleichungen. Mit dieser Mittag-Leffler-Funktion können die Impuls- und die Sprungantwort eines Cole-Cole-Glieds formuliert werden.

Dic in Definition 3.4 eingeführte fraktionale Ableitung nach Riemann-Liouville ist - ebenso wie die fraktionale Integration - eine lineare Operation, denn die geforderte Linearitätsbedingung aus Gleichung (3.9) ist jeweils erfüllt.

3.2.1.2   Weitere Definitionen für fraktionale Ableitungen

Es existieren weitere Definitionen für fraktionale Ableitungen, die sich von der bekannten Definition nach Riemann-Liouville unterscheiden. Eine davon wurde 1969 von Caputo in [Cap69] vorgestellt und ist in Operatorenschreibweise durch

$$^{C}\mathcal{D}_t^\alpha\{f(t)\} = \mathcal{I}_t^{m-\alpha}\left\{\mathcal{D}_t^m\{f(t)\}\right\} = \mathcal{I}_t^{m-\alpha}\left\{\frac{d^m f(t)}{dt^m}\right\}, \qquad m-1 < \alpha \leq m, \, m \in \mathbb{N}$$

definiert. Die fraktional abzuleitende Funktion $f(t)$ wird also zunächst m-fach konventionell differenziert und danach $(m-\alpha)$-fach fraktional integriert. Diese Vorgehensweise führt schließlich auf die Definition der fraktionalen Ableitung nach Caputo:

$$^{C}\mathcal{D}_t^\alpha\{f(t)\} = \begin{cases} \dfrac{1}{\Gamma(m-\alpha)} \displaystyle\int_{\tau=0}^{t} \dfrac{f^{(m)}(\tau)}{(t-\tau)^{\alpha-m+1}}d\tau, & m-1 < \alpha < m, \\ \dfrac{d^m}{dt^m}f(t), & \alpha = m. \end{cases} \qquad (3.18)$$

Diese Definition einer fraktionalen Ableitung ist restriktiver als die Definition nach Riemann-Liouville, denn die Funktion $f(\tau)$ muss m-mal differenzierbar sein und die Konvergenz des Integrals ist kritischer. Dennoch liegt ein Vorteil in dieser alternativen Definition, denn die fraktionale Ableitung einer Konstanten nach Caputo ist null [Pod99]. Die Interpretation der fraktionalen Ableitung nach Caputo ist daher, trotz strengerer Existenzbedingungen, für Ingenieure vertrauter. Der bedeutendste Vorteil der Caputo-Ableitung wird deutlich, wenn die Laplace-Transformation der fraktionalen Ableitungen im Abschnitt 3.2.2 untersucht wird.

Eine weitere Definition für fraktionale Ableitungen wurde von Grünwald und Letnikov angegeben [Grü67], die jedoch für $m+1$-fach stetig differenzierbare Funktionen mit der Definition von Riemann-Liouville identisch ist [Pod99] und über eine unendliche Summe definiert ist.

Mit den nun vorliegenden Definitionen für fraktionale Ableitungen könnte die Differenzialgleichung von Cole-Cole-Gliedern im Zeitbereich formuliert werden, wenn für die Laplace-Transformation die Korrespondenz

$$s^\alpha F(s) \;\bullet\!\!-\!\!\circ\; \mathcal{D}_t^\alpha\{f(t)\} \qquad (3.19)$$

erfüllt wäre. Die geforderte Korrespondenz (3.19) war die Motivation für die Einführung fraktionaler Ableitungen, zur Beschreibung der Impedanz einer SOFC im

Zeitbereich. Darum wird im nun folgenden Abschnitt 3.2.2 gezeigt, dass diese Korrespondenz tatsächlich gültig ist.

3.2.2 Laplace-Transformation fraktionaler Ableitungen

Bevor die Laplace-Transformation der fraktionalen Ableitung nach Riemann-Liouville bestimmt werden kann, muss die Laplace-Transformation der fraktionalen Integration hergeleitet werden. Der Grund für diese Vorgehensweise liegt in der Definition der Riemann-Liouville-Ableitung, denn bei ihrer Berechnung wird zunächst eine fraktionale Integration durchgeführt. Anschließend wird das erhaltene Zwischenergebnis konventionell differenziert. Daher kann der bekannte Satz über die Laplace-Transformation einer konventionellen Ableitung verwendet werden, um das gesuchte Ergebnis zu bestimmen.

Die in Definition 3.3 eingeführte fraktionale Integration der Ordnung α ist eine lineare Operation. Darum kann die fraktionale Integration nach Gleichung (3.13) im Bildbereich als eine Multiplikation dargestellt werden. Das für die fraktionale Integration erwartete Ergebnis wäre die Korrespondenz

$$ {}_0\mathcal{I}_t^\alpha \{f(t)\} \circ\!\!-\!\!\bullet \frac{F(s)}{s^\alpha}, $$

wobei $F(s)$ die Laplacetransformierte von $f(t)$ ist. Nur dann ist die Definition 3.3 für das systemtheoretische Ziel dieser Arbeit, nämlich die Online-Schätzung der fraktionalen Zellimpedanz im Zeitbereich, verwendbar. Diese Eigenschaft ist jedoch erfüllt, was in Satz 3.2 festgestellt wird, dessen Beweis im Anhang C vollständig angegeben ist.

Satz 3.2 (Laplace-Transformation der fraktionalen Integration):

Für die fraktionale Integration aus Definition 3.3 gilt die Korrespondenz

$$ {}_0\mathcal{I}_t^\alpha \{f(t)\} \circ\!\!-\!\!\bullet \frac{F(s)}{s^\alpha}, \qquad mit\ f(t) \circ\!\!-\!\!\bullet F(s). \tag{3.20} $$

Die Laplace-Transformierte des Operators ${}_0\mathcal{I}_t^\alpha$ wurde schon 1958 in [Doe58] im Zusammenhang mit der Lösung der Abelschen Integralgleichung verwendet, die durch den Einsatz von Methoden der fraktionalen Differenzialrechnung sehr elegant und einfach gelöst werden kann.

Als Nächstes wird die Laplace-Transformierte der fraktionalen Ableitung nach Riemann-Liouville vorgestellt. Für ganzzahlige Ableitungen der Ordnung $m \in \mathbb{N}$ existiert die Korrespondenz

$$\frac{d^m g(t)}{dt^m} \;\circ\!\!-\!\!\bullet\; s^m G(s) - \sum_{k=0}^{m-1} s^{m-k-1} g^{(k)}(0), \qquad \text{mit } g(t) \;\circ\!\!-\!\!\bullet\; G(s). \tag{3.21}$$

Dabei bezeichnet der Ausdruck $g^{(k)}(0)$ die k-fache konventionelle Ableitung an der Stelle $t = 0$. Diese bekannte Formel (3.21) wird in Lehrbüchern über Integraltransformationen wie [Föl93, Doe58] hergeleitet. Häufig existieren verschiedene rechts- und linksseitige Grenzwerte für $g^k(0)$ an der Stelle $t = 0$, was den Einsatz von Methoden der Distributionentheorie erfordert, um eine sorgfältige mathematische Behandlung von Schaltvorgängen bei $t = 0$ durchführen zu können. Da in dieser Arbeit das Übertragungsverhalten und nicht das Einschaltverhalten von Impedanzen bei $t = 0$ untersucht wird, kann aus Gründen der Vereinfachung auf die Unterscheidung zwischen links- und rechtsseitigem Grenzwert verzichtet werden.

Die fraktionale Ableitung nach Riemann-Liouville aus Definition 3.4 war durch

$$\mathcal{D}_t^\alpha \{f(t)\} = \frac{d^m}{dt^m} \left\{ \mathcal{I}_t^{m-\alpha} \{f(t)\} \right\}, \qquad m - 1 < \alpha < m \tag{3.22}$$

erklärt. Da man mit Satz 3.2 die Laplace-Transformierte der fraktionalen Integration in Gleichung (3.22) durch

$$\mathcal{I}_t^{m-\alpha} \{f(t)\} \;\circ\!\!-\!\!\bullet\; \frac{F(s)}{s^{m-\alpha}}$$

angeben kann, gelingt die Herleitung der Laplace-Transformierten, wenn in Gleichung (3.21) die Funktion $g(t)$ durch $\mathcal{I}_t^{m-\alpha} \{f(t)\}$ und $G(s)$ durch

$$\frac{F(s)}{s^{m-\alpha}}$$

ersetzt wird. Auf diese Weise kann die Laplace-Transformation der fraktionalen Ableitung hergeleitet werden, wie sie in Satz 3.3 gegeben ist.

Satz 3.3 (Laplace-Transformation der Riemann-Liouville-Ableitung):
Für die fraktionale Ableitung nach Riemann-Liouville aus Definition 3.4 gilt die Korrespondenz

$$\mathcal{D}_t^\alpha \{f(t)\} \;\circ\!\!-\!\!\bullet\; s^\alpha F(s) - \sum_{k=0}^{m-1} \mathcal{D}_t^k \left\{ \mathcal{I}_t^{m-\alpha} \{f(t)\} \right\} \big|_{t=0} s^{m-k-1}, \tag{3.23}$$

wobei $f(t) \;\circ\!\!-\!\!\bullet\; F(s)$ gilt und für $m \in \mathbb{N}$ die Bedingung $m - 1 < \alpha \leq m$ erfüllt sein muss.

Aufgrund der Korrespondenz (3.23) kann man nun die Zeitbereichsdarstellung eines

Cole-Cole-Glieds durch die (fraktionale) Differenzialgleichung

$$\tau^\alpha \mathcal{D}_t^\alpha \{u(t)\} + u(t) = Ri(t)$$

angeben. Der hierfür notwendige Ableitungsoperator $\mathcal{D}_t^\alpha$ ist durch die Definition 3.4 der fraktionalen Ableitung nach Riemann-Liouville gegeben. Die Korrespondenz (3.23) ist eine Verallgemeinerung der bekannten Korrespondenz für ganzzahlige Ableitungen. Jedoch ist der Einfluss der Anfangswerte auf die Laplace-Transformierte der fraktionalen Ableitung nicht praktisch interpretierbar. Wie ist zum Beispiel bei einer Ableitungsordnung von $\alpha = 1/2$ der Anfangswert

$$\mathcal{I}_t^{1/2}\{f(t)\}\Big|_{t=0}$$

an der Stelle $t = 0$ zu verstehen? Eine physikalische Interpretation ist nicht möglich. Für die Untersuchung des Übertragungsverhaltens von linearen Systemen, die durch fraktionale Differenzialgleichungen beschrieben werden, spielt diese Schwierigkeit jedoch keine Rolle, denn in diesem Fall wird der Einfluss der Anfangswerte auf die Lösung der Differenzialgleichung vernachlässigt.

Um diese Anfangswert-Problematik bei der Laplace-Transformation der fraktionalen Ableitung nach Riemann-Liouville zu umgehen, wurde 1969 in [Cap69] die bereits erwähnte fraktionale Ableitung nach Caputo definiert, wie sie in Gleichung (3.18) angegeben ist. Mit der Korrespondenz für das fraktionale Integral und für die ganzzahlige Ableitung kann Satz 3.4 hergeleitet werden, der die Korrespondenz der fraktionalen Ableitung nach Caputo angibt.

Satz 3.4 (Laplace-Transformation der Caputo-Ableitung):
Für die fraktionale Ableitung nach Caputo aus Gleichung (3.18) gilt die Korrespondenz

$$^C\mathcal{D}_t^\alpha \{f(t)\} \quad \circ\!\!-\!\!\bullet \quad s^\alpha F(s) - \sum_{k=0}^{m-1} \left[f^{(k)}(t)\, s^{\alpha-k-1} \right]\Big|_{t=0},$$

wobei $f(t) \circ\!\!-\!\!\bullet F(s)$ gilt und für $m \in \mathbb{N}$ die Bedingung $m - 1 < \alpha \leq m$ erfüllt sein muss.

Der in Satz 3.4 auftretende Ausdruck

$$f^{(k)}(t)\Big|_{t=0}$$

bezeichnet den Wert der ganzzahligen Ableitung der Ordnung k an der Stelle $t = 0$. In der Laplace-Transformierten der fraktionalen Ableitung nach Caputo treten also nur die Anfangswerte der ganzzahligen Ableitungen der Ordnungen 0 bis $m - 1$ auf.

Diese Eigenschaft der Caputo-Ableitung ist ein bedeutender Vorteil im Vergleich zur Definition nach Riemann-Liouville. Jedoch ist die Konvergenz der fraktionalen Ableitung nach Caputo kritischer als die der Riemann-Liouville-Ableitung.

Beide Definitionen der fraktionalen Ableitung besitzen jedoch das gleiche Übertragungsverhalten im systemtheoretischen Sinn. Eine fraktionale Differenzialgleichung würde die gleiche partikuläre Lösung besitzen, wenn die Caputo-Ableitung oder wenn die Riemann-Liouville-Ableitung verwendet wird. Nur die von den Anfangswerten abhängigen homogenen Lösungen wären verschieden.

Hier liegt eine Schwierigkeit im Umgang mit fraktionalen Differenzialgleichungen. Welche Definition ist die im physikalischen Sinn korrekte? Es gibt keine Naturgesetze, die fraktionale Ableitungen von Systemgrößen enthalten. Meist wird die fraktionale Ableitung im Zeitbereich eingeführt, damit im Frequenzbereich eine wirklichkeitstreuere Nachbildung des realen Systemverhaltens gegeben ist. Diese Vorgehensweise führte schließlich auch in [Mac87] zur Verwendung von Cole-Cole-Gliedern im Frequenzbereich, um die Impedanz von Elektrodenprozessen genau nachbilden zu können. Zudem repräsentieren Messungen im Frequenzbereich nur das Übertragungsverhalten von Systemen, nicht aber ihr Einschwingverhalten. Das Auffinden der physikalisch korrekten Definition der fraktionalen Ableitung ist somit nicht möglich.

Das im Kapitel 4 vorgestellte Verfahren wird auch nur dazu verwendet, um das Übertragungsverhalten der Zellimpedanz nachzubilden. Das Übertragungsverhalten einer SOFC-Impedanz kann daher sowohl mit der fraktionalen Ableitung nach Riemann-Liouville als auch mit der Definition nach Caputo beschrieben werden.

Im folgenden Abschnitt wird die mathematische Beschreibung von Cole-Cole-Gliedern im Zeitbereich untersucht.

3.3 Beschreibung von Cole-Cole-Gliedern im Zeitbereich

In diesem Abschnitt wird die Lösung der Differenzialgleichung eines Cole-Cole-Glieds angegeben. Außerdem werden auch die Stabilitätseigenschaften von linearen Systemen untersucht, die durch fraktionale Differenzialgleichungen beschrieben werden.

Das Übertragungsverhalten eines Cole-Cole-Glieds im Zeitbereich kann durch die Verwendung der Definitionen für fraktionale Ableitungen aus Abschnitt 3.2.1 durch die Differenzialgleichung

$$\tau^\alpha \mathcal{D}_t^\alpha \{u(t)\} + u(t) = Ri(t) \tag{3.24}$$

beschrieben werden. Da ein fraktionaler Ableitungsoperator in Gleichung (3.24) auftritt, wird diese Gleichung als fraktionale Differenzialgleichung bezeichnet. Wie schon im Abschnitt 3.2.2 erwähnt, führt die Verwendung verschiedener Definitionen für die fraktionale Ableitung zum gleichen Übertragungsverhalten und damit auch zur gleichen Impedanz im Frequenzbereich. Die verschiedenen Definitionen beeinflussen jedoch das Einschwingverhalten des Systems. Daher kann eine eindeutige fraktionale Differenzialgleichung, die auch dieses Verhalten der Zellimpedanz beschreibt, nicht angegeben werden.

3.3.1 Die Lösung der fraktionalen Differenzialgleichung für ein Cole-Cole-Glied

Obwohl das Einschwingverhalten eines Cole-Cole-Glieds damit nicht mathematisch beschrieben werden kann, ist die Lösung der fraktionalen Differenzialgleichung (3.24) von Bedeutung, denn nach einer endlichen Einschwingphase kann dennoch die Spannung $u(t)$ in Abhängigkeit des angelegten Stroms $i(t)$ angegeben werden. Dieser Teil der Lösung ist die partikuläre Lösung der fraktionalen Differenzialgleichung (3.24). Welche Definition der fraktionalen Ableitung hierfür verwendet wird ist nicht relevant, denn sowohl die Riemann-Liouville-Ableitung als auch die Caputo-Ableitung führen zur gleichen partikulären Lösung. Diese Lösung soll im Folgenden mit der Methode der Laplace-Transformation berechnet werden.

Die Übertragungsfunktion eines Cole-Cole-Glieds lautet

$$Z_{CC}(s) = \frac{R}{1 + \tau^\alpha s^\alpha} \tag{3.25}$$

und kann durch die Laplace-Transformation der Gleichung (3.24) mit der Korrespondenz aus Satz 3.3 für die fraktionale Ableitung nach Riemann-Liouville oder mit der Korrespondenz für die Caputo-Ableitung aus Satz 3.4 hergeleitet werden. Da eigentlich nur das Übertragungsverhalten der Zellimpedanz im Zeitbereich von Interesse ist, wird der Einfluss der Anfangswerte bei der Laplace-Transformation nicht beachtet. Mit der aus Satz B.2 stammenden Korrespondenz

$$\frac{t^{\alpha-1}}{\tau^\alpha} E_{\alpha,\alpha}(-t^\alpha/\tau^\alpha) \circ\!\!-\!\!\bullet \frac{1}{1 + \tau^\alpha s^\alpha}$$

aus Anhang B, kann schließlich die Impulsantwort

$$g_{CC}(t) = R\frac{t^{\alpha-1}}{\tau^\alpha} E_{\alpha,\alpha}(-t^\alpha/\tau^\alpha)\sigma(t)$$

eines Cole-Cole-Glieds im Zeitbereich angegeben werden [Pod99, OS02]. Da mit der

Übertragungsfunktion $Z_{CC}(s)$ aus Gleichung (3.25) ein algebraischer Zusammenhang zwischen der Laplace-Transformierten $I(s)$ des Stroms $i(t)$ und der Laplace-Transformierten $U(s)$ der Spannung $u(t)$ durch Gleichung

$$U(s) = Z_{CC}(s)I(s)$$

gegeben ist, kann im Zeitbereich das Faltungsintegral aus Definition A.3 verwendet werden, um die Spannung in Abhängigkeit des Stroms zu berechnen. Diese Vorgehensweise führt auf die Integralgleichung

$$u(t) = \int_{t_1=0}^{t} g_{CC}(t_1)\, i(t - t_1)\, dt_1 = R \int_{t_1=0}^{t} \frac{t_1^{\alpha-1}}{\tau^{\alpha}} \mathrm{E}_{\alpha,\alpha}(-t_1^{\alpha}/\tau^{\alpha})\, i(t - t_1)\, dt_1,$$

$$(3.26)$$

die das Übertragungsverhalten im Zeitbereich beschreibt.

Im Gegensatz zur Differenzialgleichung (3.24) benötigt man zur Formulierung der Integralgleichung (3.26) eigentlich keine Methoden der fraktionalen Differenzialrechnung. Nur die als Potenzreihe definierte zweiparametrige Mittag-Leffler-Funktion $\mathrm{E}_{\alpha,\alpha}(t)$ sollte bekannt sein. Die Systembeschreibung mit dem Faltungsintegral ist also flexibler als die gewohnte Systembeschreibung mittels Differenzialgleichungen. Sogar fraktionale Systeme lassen sich durch Faltungsintegrale beschreiben, wenn die Impulsantwort aus geeigneten Funktionen besteht.

Um ein System mittels Differenzialgleichungen beschreiben zu können, dessen Impulsantwort aus Mittag-Leffler-Funktionen aufgebaut ist, müssen fraktionale Ableitungen verwendet werden. Wenn auf die Darstellung des Systemverhaltens mittels Differenzialgleichungen verzichten werden kann, ist die Verwendung der Theorie der fraktionalen Ableitungen nicht zwingend notwendig. Die Integralgleichung (3.26) könnte auch auf einem anderen Weg hergeleitet werden. Aus der Korrespondenz der Mittag-Leffler-Funktion folgt nämlich die Integralgleichung (3.26).

Die Besonderheiten eines fraktionalen Systems - ein Systems, das durch fraktionale Differenzialgleichung beschrieben wird - werden besonders bei der numerischen Lösung deutlich. Diese ist bei fraktionalen Differenzialgleichungen deutlich schwieriger durchführbar als bei konventionellen Differenzialgleichungen.

Es ist die unangenehmste Eigenschaft von fraktionalen Systemen, dass diese ein sehr langes Gedächtnis über vergangene Werte des Anregungssignals besitzen. Eine Mittag-Leffler-Funktion klingt nämlich deutlich langsamer gegen null ab als eine Exponentialfunktion. In den Abbildungen 3.6 und 3.7 sind jeweils eine exponentiell abklingende Impulsantwort $g(t) = \mathrm{e}^{-t/\tau}$ und eine Impulsantwort eines fraktionalen

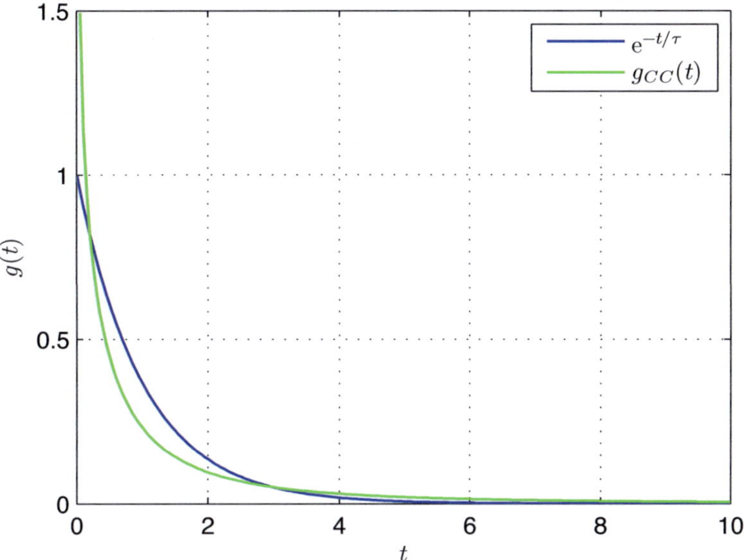

Abbildung 3.6: Vergleich einer exponentiellen Impulsantwort mit einer fraktionalen Impulsantwort

Systems

$$g(t) = g_{CC}(t) = \frac{t^{\alpha-1}}{\tau^{\alpha}} \mathrm{E}_{\alpha,\alpha}(-t^{\alpha}/\tau^{\alpha})$$

dargestellt. Dabei wurden $\alpha = 0{,}75$ und $\tau = 1$ gewählt. In beiden Abbildungen sind die wesentlichen Unterschiede der beiden Funktionsverläufe zu erkennen:

- Die Impulsantwort $g_{CC}(t)$ des fraktionalen Systems besitzt bei $t = 0$ eine singuläre Stelle, die durch den ersten Faktor

$$\frac{t^{\alpha-1}}{\tau^{\alpha}}$$

  der Impulsantwort verursacht wird.

- Die Exponentialfunktion klingt für kleine Zeiten langsamer ab als die fraktionale Impulsantwort $g_{CC}(t)$.

- Die Exponentialfunktion klingt für große Zeiten schneller ab als die fraktionale Impulsantwort $g_{CC}(t)$. Besonders deutlich wird diese Eigenschaft in Abbildung 3.7 durch die halblogarithmische Darstellung.

Daher verursacht man bei einer zeitdiskreten Realisierung der Integralgleichung (3.26) auf einem Rechner große Fehler in der Lösung, wenn die Werte der Impulsant-

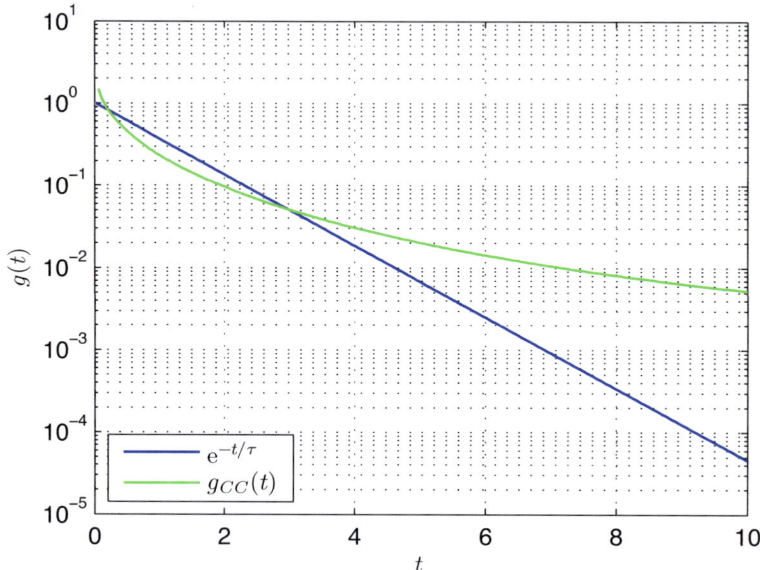

Abbildung 3.7: Vergleich einer exponentiellen Impulsantwort mit einer fraktionalen Impulsantwort (halblogarithmische Darstellung)

wort für große Zeiten gleich null gesetzt werden, um Speicherplatz und Rechenaufwand gering zu halten. Zudem ist eine einfache rekursive Lösung wie bei konventionellen linearen Systemen leider nicht möglich, da der Folgezustand des fraktionalen Systems von unendlich vielen vergangenen Zuständen abhängt und nicht nur vom letzten vergangenen Zustand. Die effiziente numerische Lösung der fraktionalen Systemgleichungen eines Impedanzmodells, das aus Cole-Cole-Gliedern besteht, wird im Kapitel 4 behandelt.

Im nächsten Abschnitt wird die Übertragungsstabilität des fraktionalen Systems aus Gleichung (3.25) mit dem Stabilitätssatz von Matignon untersucht.

3.3.2 Stabilitätssatz von Matignon

Eine wichtige Eigenschaft von dynamischen Systemen ist die Stabilität. Es gibt verschiedene Definitionen dieses Begriffs, die teilweise miteinander zusammenhängen. Da bei der Untersuchung der fraktionalen Impedanz von SOFC-Brennstoffzellen Übertragungsfunktionen im Bildbereich eine große Rolle spielen, wird die Übertragungsstabilität für diese Systeme untersucht. Der zur Untersuchung dieser Stabilität verwendete Stabilitätsbegriff ist die sogenannte Bounded-Input-Bounded-Output-Stabilität, die verkürzt auch BIBO-Stabilität genannt wird. Ein System ist BIBO-stabil, wenn die Systemantwort am Ausgang bei jedem begrenzten Eingangssignal ebenfalls begrenzt ist. Bei einem System mit nur einer Eingangsgröße $u(t)$ und nur einer Ausgangsgröße $y(t)$ bedeutet dies, dass die Schlussfolgerung

$$|u(t)| < u_{max} \Rightarrow |y(t)| < y_{max} \tag{3.27}$$

für alle möglichen Eingangssignale gelten muss. Das Ausgangssignal eines BIBO-stabilen Systems ist also immer begrenzt, wenn das Eingangssignal begrenzt ist.

Liegt der zeitliche Verlauf des Ausgangssignals $y(t)$ in geschlossener Form in Abhängigkeit von $u(t)$ vor, so ist eine Überprüfung der Bedingung (3.27) möglich. Die Berechnung des Ausgangssignals ist jedoch nicht unbedingt nötig, um Aussagen über die Stabilitätseigenschaft des untersuchten Systems machen zu können. In der konventionellen linearen Systemtheorie - mit ganzzahligen Ableitungen - werden häufig nur die Koeffizienten der Systemdifferenzialgleichung untersucht, ohne die Systemdifferenzialgleichung zu lösen. So lässt sich sehr schnell feststellen, ob ein System übertragungsstabil ist.

Auch für fraktionale Systeme der Gestalt (3.25) soll eine derartige Stabilitätsuntersuchung durchgeführt werden. Bei konventionellen linearen Systemen wird die Stabilitätsuntersuchung meistens im Bildbereich durchgeführt, indem die Polstellen der gebrochen rationalen Übertragungsfunktion eines solchen Systems bestimmt werden oder durch die Überprüfung der Koeffizienten des Nennerpolynoms mit algebraischen Kriterien.

Fraktionale Systeme besitzen aber keine gebrochen rationale Übertragungsfunktionen, was eine Untersuchung im Bildbereich über die Bestimmung der Polstellen unmöglich macht. Stattdessen wird in [Mat98] das asymptotische Verhalten der Impulsantwort untersucht. Ein wichtiges Stabilitätskriterium für lineare Systeme fordert nämlich die Konvergenz des Integrals

$$\int_{t=0}^{\infty} |g(t)| \, dt,$$

wobei $g(t)$ die Impulsantwort des untersuchten Systems bezeichnet [Föl92, Unb83]. Es kann also durch die Überprüfung der Impulsantwort festgestellt werden, ob ein lineares System stabil ist. Der Vorteil dieser Vorgehensweise ist, dass sie auch für fraktionale Systeme anwendbar ist.

Matignon untersuchte 1998 in [Mat98] fraktionale Systeme der Form

$$G(s) = \frac{1}{s^{\alpha} - \lambda}, \tag{3.28}$$

deren Impulsantwort die Differenzialgleichung

$$\mathcal{D}_t^\alpha\{g(t)\} = \lambda g(t) + \delta(t)$$

erfüllt, wobei $\delta(t)$ den Dirac-Impuls bezeichnet. Dabei wurde der folgende Satz 3.5 hergeleitet, der auch Aussagen über die Übertragungsstabilität von Cole-Cole-Gliedern erlaubt.

Satz 3.5 (Stabilitätssatz nach Matignon):

Ein durch die Übertragungsfunktion

$$G(s) = \frac{1}{s^\alpha - \lambda}, \quad \alpha \in \mathbb{R}^+$$

gegebenes dynamisches System ist genau dann BIBO-stabil, wenn

$$|\arg \lambda| > \alpha\frac{\pi}{2} \tag{3.29}$$

gilt.

Schon 1958 wurde in [Doe58] das asymptotische Verhalten von Funktionen im Unendlichen untersucht und dabei wurde schon die Bedingung (3.29) hergeleitet, aber noch nicht als Stabilitätsbedingung für fraktionale Systeme interpretiert.

Gelingt die Zerlegung eines fraktionalen Systems in Untersysteme mit der Übertragungsfunktion (3.28), so erlaubt der Stabilitätssatz nach Matignon Aussagen über die Stabilität des Gesamtsystems. Nach Satz 3.5 ist das Argument des im allgemeinen Fall komplexwertigen Faktors λ und der Wert des reellwertigen Exponenten α für die Stabilität von $G(s)$ entscheidend.

Da bei der Formulierung der Impedanz von Cole-Cole-Gliedern davon ausgegangen werden kann, dass die Zeitkonstante $\tau > 0$ immer reellwertig ist, kann

$$\lambda = -\frac{1}{\tau^\alpha}$$

gesetzt werden. In diesem Fall wirkt als Anregungsimpuls $\delta(t)/\tau^\alpha$ auf das durch die fraktionale Differenzialgleichung (3.24) beschriebene System. Diese Skalierung des Dirac-Impulses beeinflusst jedoch nicht die Stabilität des Systems, sondern führt zu einer um den Faktor $1/\tau^\alpha$ verstärkten Systemantwort. Das Argument der reellwertigen Größe $\lambda < 0$ ist aufgrund des negativen Vorzeichens $\arg \lambda = \pi$ und damit muss die Stabilitätsbedingung für die Impedanz des Cole-Cole-Glieds

$$|\arg \lambda| = \pi > \alpha\frac{\pi}{2}$$

beziehungsweise

$$\alpha < 2$$

lauten. Dieses Resultat ist anschaulich klar, denn für $\alpha = 2$, also an der Stabilitätsgrenze, liegt ein konventionelles System mit zwei konjugiert komplexen Polen vor, dessen Impulsantwort eine - praktisch nicht realisierbare - Dauerschwingung ausführt. Da die Impedanz des Cole-Cole-Glieds Exponenten besitzt, für die $0 < \alpha \leq 1$ gilt, kann das Übertragungsverhalten nicht instabil werden. Dieses Ergebnis ist auch aus physikalischer Sicht verständlich, denn es handelt sich beim Cole-Cole-Glied um ein passives Bauelement, das Verluste im Material der Brennstoffzelle beschreiben soll. Die abgegebene Energiemenge kann niemals größer sein als der Wert der Summe der aufgenommenen und der im Cole-Cole-Glied gespeicherten Energiemenge.

Anmerkung: Da bei der Messung der Impedanz mit der klassischen elektrischen Impedanzspektroskopie die Übertragungsfunktion der Impedanz auf der imaginären Achse aufgezeichnet wird, muss auch mathematisch die Laplacetransformierte für $s = j\omega$ existieren. Somit muss auch die imaginäre Achse im Konvergenzbereich der Laplacetransformierten der Impulsantwort liegen. Nach Satz B.2 konvergiert das Laplaceintegral wenn $\mathrm{Re}\{s\} > 1/\tau$, gilt. Diese Ungleichungsbedingung ist jedoch nicht notwendig, sondern nur hinreichend; der wirkliche Konvergenzbereich muss auch die imaginäre Achse der komplexen Zahlenebene einschließen, denn aufgrund der gezeigten Übertragungsstabilität der Übertragungsfunktion eines Cole-Cole-Glieds konvergiert

$$\int_{t=0}^{\infty} |g(t)|\, dt$$

und damit sicher auch

$$Z_{CC}(j\omega) = \left. \int_{t=0}^{\infty} g(t)\mathrm{e}^{-st}\, dt \right|_{s=j\omega}.$$

Daher existiert die Impedanz $Z(s = j\omega)$ der Brennstoffzelle, die aus mehreren Cole-Cole-Gliedern der Impedanz $Z_{CC}(j\omega)$ besteht, auch im mathematischen Sinne.

3.4 Zusammenfassung

In diesem Kapitel wurde eine für die mathematische Modellierung der Zellimpedanz notwendige neue Modellklasse - die linearen fraktionalen Systeme - eingeführt. Notwendig war dieser Schritt, da zur Online-Schätzung der Impedanz ein Zeitbereichsmodell benötigt wird, das auf Grund der nicht-ganzzahligen Exponenten α

im Nenner der Impedanz nicht mit konventionellen Differenzialgleichungen formuliert werden kann. Vom Bildbereich ausgehend wurde ein Operator im Zeitbereich eingeführt, dessen Laplace-Transformierte es ermöglichte, eine fraktionale Differenzialgleichung für Cole-Cole-Glieder anzugeben. Diese Differenzialgleichung enthält die interpretierbaren Modellparameter R, τ und α der Übertragungsfunktion ebenso, wie den Operator für die fraktionale Ableitung.

Die zwei bekanntesten Definition für fraktionale Ableitungen im Zeitbereich und deren Laplace-Transformierte wurden hierzu angegeben. Diese Definitionen wurden von der fraktionalen Integration ausgehend hergeleitet und unterschieden sich nur in der Berücksichtigung der Anfangswerte, führen aber zu identischem Übertragungsverhalten. Da die in dieser Arbeit behandelten fraktionalen Differenzialgleichungen linear sind, kann die Methode der Laplace-Transformation eingesetzt werden, um diese zu lösen. Für die zur Beschreibung von Zellverlusten verwendeten Cole-Cole-Glieder konnte somit über die Faltungseigenschaft eine Integralgleichung hergeleitet werden, die in Abhängigkeit der fraktionalen Modellparameter R, τ und α die fraktionale Differenzialgleichung löst.

Ferner wurde mit dem Stabilitätssatz nach Matignon gezeigt, dass für den möglichen Parameterbereich der Zellimpedanz immer eine übertragungsstabile fraktionale Impedanz vorliegt.

Im Kapitel 4 wird die numerische Lösung der fraktionalen Differenzialgleichungen für Zellimpedanzen vorgestellt, die meist nur mit einem hohen Rechenaufwand hinreichend genau bestimmt werden kann.

Kapitel 4

Direkte Approximation fraktionaler Impedanzmodelle

Nachdem wesentliche Grundlagen fraktionaler Systeme im Kapitel 3 vorgestellt wurden, soll in diesem Kapitel die numerische Lösung der für diese Arbeit relevanten fraktionalen Differenzialgleichungen behandelt werden.

Die numerische Lösung des durch die nichtlineare Differenzialgleichung

$$\frac{dx(t)}{dt} = \phi(x(t), u(t))$$

mit der Anfangsbedingung $x(0)$ gegebenen Anfangswertproblems kann sehr einfach bestimmt werden, da die zwischen den beiden Zeitpunkten t_1 und t_2 erfolgte Zunahme von $x(t)$ durch

$$\Delta x(t_1, t_2) = x(t_2) - x(t_1) = \phi(x(t_1), u(t_1))\,(t_2 - t_1)$$

vor allem für kleine Zeitdifferenzen $t_2 - t_1$ gut approximiert werden kann. Der neue approximierte Lösungswert von $x(t)$ für den Zeitpunkt $t = t_2$ kann in diesem Fall durch die Addition

$$x(t_2) = x(t_1) + \Delta x(t_1, t_2) = x(t_1) + \phi(x(t_1), u(t_1))(t_2 - t_1) \tag{4.1}$$

aus dem vorherigen Lösungswert $x(t_1)$ bestimmt werden. Für den ersten Schritt wird der Anfangswert $x(0)$ als vorheriger Zustand $x(t_1)$ verwendet.

Diese Vorgehensweise wird beim Euler-Verfahren verwendet, um nichtlineare mehrdimensionale Zustandsdifferenzialgleichungen numerisch zu lösen. Dabei muss jedoch eine kleine Schrittweite $t_k - t_{k-1}$ gewählt werden, um entstehende Approximationsfehler und daraus resultierende Fehler bei der numerischen Lösung möglichst klein zu halten. Andere Methoden, wie das bekannte Runge-Kutta-Verfahren verfolgen bei der Lösung eine ähnliche Strategie, berechnen jedoch pro Simulationsschritt mehrere Zwischenwerte für den neuen Lösungswert. Die höhere Genauigkeit wird also durch einen höheren Rechenaufwand erreicht; dafür können größere Schrittweiten gewählt werden.

Die numerischen Lösungsstrategien nutzen die Rekursionseigenschaft (4.1) aus, um effizient - mit wenig Speicherbedarf und mit wenigen Rechenoperationen - eine numerische Lösung von (nicht)linearen Differenzialgleichungen in Zustandsraumdarstellung zu erhalten.

In dieser Arbeit werden lineare *fraktionale* Differenzialgleichungen von Impedanzmodellen verwendet, um deren Modellparameter im Zeitbereich zu schätzen. Zur Lösung dieser Aufgabe müssen diese Differenzialgleichungen numerisch ausgewertet werden. Daher wird ein Verfahren gesucht, das auch bei dieser Systemklasse eine möglichst effiziente rekursive Lösung ermöglicht. Zu diesem Zweck wird in diesem Kapitel ein neu entwickeltes Verfahren vorgestellt, das vor allem für die beschriebene Schätzaufgabe geeignet ist. Dieses Verfahren wird als „direkte Approximation" bezeichnet, um den Unterschied zu einem bereits bestehenden Lösungsverfahren, das im Abschnitt 4.1.2 vorgestellt wird, hervorzuheben.

Die direkte Approximation ist kein numerisches Lösungsverfahren, sondern ein Verfahren, das lineare fraktionale Systeme, die aus Cole-Cole-Gliedern bestehen, durch höherdimensionale konventionelle lineare Differenzialgleichungssysteme darstellt. Diese konventionellen Systeme können dann mit den bekannten Lösungsverfahren numerisch gelöst werden. Da es sich - bei zeitlich konstanten Modellparametern - um lineare Systeme handelt, ist sogar eine exakte numerische Lösung möglich, wenn das Anregungssignal zwischen den Abtastzeitpunkten konstant ist.

Bevor die direkte Approximation vorgestellt wird, werden im Abschnitt 4.1 aus der Literatur bekannte numerische Lösungs- beziehungsweise Approximationsverfahren erläutert.

4.1 Bestehende Verfahren zur numerischen Lösung linearer fraktionaler Differenzialgleichungen

4.1.1 Das numerische Lösungsverfahren von Lubich

Bei diesem Verfahren, das in [Lub86] detailliert beschrieben wurde, handelt es sich um die Verallgemeinerung eines numerischen Mehrschrittverfahrens zur konventionellen (nicht-fraktionalen) Integration, das in [Hen62] von P. Henrici 1962 vorge-stellt wurde. Das Mehrschrittverfahren von Henrici ersetzt die zeitkontinuierliche Integration durch eine zeitdiskrete Mehrschritt-Operation. Im Bildbereich wird die Integration

$$G_I(s) = \frac{1}{s}$$

durch das zeitdiskrete System

$$\hat{G}_{I,p}(z) = T_A \underbrace{\left(\sum_{i=0}^{p} A_i z^{-i} \right)^{-1}}_{=g_p^{-1}(z)}$$

ersetzt. Auf diese Weise wird eine zeitkontinuierliche Differenzialgleichung in eine zeitdiskrete Differenzengleichung umgewandelt, die numerisch für jeden diskreten Zeitpunkt gelöst werden kann. Die Koeffizienten A_i müssen jedoch genau die Wer-te annehmen, die bei den in Tabelle 4.1 angegebenen Funktionen $g_p^\alpha(z)$ verwendet wurden. Der Parameter $p \in \{1, 2, 3, 4, 5, 6\}$ beeinflusst den Diskretisierungsfehler, da dieser in Abhängigkeit der Abtastzeit T_A mit der Ordnung $O(T_A^p)$ zunimmt. Dabei bezeichnet O das sogenannte Landau-Symbol [BSMM95]. Eine hohe Konvergenz-klasse - wie beispielsweise $p = 6$ - führt daher vor allem bei kleinen Abtastzeiten zu deutlich kleineren Approximationsfehlern.

Für $p = 1$ erhält man mit dieser Vorgehensweise

$$\hat{G}_{I,1}(z) = T_A \frac{1}{1 - z^{-1}}$$

und damit die bekannte Regel zur Integration nach Euler (Rechteckregel rückwärts) [KJ98, KK98], die zur niedrigen Konvergenzklasse $O(T_A)$ gehört.

Lubich erweiterte dieses Verfahren auf die fraktionale Analysis und ermöglicht damit die numerische Lösung fraktionaler - auch nichtlinearer - Differenzialgleichungen. Bei der fraktionalen Integration wird das System

$$G_\alpha(s) = \frac{1}{s^\alpha}$$

im Bildbereich durch

$$\hat{G}_{\alpha,p}(z) = T_A^\alpha \left(\sum_{i=0}^{\nu} A_i z^{-i} \right)^{-1}$$

ersetzt. Die Zahl ν bestimmt dabei die Güte der Approximation der fraktionalen Integration/Ableitung. Je größer dieser Wert gewählt wird, desto genauer, aber auch

p	$g_p^\alpha(z)$
1	$\left(1 - z^{-1}\right)^{-\alpha}$
2	$\left(\frac{3}{2} - 2z^{-1} + \frac{1}{2}z^{-2}\right)^{-\alpha}$
3	$\left(\frac{11}{6} - 3z^{-1} + \frac{3}{2}z^{-2} - \frac{1}{3}z^{-3}\right)^{-\alpha}$
4	$\left(\frac{25}{12} - 4z^{-1} + 4z^{-2} - \frac{4}{3}z^{-3} + \frac{1}{4}z^{-4}\right)^{-\alpha}$
5	$\left(\frac{137}{60} - 5z^{-1} + 5z^{-2} - \frac{10}{3}z^{-3} + \frac{5}{4}z^{-4} - \frac{1}{5}z^{-5}\right)^{-\alpha}$
6	$\left(\frac{147}{60} - 6z^{-1} + \frac{15}{2}z^{-2} - \frac{20}{3}z^{-3} + \frac{15}{4}z^{-4} - \frac{6}{5}z^{-5} + \frac{1}{6}z^{-6}\right)^{-\alpha}$

Tabelle 4.1: Erzeugende Funktionen des Mehrschrittverfahrens nach Lubich

desto aufwändiger wird das numerische Lösungsverfahren. Die $\nu + 1$ Koeffizienten

$$A_i = \frac{1}{i!}\frac{d^i}{d\vartheta^i}\left(g_p^{-\alpha}\left(\frac{1}{\vartheta}\right)\right)\bigg|_{\vartheta=0}, \quad \vartheta = 1/z, \quad i \in \{0, 1, 2, \dots, \nu\}$$

ergeben sich aus der Taylorreihenentwicklung der erzeugenden Funktionen

$$g_p^{-\alpha}(1/\vartheta)$$

mit der neuen Variablen ϑ an der Stelle $\vartheta = 0$. Besonders für große ν ist die Bestimmung dieser Koeffizienten schwierig, da sehr viele analytische Ableitungen der erzeugenden Funktionen berechnet werden müssen. Eine praktikable Methode zur Bestimmung der Koeffizienten A_i wurde in [Gem05] entwickelt.

In Abbildung 4.1 sind die berechneten Koeffizienten A_i einer numerischen fraktionalen Ableitung mit $\alpha = 1/2$ und der Filterordnung $\nu = 50$ angegeben. Es müssen also $\nu + 1 = 51$ Koeffizienten für ein solches Filter

$$\hat{D}_\alpha(z) = T_A^{-\alpha}\sum_{i=0}^{\nu} A_i z^{-i}$$

berechnet werden, das die fraktionale Ableitung

$$D_\alpha(j\omega) = (j\omega)^\alpha$$

mit der Abtastzeit $T_A = 0{,}001\,\text{s}$ numerisch ausführen soll. Man erkennt, dass die Koeffizienten für größer werdende Indexwerte i nur sehr langsam gegen null konvergieren. Darum ist die Verwendung von sehr großen Filterordnungen ν notwendig, um eine akzeptable Genauigkeit zu erzielen. Würden die A_i-Koeffizienten exponentiell gegen null konvergieren, dann wären deutlich kleinere ν möglich.

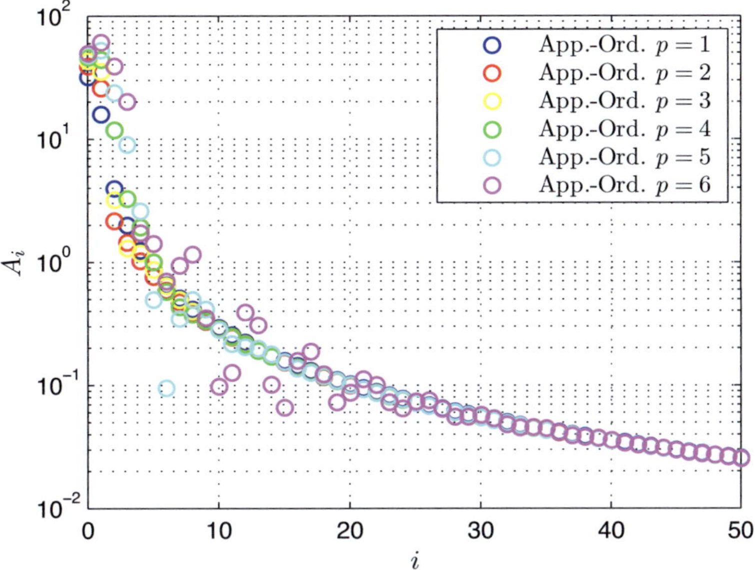

Abbildung 4.1: Koeffizienten des FIR-Filters nach Lubich zur Approximation der fraktionalen Ableitung mit $\alpha = 1/2$ (Abtastzeit $T_A = 0{,}001$ s)

Eine wichtige Eigenschaft wird somit deutlich: Die Durchführung fraktionaler Operationen im Zeitbereich erfordert einen deutlich größeren Speicheraufwand als konventionelle Operationen, wie die Ableitung oder die Integration. Dieser notwendige höhere Aufwand ist auch mit anderen Verfahren - wie beispielsweise der direkten Approximation - nicht vermeidbar. Die Wahl der Approximationsordnung p beim Lubich-Verfahren hat zudem keinen Einfluss auf den Speicherbedarf.

In den Abbildungen 4.2 und 4.3 sind der Betrags- und der Phasenverlauf der numerischen Realisierung $\hat{D}_\alpha(z)$ des fraktionalen Differenzierers dargestellt. Wird $z = j\omega$ gesetzt, so erhält man die zeitdiskrete Fouriertransformierte $\hat{D}_\alpha(j\omega)$ des fraktionalen Ableitungsfilters [KK98, KJ98]. Das - aufgrund der Zeitdiskretisierung - periodische Spektrum dieses Filters kann jetzt mit dem idealen Spektrum $(j\omega)^\alpha$ der fraktionalen Ableitung, das ebenfalls in den Abbildungen 4.2 und 4.3 dargestellt ist, verglichen werden. Dabei lässt sich feststellen, dass trotz der relativ hohen Filterordnung von $\nu = 50$ nur im Bereich weniger Dekaden eine akzeptable Übereinstimmung festzustellen ist. Es ist eine allgemeine Eigenschaft der fraktionalen Ableitung, dass eine numerische Approximation nur über einen begrenzten Bereich des Spektrums möglich ist [OLN00]. Der Bereich beträgt im hier vorgestellten Beispiel zwei Dekaden beim Betragsverlauf und nur eine Dekade beim Phasenverlauf. Der Bereich lässt sich durch eine Variation der Abtastzeit T_A verschieben, nicht jedoch verbreitern [Gem05]. Eine Vergrößerung ist nur durch eine drastische Erhöhung der Filterordnung ν erreichbar.

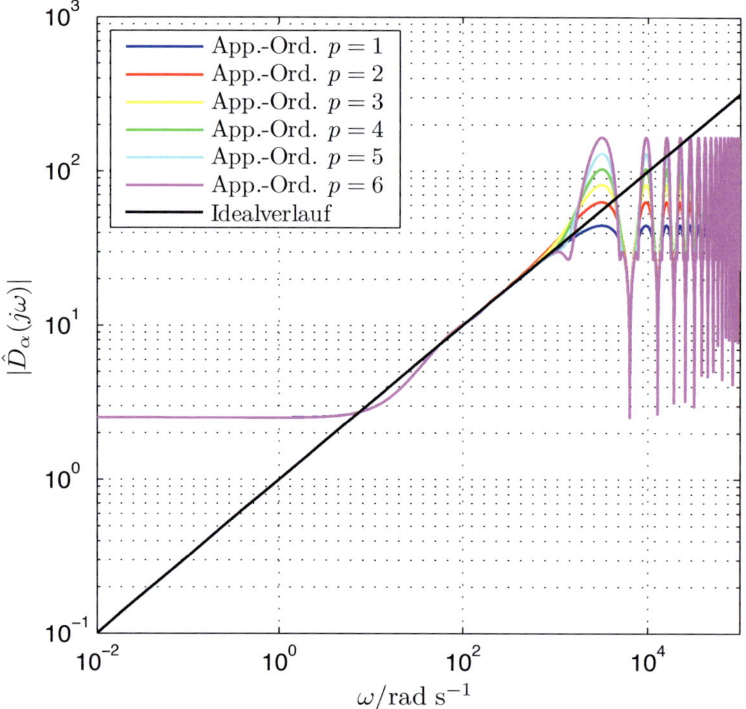

Abbildung 4.2: Betragsverlauf des FIR-Filters nach Lubich zur Approximation der fraktionalen Ableitung mit $\alpha = 1/2$ (Abtastzeit $T_A = 0{,}001$ s)

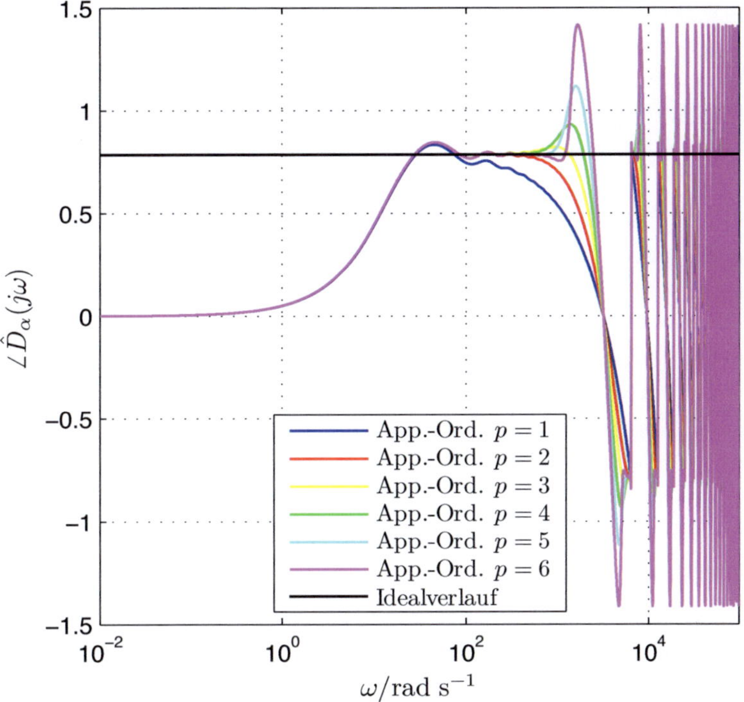

Abbildung 4.3: Phasenverlauf des FIR-Filters nach Lubich zur Approximation der fraktionalen Ableitung mit $\alpha = 1/2$ (Abtastzeit $T_A = 0{,}001$ s)

Der Einfluss der Approximationsordnung p ist dagegen nur von geringer Bedeutung. Es lässt sich aber feststellen, dass für $p = 1$ eine sehr schlechte Approximation des idealen Phasenverlaufs vorliegt. Um einen günstigen Phasenverlauf zu erzielen, sollte daher $p > 1$ gewählt werden. Dagegen ist für den Betragsverlauf die Wahl von p fast ohne Bedeutung.

Abschließend lässt sich feststellen, dass schon die Lösung einfacher fraktionaler Differenzialgleichungen numerisch anspruchsvoll ist und einen hohen Rechenaufwand erfordert. Trotzdem ist das bisher vorgestellte Verfahren von Lubich für die Impedanzschätzung nicht geeignet, da eine reale SOFC-Impedanz, wie in Gleichung (2.3) gegeben, über mehrere Dekaden approximiert werden muss. Der numerische Rechenaufwand ist daher nicht akzeptabel.

4.1.2   Das Approximationsverfahren von Oustaloup

Die Behandlung fraktionaler Analysis im Frequenzbereich war wesentlich einfacher als die Beschreibung im Zeitbereich. Daher wird beim Approximationsverfahren nach Oustaloup [OLN00] eine Approximation im Frequenzbereich durchgeführt. Der dabei gemachte Ansatz ist verhältnismäßig anschaulich: Es sollen Nullstellen und Pole einer Übertragungsfunktion so gewählt werden, dass der resultierende Frequenzgang möglichst genau mit dem Idealverlauf der fraktionalen Ableitung übereinstimmt. Das auf diese Weise erhaltene Approximationssystem ist zwar ein konventionelles (nicht fraktionales) System, aber es verhält sich - wieder nur - in einem begrenzten Bereich auf der Frequenzachse annähernd wie ein fraktionales System. Zudem ist ein konventionelles System mit bestehenden Verfahren der Simulationstechnik verhältnismäßig einfach lösbar.

Wie wählt man die Pole und die Nullstellen geeignet, um ein fraktionales System durch ein konventionelles möglichst genau nachzubilden? Der Ansatz für das Approximationssystem lautet

$$\hat{G}_\alpha(j\omega) = V \prod_{k=1}^{\nu} \frac{1 + j\dfrac{\omega}{\omega_{0,k}}}{1 + j\dfrac{\omega}{\omega_{\infty,k}}}, \tag{4.2}$$

mit den noch unbekannten konstanten Entwurfsparametern $\omega_{0,k}$, $\omega_{\infty,k}$ und V. Dabei sind die ν Nullstellen des Systems $\hat{G}_\alpha(j\omega)$ aus Gleichung (4.2) durch $-\omega_{0,k}$ ($k \in \{1, 2, \ldots, \nu\}$) gegeben und die ν Polstellen dieser Übertragungsfunktion liegen bei $-\omega_{\infty,k}$. Der Verstärkungsfaktor V ist ein weiterer Parameter, der es ermöglichen wird, den Betragsverlauf geeignet einzustellen. In Abbildung 4.4 ist das Vorgehen bei der Wahl der Pole und Nullstellen beim Oustaloup-Verfahren dargestellt. Bei der asymptotischen Näherung des Betragsverlaufs einer Übertragungsfunktion gilt,

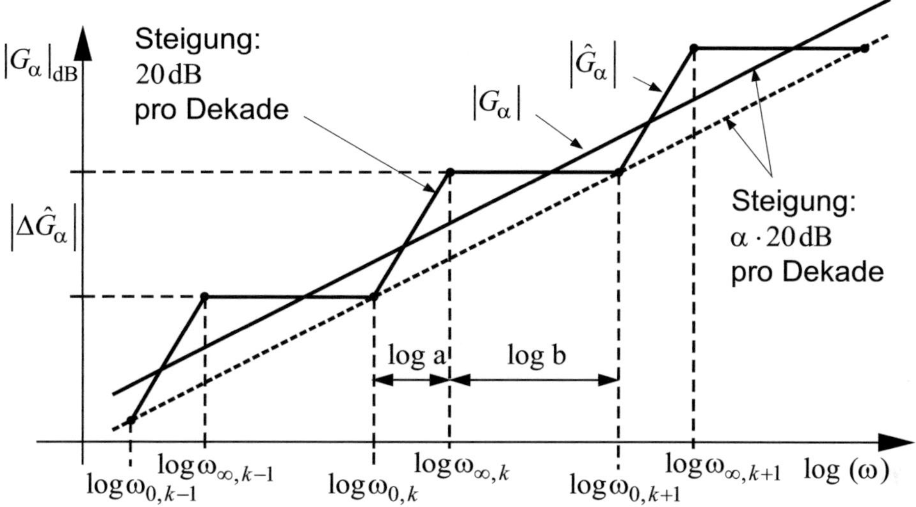

Abbildung 4.4: Approximation der fraktionalen Ableitung im Frequenzgang nach Oustaloup

dass eine Nullstelle eine Vergrößerung der Betragsverlaufssteigung um 20dB pro Dekade zur Folge hat. Ein Pol verringert hingegen die Steigung um 20dB pro Dekade. Die Approximation des Verlaufs der idealen fraktionalen Ableitung beginnt bei der Frequenz $\omega_{0,1}$. Damit steht die erste Nullstelle bei $-\omega_{0,1}$ bereits fest. Auf der Frequenzachse werden die übrigen Pole und Nullstellen abwechselnd so gewählt, dass sich eine mittlere Steigung ergibt, die der einer idealen fraktionalen Ableitung, also $\alpha \cdot 20$dB pro Dekade, entspricht. Um eine Vorschrift für die Wahl der Pole und Nullstellen zu finden, wird die Wahl der Polstelle $\omega_{\infty,k}$ in Abbildung 4.4 betrachtet. Der Abstand auf der Frequenzachse zwischen der Nullstelle $\omega_{0,k}$ und dem Pol $\omega_{\infty,k}$ wird mit $\log(a)$ bezeichnet. Der Abstand zwischen der Polstelle $\omega_{\infty,k}$ und der nächsten Nullstelle $\omega_{0,k+1}$ wird mit $\log(b)$ bezeichnet. Die mittlere Steigung des Betragsverlaufs $|\hat{G}_\alpha(j\omega)|$ soll $\alpha \cdot 20$dB betragen. Da die Frequenzachse logarithmisch aufgetragen ist, lassen sich aus Abbildung 4.4 die Gleichungen

$$\log(a) = \log(\omega_{\infty,k}) - \log(\omega_{0,k})$$

und

$$\log(b) = \log(\omega_{0,k+1}) - \log(\omega_{\infty,k})$$

aufstellen, woraus sich die Rekursionsbeziehungen

$$a = \frac{\omega_{\infty,k}}{\omega_{0,k}}, \tag{4.3}$$

$$b = \frac{\omega_{0,k+1}}{\omega_{\infty,k}} \tag{4.4}$$

herleiten lassen. Über die Zunahme des Betragsverlaufs $|\Delta\hat{G}_\alpha|$ zwischen den Frequenzen $\omega_{0,k}$ und $\omega_{0,k+1}$ kann ein Zusammenhang zwischen a und b hergeleitet werden. Für die Zunahme gilt die Gleichung

$$|\Delta\hat{G}_\alpha| = 20\text{dB} \cdot \log(a) = \alpha \cdot 20\text{dB} \cdot (\log(a) + \log(b)),$$

aus der die notwendige Bedingung

$$\alpha = \frac{\log(a)}{\log(a \cdot b)} \tag{4.5}$$

folgt. Es ist anschaulich klar, dass a und b nicht unabhängig voneinander gewählt werden können, da sonst eine falsche Steigung des Betragsverlaufs vorliegen würde. Es sind also entweder a oder b frei wählbar; der übrige Parameter ergibt sich aus der fraktionalen Ordnung α und kann danach mit Gleichung (4.5) berechnet werden. Jetzt können mit den Rekursionsbeziehungen (4.3) und (4.4) alle Pole und Nullstellen von $\hat{G}_\alpha(j\omega)$ gewählt werden, wenn eine Startfrequenz $\omega_{0,1}$ und ein Verhältnis a oder b gewählt wurde. Die Wahl dieser beiden Verhältnisparameter beeinflusst dabei die Welligkeit und damit die Güte der Approximation. Werden kleine Verhältnisse gewählt, so ist nur eine kleine Welligkeit im Betragsverlauf von $\hat{G}_\alpha(j\omega)$ feststellbar, aber der - begrenzte - Approximationsbereich auf der Frequenzachse wird kleiner, wenn nicht gleichzeitig eine Erhöhung der Ordnung ν erfolgt. Werden die Parameter a und b jedoch nicht verändert, so führt eine Erhöhung der Modellordnung ν zu einer Vergrößerung des Approximationsbereichs auf der Frequenzachse.

Bis jetzt wurde durch die Wahl der Pole und Nullstellen eine gewünschte mittlere Steigung des Betragsverlaufs erzielt. Mit dem Verstärkungsfaktor V kann der vorliegende Betragsverlauf so verschoben werden, dass er nicht nur mit der Steigung, sondern auch absolut mit dem erwünschten Verlauf von $|(j\omega)^\alpha|$ übereinstimmt. Mit der Forderung

$$|(j\omega)^\alpha|\big|_{\omega=\omega_0} = \left|\hat{G}_\alpha(j\omega)\right|\big|_{\omega=\omega_0},$$

also der Gleichheit der Betragsverläufe bei einer bestimmten Frequenz ω_0, kann der Verstärkungsfaktor V eingestellt werden. Eine einfache Wahl für die Frequenz wäre

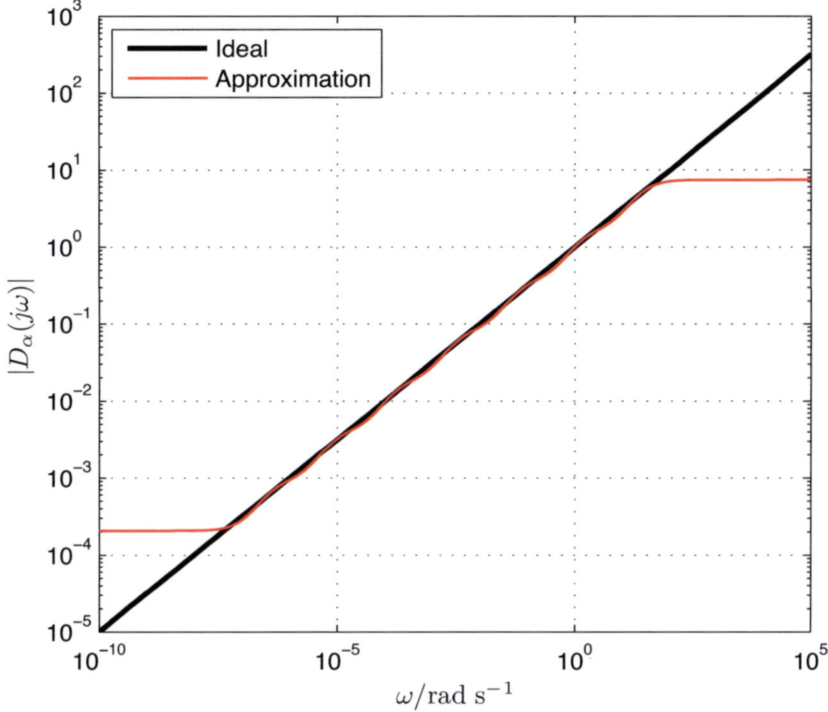

Abbildung 4.5: Betragsverlauf einer Approximation nach Oustaloup

$\omega_0 = 1$ woraus die Berechnungsformel

$$V = \prod_{k=1}^{\nu} \sqrt{\frac{1 + \dfrac{1}{\omega_{\infty,k}^2}}{1 + \dfrac{1}{\omega_{0,k}^2}}} \tag{4.6}$$

für den gesuchten Verstärkungsfaktor V folgt.

In den Abbildungen 4.5 und 4.6 ist als Beispiel das Ergebnis einer Approximation mit dem vorgestellten Oustaloup-Verfahren dargestellt. In Abbildung 4.5 ist der Betragsverlauf von $\hat{G}_\alpha(j\omega)$ sowie von der fraktionalen Ableitung für $\alpha = 1/2$ dargestellt. Die gewählte Ordnung war $\nu = 7$ und als Rekursionsparameter wurden $a = b = 4{,}47$ gewählt. Der berechnete Verstärkungsfaktor betrug $V = 2{,}1 \cdot 10^{-4}$. Der Approximationsbereich umfasst mehr als acht Dekaden, obwohl nur eine Ordnung von $\nu = 7$ gewählt wurde. Auch der Phasenverlauf des Approximationssystems stimmt noch über mehr als sieben Dekaden mit dem der realen fraktionalen Ableitung überein. Man erkennt die Welligkeit der Approximation im Phasenverlauf deutlicher als im

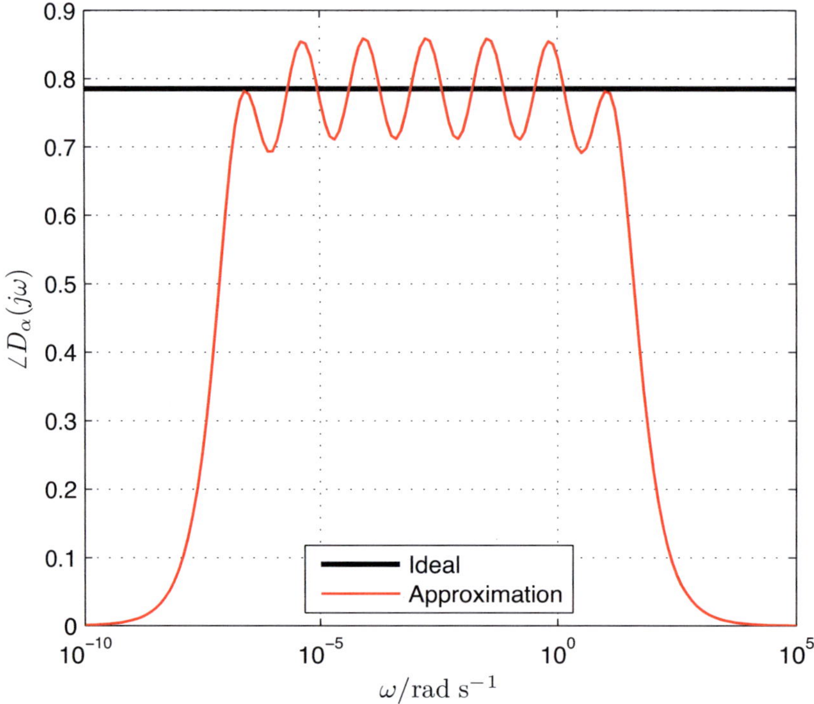

Abbildung 4.6: Phasenverlauf einer Approximation nach Oustaloup

Betragsverlauf. Eine kleinere Wahl von a und b wäre geeignet, um diese Welligkeiten im Phasenverlauf zu verringern.

Wird in einer Übertragungsfunktion eines linearen fraktionalen Systems der Ausdruck $G_\alpha(j\omega) = (j\omega)^\alpha$ durch $\hat{G}_\alpha(j\omega)$ ersetzt, so erhält man - auf einem begrenzten Frequenzintervall - ein konventionelles System ohne fraktionale Ableitungen, das sich dennoch näherungsweise wie ein fraktionales System verhält, aber wesentlich einfacher mit üblichen numerischen Lösungsverfahren (Euler-Verfahren, Runge-Kutta-Verfahren) gelöst werden kann.

Im Vergleich zum Verfahren nach Lubich ist für einen vergleichbaren Speicherbedarf ein größeres Intervall erzielbar, in dem die Approximation gültig ist. Hierin liegt - neben der anschaulichen Vorgehensweise - ein wesentlicher Vorteil des Oustaloup-Verfahrens. Die Tatsache, dass nur in einem endlichen Intervall auf der Frequenzachse eine Approximation möglich ist stellt für die Impedanzschätzung kein Hindernis dar, da Cole-Cole-Glieder ein Tiefpassverhalten besitzen. Schwieriger ist die Wahl der geeigneten Grenzen des Intervalls. Es ist bis jetzt noch nicht geklärt, wie diese Wahl erfolgen muss, um eine möglichst geringe Systemordnung zu erhalten. Außerdem besteht die Impedanz einer SOFC aus mehreren sich im Frequenzbereich überlappenden Cole-Cole-Gliedern. Von einem effizienten Approximationsverfahren sollten Zustandsgrößen so eingeführt werden, dass auftretende Überlappungen ausgenutzt werden können, um eine geringere Modellordnung zu ermöglichen. Mit der im folgenden Abschnitt vorgestellten direkten Approximation wird dies möglich sein.

4.2 Das Verfahren der direkten Approximation von fraktionalen Cole-Cole-Gliedern

Die vorgestellten Verfahren zur numerischen Simulation von fraktionalen Systemen sind für die Impedanzschätzung nur eingeschränkt geeignet. Da die SOFC-Impedanz (3.1) während des Betriebs auch zeitvariant sein kann, muss ein Verfahren verwendet werden, das eine schnelle und effiziente Anpassung des nicht-fraktionalen Systems an die zeitabhängigen Veränderlichen der Impedanz ermöglicht. Hierzu zählen die zeitvarianten Widerstände $R_n(t)$, die Zeitkonstanten $\tau_{0,n}(t)$ und die fraktionalen Exponenten $\alpha_n(t)$. Zudem muss eine effiziente, aber auch möglichst genaue Approximation des fraktionalen Systemverhaltens möglich sein, indem nur notwendige Zustandsgrößen im nicht-fraktionalen System eingeführt werden.

Ein neues, in dieser Arbeit entwickeltes Verfahren, das diese Voraussetzungen erfüllt, ist die direkte Approximation der Zellimpedanz. Darunter ist ein Verfahren zu verstehen, das nicht - wie bei den Verfahren nach Lubich oder Oustaloup - zuerst die fraktionale Ableitung nachbildet und dann in die Übertragungsfunktion eingesetzt wird. Stattdessen wird das fraktionale System direkt durch ein nicht-fraktionales Zustandsraummodell nachgebildet. Das Grundprinzip dieses neuen Verfahrens wurde 2007 mit einer alternativen Herleitung in [HK07] veröffentlicht.

Die fraktionale Zellimpedanz

$$Z(j\omega) = R_0 + \sum_{n=1}^{N} \frac{R_n}{1 + (j\omega\tau_{0,n})^{\alpha_n}}$$

wird dabei durch das nicht-fraktionale Impedanzmodell

$$\hat{Z}(j\omega) = R_0 + \sum_{m=1}^{M} \frac{r_m}{1 + (j\omega\tau_m)} \tag{4.7}$$

nachgebildet. Die Impedanz (4.7) kann als ein dynamisches LTI-System aufgefasst werden, für das eine Zustandsraumdarstellung angegeben werden kann, die für die Zustands- und Parameterschätzung im Kapitel 6 verwendet wird. Um das Approximationsmodell (4.7) zu bestimmen, müssen die noch unbekannten $2M$ Modellparameter r_m und τ_m ($m \in \{1, 2, \ldots, M\}$) sowie dessen Modellordnung M geeignet gewählt werden. Dabei ist zu erwarten, dass die Modellordnung M größer sein wird als die Anzahl der Cole-Cole-Glieder N. Zudem wird eine Vergrößerung von M dazu führen, dass sich das Übertragungsverhalten von $\hat{Z}(j\omega)$ der Originalimpedanz $Z(j\omega)$ weiter annähert. Um aber den Rechenaufwand bei der später durchgeführten Zustandsschätzung zu begrenzen, sollte die Ordnung M nicht zu groß gewählt werden.

4.2.1 Das Konzept des Relaxationsdichtespektrums

Bevor die direkte Approximation vorgestellt wird, muss das Konzept des sogenannten Relaxationsdichtespektrums erläutert werden, das eine detailliertere Untersuchung von Impedanzen ermöglicht und schon in den 1940er-Jahren eingeführt wurde [Mac87, FK41, Sch02].

Ursprünglich handelte es sich hierbei um ein Analyseverfahren für gemessene Impedanzen, denn im Relaxationsdichtespektrum sind einzelne elektrochemische Prozesse mit ihren jeweiligen Zeitkonstanten erkennbar. Die wesentliche Schwierigkeit ist jedoch die Berechnung eines solchen Dichtespektrums, denn bereits kleine Messfehler der Impedanz führen in der Regel zu großen Veränderungen im Spektrum der Relaxationszeiten. In [Sch02] wurde eine Vorgehensweise vorgestellt, wie durch die Verwendung von modernen digitalen Signalverarbeitungsmethoden eine verbesserte Berechnung des Spektrums aus Impedanzmessdaten erfolgen kann.

Das Relaxationsdichtespektrum $\gamma(\tau)$ ist in [Mac87] durch das folgende Integral

$$Z(j\omega) = \int_{\tau=0}^{\infty} \frac{\gamma(\tau)}{1 + j\omega\tau}\, d\tau \tag{4.8}$$

definiert, das den Zusammenhang mit der (fraktionalen) Impedanz $Z(j\omega)$ herstellt. Dabei ist τ die Relaxationszeit der dynamischen Prozesse und $\gamma(\tau) \in \mathbb{R}^+$ bezeichnet ihre Dichte im Spektrum.

Liegt beispielsweise eine Impedanz der Form

$$Z_1(j\omega) = \frac{R_1}{1 + j\omega\tau_1} \tag{4.9}$$

vor, so lautet die entsprechende Relaxationsdichte

$$\gamma_1(\tau) = R_1 \delta(\tau - \tau_1), \tag{4.10}$$

wobei $\delta(\,\cdot\,)$ die Dirac-Distribution bezeichnet [Föl93], welche die Gleichung

$$f(t) = \int_{\tau=-\infty}^{\infty} \delta(\tau - t) f(\tau) d\tau \qquad (4.11)$$

für eine beliebige, an der Stelle t stetige Funktion $f(t)$ erfüllt. Die in Gleichung (4.11) gegebene Eigenschaft wird auch als Ausblendeigenschaft der Dirac-Distribution bezeichnet. Mit dieser Ausblendeigenschaft kann gezeigt werden, dass

$$\int_{\tau=0}^{\infty} \frac{R_1 \delta(\tau - \tau_1)}{1 + j\omega\tau} \, d\tau = \frac{R_1}{1 + j\omega\tau_1} = Z_1(j\omega)$$

gilt. Im Relaxationsdichtespektrum befinden sich also Dirac-Distributionen an den Stellen, an denen die Impedanz konventionelle RC-Glieder mit entsprechenden Relaxationszeiten enthält. Die Dirac-Distributionen sind außerdem mit den Werten der Widerstände der RC-Glieder gewichtet. Daher sind Relaxationsdichtespektren geeignet, um dynamische Prozesse in Impedanzmessungen zu identifizieren und anhand ihrer Zeitkonstanten (Relaxationszeiten) zu klassifizieren.

Bei konventionellen, also nicht-fraktionalen Systemen waren Dirac-Distributionen im Spektrum erkennbar; woran erkennt man aber fraktionale Cole-Cole-Glieder? Zu erwarten sind ebenfalls Spitzen (Peaks) oder glockenförmige Verläufe um die entsprechende Relaxationszeit τ_0 des Cole-Cole-Glieds. Zur Beantwortung dieser Frage muss die Relaxationsdichte eines einzelnen Cole-Cole-Glieds analytisch berechnet werden.

Um aus gegebenen Impedanzen $Z(j\omega)$ ein Dichtespektrum zu ermitteln, müsste die Integralgleichung (4.8) nach $\gamma(\tau)$ gelöst werden. Für gemessene und damit nicht exakt bekannte Impedanzen ist die Lösung - wie bereits erwähnt - sehr schwierig. Für analytisch gegebene Impedanzen ist die Lösung der Integralgleichung dagegen möglich und wurde bereits 1941 von Kirkwood und Fuoss in [FK41] veröffentlicht.

Die Integralgleichung (4.8), die nach $\gamma(\tau)$ gelöst werden soll, ist komplexwertig, was den mathematischen Umgang mit ihr erschwert. Um eine einfachere, rein reellwertige Integralgleichung zu erhalten, wird nur der Imaginärteil der Gleichung (4.8) betrachtet, denn aus ihm kann die Gesamtimpedanz eindeutig berechnet werden. Da die Impedanz $Z(j\omega)$ selbstverständlich ein kausales System ist, gilt nach [Föl93]

$$Z(j\omega) = \mathcal{H}\left\{\mathrm{Im}(Z(j\omega))\right\} + j\left\{\mathrm{Im}(Z(j\omega))\right\},$$

wobei der Operator $\mathcal{H}$ die Hilbert-Transformation bezeichnet. Aus dem Imaginärteil der Impedanz kann also der Realteil mit der Hilbert-Transformation berechnet werden.

Aus diesem Grund soll nur noch der Imaginärteil der Integralgleichung (4.8) verwendet werden, was auf die Integralgleichung

$$\text{Im}\{Z(j\omega)\} = \int_{\tau=0}^{\infty} \gamma(\tau)\frac{-\omega\tau}{1+\omega^2\tau^2}\,d\tau \qquad (4.12)$$

führt, die nur noch reellwertig ist und ebenfalls $\gamma(\tau)$ definiert.

Da in der Elektrochemie ein sehr großer Bereich von Frequenzen und Relaxationszeiten auftritt, werden die neuen logarithmischen Größen Ω und T eingeführt, die über die Gleichungen

$$\Omega \;=\; \ln\left(\frac{\omega}{\omega_0}\right), \qquad (4.13)$$

$$T \;=\; \ln\left(\omega_0\tau\right) \qquad (4.14)$$

aus den ursprünglichen Frequenzen ω und Zeitkonstanten τ eindeutig und umkehrbar berechnet werden. Die Normierungsfrequenz ω_0 ist willkürlich wählbar und wird hier als $\omega_0 = 1\mathrm{s}^{-1}$ angenommen.

Die Integralgleichung (4.12) kann jetzt auch mit den neuen logarithmischen Größen Ω und T dargestellt werden. Man erhält somit die Gleichung

$$\underbrace{\text{Im}\left\{Z\left(j\omega_0\mathrm{e}^{\Omega}\right)\right\}}_{=\,z(\Omega)} = -\int_{T=-\infty}^{\infty} \underbrace{\gamma\left(\frac{\mathrm{e}^T}{\omega_0}\right)\frac{\mathrm{e}^T}{\omega_0}}_{=\,\tilde\gamma(T)}\;\underbrace{\frac{\mathrm{e}^{\Omega+T}}{1+\mathrm{e}^{2\Omega+2T}}}_{=\,\frac{1}{2}\text{sech}(\Omega+T)}\;dT. \qquad (4.15)$$

In (4.15) treten auch negative Werte der logarithmischen Zeitkonstanten T auf, da alle Zeitkonstanten

$$\tau < \frac{1}{\omega_0}$$

zu negativen logarithmischen Variablen T führen.

Die Integralgleichung (4.15) kann weiter vereinfacht werden, wenn die Sekans-Hyperbolikus-Funktion

$$\text{sech}(x) = \frac{2}{\mathrm{e}^x + \mathrm{e}^{-x}}$$

und die neue Funktion $z(\Omega) = \text{Im}\left\{Z\left(j\omega_0\mathrm{e}^{\Omega}\right)\right\}$ verwendet werden. Mit diesen Maßnahmen gelangt man schließlich zur folgenden Darstellung

$$z(\Omega) = -\frac{1}{2}\int_{T=-\infty}^{\infty} \tilde\gamma(T)\,\text{sech}(\Omega+T)\,dT \qquad (4.16)$$

der Integralgleichung (4.15). In [FK41] wurde die Lösung der Integralgleichung (4.16) mit anderen Variablendefinitionen bereits 1941 hergeleitet. Dabei wurden aber nicht konvergente Riemann-Integrale verwendet. Im Anhang D.2 wird die Lösung

$$\tilde{\gamma}(T) = -\frac{1}{\pi} \left[(z(\Omega))|_{\Omega = -T + j\frac{\pi}{2}} + (z(\Omega))|_{\Omega = -T - j\frac{\pi}{2}} \right] \tag{4.17}$$

der Integralgleichung (4.16) mit der Fourier-Transformation detailliert hergeleitet.

Mit Gleichung (4.17) besteht also ein Zusammenhang zwischen $\tilde{\gamma}(T)$ und der analytisch gegebenen Impedanz $z(\Omega)$. Durch das Einsetzen der komplexen Argumente $\Omega = -T + j\frac{\pi}{2}$ und $\Omega = -T - j\frac{\pi}{2}$ in $z(\Omega)$ und einer anschließenden Addition, wie in Gleichung (4.17) gezeigt, kann die Relaxationsdichte $\tilde{\gamma}(T)$ berechnet werden. Für ein gegebenes Cole-Cole-Glied mit der Impedanz

$$
\begin{aligned}
Z_{CC}(j\omega) &= \frac{R}{1 + (j\omega\tau_0)^\alpha} = \\
&= \frac{R\left[1 + (\omega\tau_0)^\alpha \left(\cos\left(\alpha\frac{\pi}{2}\right) - j\sin\left(\alpha\frac{\pi}{2}\right)\right)\right]}{1 + 2(\omega\tau_0)^\alpha \cos\left(\alpha\frac{\pi}{2}\right) + (\omega\tau_0)^{2\alpha}}
\end{aligned}
$$

erhält man somit den Imaginärteil

$$z_{CC}(\Omega) = -\frac{R}{2} \frac{\sin\left(\alpha\frac{\pi}{2}\right)}{\cos\left(\alpha\frac{\pi}{2}\right) + \cosh\left(\alpha(\Omega + T_0)\right)} \tag{4.18}$$

in Abhängigkeit der logarithmischen Frequenz Ω. Dabei ist $T_0 = \ln(\omega_0\tau_0)$ die Zeitkonstante des Cole-Cole-Glieds in den neuen Koordinaten T. Jetzt kann Gleichung (4.18) in die Lösung (4.17) der Integralgleichung (4.16) eingesetzt werden. Durch diese Vorgehensweise erhält man nach einigen elementaren Umformungen die Relaxationsdichte

$$\tilde{\gamma}_{CC}(T) = \frac{R}{2\pi} \frac{\sin\left(\alpha\pi\right)}{\cosh\left(\alpha(T - T_0)\right) + \cos\left(\alpha\pi\right)} \tag{4.19}$$

eines gegebenen Cole-Cole-Glieds.

Üblicherweise setzt sich die Impedanz einer SOFC aus mehreren Cole-Cole-Gliedern zusammen. Da die Impedanzen der einzelnen Cole-Cole-Glieder zur Gesamtimpedanz

$$Z_{SOFC}(j\omega) = \sum_{n=1}^{N} Z_{CC,n}(j\omega)$$

addiert werden, ist auch die Summe der einzelnen Relaxationsdichten die Dichte der gesamten Zellimpedanz. Es gilt also die Gleichung

$$\tilde{\gamma}_{SOFC}(T) = \sum_{n=1}^{N} \tilde{\gamma}_{CC,n}(T)$$

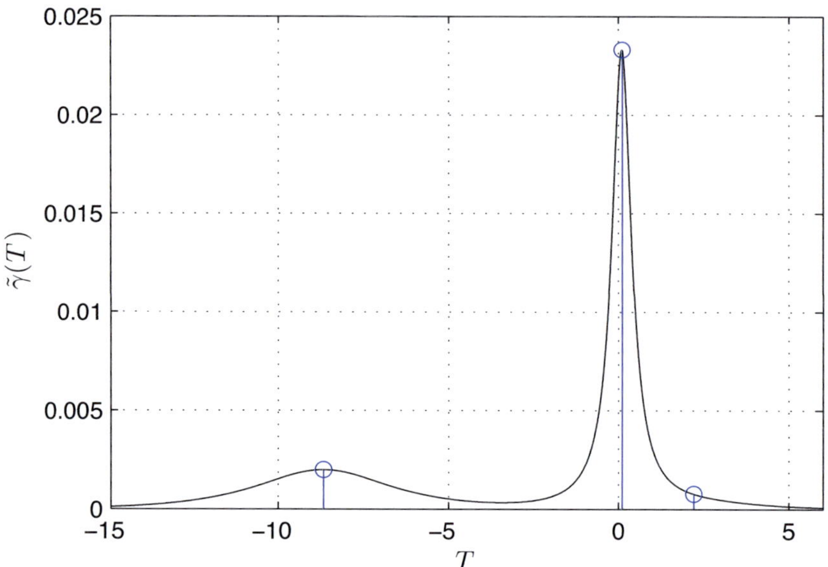

Abbildung 4.7: Relaxationsdichtespektrum der Impedanz aus Gleichung (4.20)

für die fraktionale Impedanz

$$Z_{SOFC}(j\omega) = \sum_{n=1}^{N} \frac{R_n}{1 + (j\omega\tau_{o,n})^{\alpha_n}}$$

einer Hochtemperaturbrennstoffzelle SOFC.

Um das Konzept der Relaxationsdichtespektren zu verdeutlichen, wird von der fraktionalen Impedanz

$$Z_{SOFC}(j\omega) = \underbrace{\frac{0{,}0017}{1 + (j\omega\,9{,}1)^{0,54}}}_{\text{Prozess 1}} + \underbrace{\frac{0{,}023}{1 + (j\omega\,1{,}1)^{0,9}}}_{\text{Prozess 2}}$$

$$+ \underbrace{\frac{0{,}011}{1 + (j\omega\,0{,}00017)^{0,54}}}_{\text{Prozess 3}} \tag{4.20}$$

die Relaxationsdichte berechnet und grafisch dargestellt. Die Werte der Widerstände, der Zeitkonstanten und der Exponenten in (4.20) sind mögliche Werte einer SOFC. In Abbildung 4.7 ist die Relaxationsdichte der Impedanz (4.20) dargestellt. Man erkennt im Spektrum zwei Spitzen (Peaks) bei den Zeitkonstanten $T_{0,2} = 0{,}095$ und $T_{0,3} = -8{,}68$. Diese werden durch die Cole-Cole-Glieder verursacht, deren Zeitkonstanten bei

$$T_{0,2} = \ln(\omega 0 \tau_{0,2}) = \ln(\omega 0 \cdot 1{,}1) = 0{,}095$$
$$T_{0,3} = \ln(\omega 0 \tau_{0,3}) = \ln(\omega 0 \cdot 0{,}00017) = -8{,}68$$

liegen. Die Zeitkonstanten der beteiligten dynamischen Prozesse, die mit Cole-Cole-Gliedern beschrieben werden, sind also im Dichtespektrum als glockenförmige Kurven erkennbar. Der Prozess 1 mit der Zeitkonstanten $\tau_{0,1}$ ($T_{0,1} = 2{,}2$) besitzt einen zu kleinen Widerstandswert. Darum ist dieser Prozess in Abbildung 4.7 kaum erkennbar. Außerdem wird er durch den stärkeren benachbarten Prozess 2 mit der Zeitkonstanten $T_{0,2}$ überdeckt. Ebenfalls ist der Einfluss der Exponenten α_n erkennbar. Die beiden stärkeren Prozesse 2 und 3 unterscheiden sich nicht nur durch die Zeitkonstanten, sondern auch durch unterschiedlich große fraktionale Exponenten. Dabei zeigt sich, dass ein kleiner Exponent zu einer Spreizung der Glockenkurve im Relaxationsdichtespektrum führt. Darum beansprucht Prozess 3 ($\alpha_3 = 0{,}54$) Zeitkonstanten von $T = -15$ bis $T = -3$. Prozess 2 benötigt dagegen mit $\alpha_2 = 0{,}9$ nur Zeitkonstanten von $T = -3$ bis $T = 3$, ist also stärker um seine Zeitkonstante $T_{0,2} = 0{,}095$ herum konzentriert.

Mit dem Relaxationsdichtespektrum erkennt man also dynamische Prozesse in Impedanzen und kann diese anhand ihrer Zeitkonstanten zuordnen. Die Berechnung dieses Spektrums ist bei analytisch - als Gleichung - gegebenen Impedanzen möglich, bei gemessenen Impedanzen jedoch sehr schwierig.

4.2.2 Die Bestimmung der Modellparameter des Approximationssystems

Zur Approximation der fraktionalen Zellimpedanz soll ein Modell der Form

$$\hat{Z}(j\omega) = \sum_{m=1}^{M} \frac{r_m}{1 + (j\omega\tau_m)} \tag{4.21}$$

verwendet werden. Das Relaxationsdichtespektrum stellt dagegen die fraktionale Impedanz als ein Integral der Form

$$Z(j\omega) = \int_{\tau=0}^{\infty} \frac{\gamma(\tau)}{1 + j\omega\tau}\, d\tau \tag{4.22}$$

dar.

Die Grundidee der direkten Approximation besteht darin, durch eine Diskretisierung der Integraldarstellung (4.22) beziehungsweise von (4.16), zur gewünschten Form (4.21) eines endlich-dimensionalen Modells der Ordnung M zu gelangen.

Hierfür müssen die beiden folgenden Probleme gelöst werden:

- Die Integrationsgrenzen von (4.16) sind $\pm\infty$, obwohl die glockenförmige Relaxationsdichte $\tilde{\gamma}(T)$ von fraktionalen Impedanzen schnell abklingt (siehe Abbildung 4.7). Dieses Problem wird gelöst, indem man das Integrationsintervall begrenzt und Teile des Relaxationsdichtespektrums, die außerhalb der Integrationsgrenzen liegen nicht berücksichtigt.

- Auch im relevanten Bereich des Relaxationsdichtespektrums, in dem $\tilde{\gamma} \gg 0$ gilt, wird immer noch eine unendlich große Anzahl von Prozessen erster Ordnung

$$\frac{\gamma(\tau)\,d\tau}{1 + j\omega\tau}$$

benötigt. Um aber eine endliche Modellordnung M zu erhalten, muss das bereits begrenzte Relaxationsdichtespektrum diskretisiert werden. Ein Dirac-Impuls $\tilde{\gamma}_\delta(T) = r_\delta \delta(T - T_\delta)$ im Relaxationsdichtespektrum beschreibt einen Prozess erster Ordnung mit der Impedanz

$$\frac{r_\delta}{1 + \left(j\omega\left(\mathrm{e}^{T_\delta}/\omega_0\right)\right)},$$

was mit der Ausblendeigenschaft der Dirac-Distribution gezeigt werden kann, wenn $\tilde{\gamma}_\delta(T)$ in das Integral (4.16) eingesetzt wird. Das kontinuierliche Relaxationsdichtespektrum muss daher von einem Spektrum aus M diskreten Dirac-Distributionen nachgebildet werden.

Nach dem Begrenzen und dem Diskretisieren des Spektrums erhält man schließlich das gewünschte nicht-fraktionale Approximationsmodell $\hat{Z}_{SOFC}(j\omega)$. Wie diese beiden Schritte im Detail ausgeführt werden, wird im Folgenden beschrieben.

Die für die direkte Approximation notwendige Begrenzung des Relaxationsdichtespektrums muss derart erfolgen, dass der dadurch verursachte Informationsverlust gering ist. Um diesen Informationsverlust bewerten zu können, soll die Fläche zwischen der Relaxationsdichte $\tilde{\gamma}_{CC}(T)$ eines Cole-Cole-Glieds und der T-Achse berechnet werden. Dabei wird die Zeitkonstante des Cole-Cole-Glieds mit T_0 bezeichnet. Da die Relaxationsdichte eines einzelnen Cole-Cole-Glieds (4.19) symmetrisch um T_0 ist, soll die untere Integrationsgrenze bei $T_{UG} = T_0 - L$ und die obere Integrationsgrenze bei $T_{UG} = T_0 + L$ liegen. Die durch Integration erhaltene Fläche

$$I(L) = \int_{T = T_0 - L}^{T_0 + L} \tilde{\gamma}(T)\,dT$$

ist somit neben den Parametern R, τ_0 und α auch abhängig von L. Da aber um ein symmetrisches Intervall um T_0 herum integriert wird, verschwindet die Abhängigkeit von T_0 beziehungsweise von τ_0. Der Flächenanteil

$$q = \frac{I(L)}{\lim\limits_{L \to \infty} I(L)}$$

des begrenzten Bereichs zum unbegrenzten Bereich wird verwendet, um den durch die Begrenzung entstandenen Informationsverlust zu bewerten. Da der Widerstandswert R linear skalierend auf $I(L)$ wirkt, kürzt sich der Einfluss dieses Parameters auf q heraus. Der Flächenanteil $q(\alpha, L)$ hängt nur noch von der Integrationsweite L und vom Exponenten α ab, der die Breite der glockenförmigen Dichtefunktion bestimmt. Da eine Stammfunktion $\tilde{\Gamma}(T)$ für $\tilde{\gamma}_{CC}(T)$ in Anhang D.1 hergeleitet werden kann, ist es nach einigen elementaren Umformungen möglich, eine geschlossene Formel für den Flächenanteil $q(\alpha, L)$ anzugeben. Diese lautet

$$q(\alpha, L) = 2\sin\left(\pi(\alpha - 1)\right) \cdot \frac{\left(\arctan\left(\dfrac{e^{-\alpha L} + \cos(\pi\alpha)}{\sqrt{1 - \cos^2(\pi\alpha)}}\right) - \arctan\left(\dfrac{e^{\alpha L} + \cos(\pi\alpha)}{\sqrt{1 - \cos^2(\pi\alpha)}}\right)\right)}{\sin(\pi\alpha)\left(\pi - 2\arctan\left(\dfrac{\cos(\pi\alpha)}{\sqrt{1 - \cos^2(\pi\alpha)}}\right)\right)}$$

$$(4.23)$$

und ist in Abbildung 4.8 als Funktion des Exponenten α und der Integrationsweite L dargestellt. Um den durch die Begrenzung entstandenen Informationsverlust gering zu halten, wird L so gewählt, dass ein bestimmtes q mindestens erreicht wird und somit die Gleichung $q(\alpha, L) = q_{min}$ erfüllt ist.

Liegt der Fall vor, dass mehrere Cole-Cole-Glieder auftreten, so wird der kleinste Wert T_{UG} aller Cole-Cole-Glieder als globale Untergrenze verwendet. Entsprechend wird auch mit der Obergrenze verfahren.

Durch die in Abbildung (4.8) dargestellten Kurven erkennt man, dass bei einem großen Exponenten $\alpha \to 1$ eine geringe Integrationsweite ausreichend ist. Für den in der Abbildung gezeigten Fall $\alpha_3 = 0{,}9$ ist bereits $L = 4$ eine ausreichende Weite. Ein kleinerer Exponent hingegen erfordert eine größere Weite. Für $\alpha_1 = 0{,}5$ muss ein relativ großer Wert von $L \approx 10$ gewählt werden.

Hier wird bereits ein Problem deutlich, das für die direkte Approximation und die gesamte Impedanzschätzung von Bedeutung ist. Die fraktionalen Exponenten α_n bestimmen unter anderem, wie aufwändig das nicht-fraktionale Approximationsmodell wird. Kleine Exponenten führen zu dynamischen Relaxationsprozessen, die sich über einen großen Bereich des Relaxationsdichtespektrums ausdehnen und somit einen höheren Approximationsaufwand erfordern.

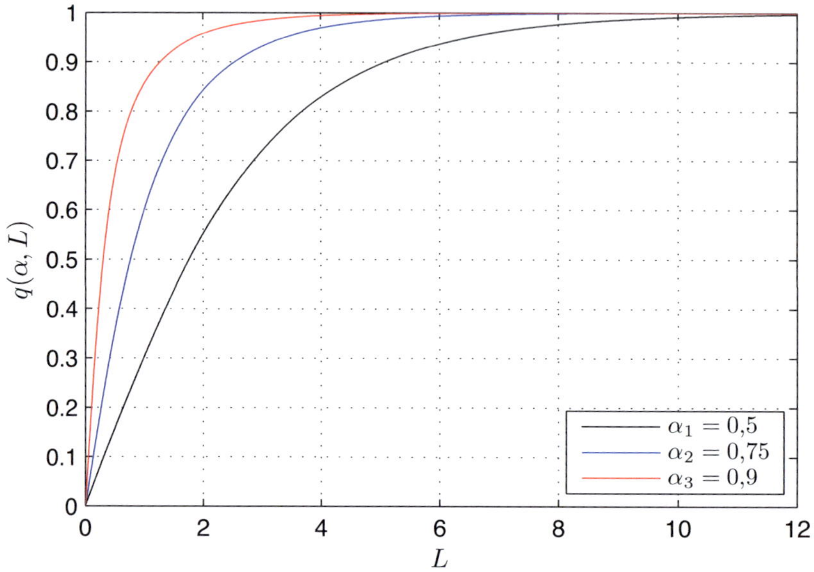

Abbildung 4.8: Der Flächenanteil $q(\alpha, L)$ in Abhängigkeit von α und L

Nachdem das Spektrum begrenzt wurde, wird die Diskretisierung durchgeführt. In Abbildung 4.9 ist die Vorgehensweise der direkten Approximation dargestellt. Noch sind unendlich viele Prozesse erforderlich um die dynamischen Prozesse mit den Zeitkonstanten zwischen T_{UG} und T_{OG} zu beschreiben. Um die Diskretisierung durchführen zu können wird der Bereich des Spektrums $\tilde{\gamma}(T)$ zwischen T_{UG} und T_{OG} in Streifen der Breite ΔT unterteilt. Es gilt somit $2L = \Delta T M$ als Zusammenhang zwischen der Streifenbreite ΔT, der Modellordnung M und der Breite $2L$ der begrenzten Glockenkurve. Um die Modellordnung klein zu halten muss also ΔT groß gewählt werden. Da aber jeder dieser M Streifen durch einen Prozess erster Ordnung

$$\frac{r_m}{1 + (j\omega\tau_m)} \qquad (4.24)$$

nachgebildet werden soll, wird die Approximation gröber, wenn ΔT vergrößert wird. Hier muss also ein günstiger Kompromiss zwischen hoher Genauigkeit und geringer Modellordnung gefunden werden.

Nach der in Abbildung 4.9 dargestellten Unterteilung des begrenzten Relaxationsdichtespektrums in M Streifen der Breite ΔT lauten die Werte der Zeitkonstanten

T_m in der Mitte der Streifen

$$
\begin{aligned}
T_1 &= T_{UG} + \Delta T/2, \\
T_2 &= T_1 + \Delta T, \\
T_3 &= T_2 + \Delta T, \\
&\;\;\vdots \\
T_{M-1} &= T_{M-2} + \Delta T, \\
T_M &= T_{OG} - \Delta T/2.
\end{aligned}
$$

In Abbildung 4.10 ist der Diskretisierungsschritt für einen Streifen im Relaxationsdichtespektrum schematisch dargestellt. Um das Approximationsmodell (4.24) für diesen Streifen zu erhalten, müssen die Parameter r_m und τ_m des Teilmodells geeignet bestimmt werden.

Selbstverständlich soll das stationäre Verhalten bei der Diskretisierung erhalten bleiben. Mit dieser Forderung kann die Gleichung

$$
\lim_{\omega \to 0} \frac{r_m}{1 + j\omega\tau_m} = \lim_{\omega \to 0} \int_{\tau = \mathrm{e}^{\frac{T_m - \Delta T/2}{\omega_0}}}^{\mathrm{e}^{\frac{T_m + \Delta T/2}{\omega_0}}} \frac{\gamma(\tau)}{1 + j\omega\tau}\, d\tau
$$

aufgestellt werden. Nach der Durchführung des Grenzübergangs $\omega \to 0$ erhält man die folgende Bedingung

$$
r_m = \int_{\tau = \mathrm{e}^{\frac{T_m - \Delta T/2}{\omega_0}}}^{\mathrm{e}^{\frac{T_m + \Delta T/2}{\omega_0}}} \gamma(\tau)\, d\tau,
\tag{4.25}
$$

die erfüllt sein muss, um ein identisches stationäres Verhalten zu erhalten. Mit der Substitution $\tau = \mathrm{e}^T/\omega_0$ kann das Integral in Gleichung (4.25) umgeformt werden, woraus die Gleichung

$$
r_m = \int_{T = T_m - \Delta T/2}^{T_m + \Delta T/2} \tilde{\gamma}(T)\, dT
\tag{4.26}
$$

folgt, mit der die Widerstandswerte r_m der M Teilmodelle von $\hat{Z}(j\omega)$ bestimmt werden können. Mit der Stammfunktion (D.3) von $\tilde{\gamma}(T)$ folgt nach einigen Umformungen

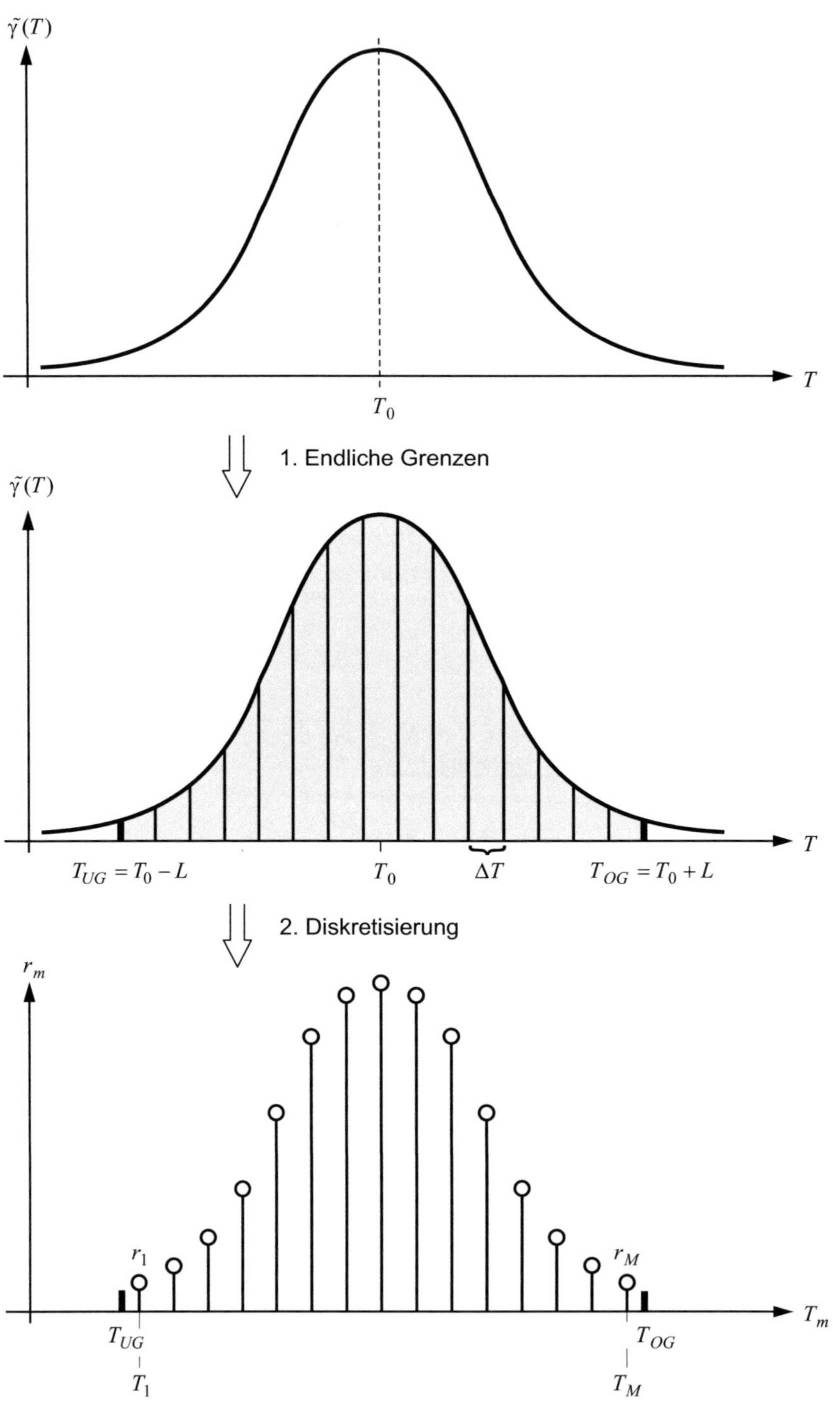

Abbildung 4.9: Die Vorgehensweise bei der direkten Approximation

die Gleichung

$$r_{CC,m} = R \sin\left((\alpha - 1)\,\pi\right) e^{\alpha T_0} \cdot$$

$$\left(\frac{\arctan\left(\dfrac{e^{\alpha T_m - \alpha \Delta T/2} + \cos(\pi\alpha)\,e^{\alpha T_0}}{\sqrt{e^{2\alpha T_0}\left(1 - \cos^2(\pi\alpha)\right)}} \right)}{\pi\alpha\sqrt{e^{2\alpha T_0}(1 - \cos^2(\pi\alpha))}} \right.$$

$$\left. -\,\frac{\arctan\left(\dfrac{e^{\alpha T_m + \alpha \Delta T/2} + \cos(\pi\alpha)\,e^{\alpha T_0}}{\sqrt{e^{2\alpha T_0}\left(1 - \cos^2(\pi\alpha)\right)}} \right)}{\pi\alpha\sqrt{e^{2\alpha T_0}(1 - \cos^2(\pi\alpha))}} \right), \qquad (4.27)$$

wenn $\tilde{\gamma}(T)$ nur ein einziges Cole-Cole-Glied beschreibt. Wegen der Linearität der Integration können daher alle $r_{CC,m}$-Koeffizienten der einzelnen Cole-Cole-Glieder zusammen addiert werden, um den Wert r_m des Integrals (4.26) zu bestimmen.

Zwar ist die Berechnung der r_m-Parameter mit Gleichung (4.27) möglich, aber numerisch sehr aufwändig. Treten N Cole-Cole-Glieder in der Impedanz auf und soll die Modellordnung M zur Approximation verwendet werden, so muss die Formel (4.27) $N \cdot M$-mal berechnet werden. Um den numerischen Berechnungsaufwand zu reduzieren empfiehlt es sich, eine approximative Berechnung der Widerstandsparameter r_m durchzuführen. Da die Streifenbreite ΔT als hinreichend klein angenommen wird, kann eine Integration von (4.26) mit der Simpson-Formel [BSMM95] durchgeführt werden.

Bei der Integration mit der Simpson-Formel wird der Integrand auf einem endlichen Intervall durch ein Polynom zweiten Grades dargestellt; sein bestimmtes Integral kann dann einfach bestimmt werden. Die Berechnung der Koeffizienten des Polynoms erfolgt durch das Einsetzen von drei Stützstellen des Integranden. Man erhält schließlich die Simpson-Formel

$$\int_{x=a}^{b} f(x)\,dx = \frac{1}{6}\left(f(a) + 4f\left(a + \frac{b-a}{2}\right) + f(b) \right) \qquad (4.28)$$

in allgemeiner Form. Mit (4.28) kann das Integral in (4.26) näherungsweise bestimmt werden. Man erhält auf diese Weise die alternative Berechnungsvorschrift

$$r_m = \frac{\Delta T}{6}\left(\tilde{\gamma}\left(T_m - \Delta T/2\right) + 4\tilde{\gamma}\left(T_m\right) + \tilde{\gamma}\left(T_m + \Delta T/2\right) \right). \qquad (4.29)$$

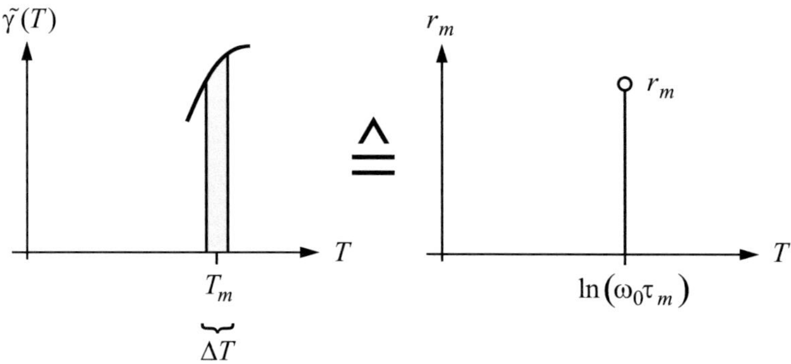

Abbildung 4.10: Schematische Darstellung des Diskretisierungsschritts

Durch das Begrenzen des Relaxdichtespektrums und durch mögliche Rundungsfehler bei der Bestimmung der r_m kann es auftreten, dass das stationäre Verhalten des Approximationsmodells von dem des ursprünglichen Cole-Cole-Glieds abweicht. Um diese Abweichungen zu vermeiden, muss eine Korrektur der bereits berechneten Parameter r_m durchgeführt werden. Hierzu wird der Skalierungsfaktor C_n eingeführt, mit dem alle Parameter $r_{m,n}$ multipliziert werden, um die Gleichung

$$R_n = \sum_{m=1}^{M} C_n\, r_{m,n}$$

für identisches stationäres Verhalten zu erfüllen. Dieser Skalierungsfaktor lautet somit

$$C_n = \frac{R_n}{\sum_{m=1}^{M} r_{m,n}}$$

für die M Parameter $r_{m,n}$ zur direkten Approximation des n-ten Cole-Cole-Glieds. Da auf diese Weise jedes der N Cole-Cole-Glieder mit einem korrekten stationären Verhalten nachgebildet wird, ist auch die gesamte Impedanz stationär korrekt approximiert, da

$$\sum_{n=1}^{N} R_n = \sum_{m=1}^{M} \underbrace{\left(\sum_{n=1}^{N} C_n r_{m,n} \right)}_{=r_m}$$

gilt.

Um die Bestimmung des Approximationsmodells abzuschließen, muss noch eine Strategie für die Wahl der Zeitkonstanten τ_m entwickelt werden. In Abbildung 4.10 ist schematisch dargestellt, wie hierbei vorgegangen wird: Ein durch die Diskretisierung des Relaxationsdichtespektrums entstandener Streifen soll durch ein Modell

$$\hat{Z}_m(j\omega) = \frac{r_m}{1 + j\omega\tau_m}$$

erster Ordnung approximiert werden. Um diese Aufgabe zu lösen, muss die Übertragungsfunktion $\tilde{Z}_m$ eines solchen Streifens bei T_m bestimmt werden, indem das Integral

$$Z_m(j\omega) = \int_{\tau\,=\,\mathrm{e}^{T_m-\Delta T/2}/\omega_0}^{\mathrm{e}^{T_m+\Delta T/2}/\omega_0} \frac{\gamma(\tau)}{1 + j\omega\tau}\,d\tau \tag{4.30}$$

gelöst wird. Leider ist das Finden einer Stammfunktion des Integrals in Gleichung (4.30) nicht möglich. Eine Vereinfachung des Integranden wird diese Schwierigkeit umgehen. Da ΔT kleine Werte annimmt, kann für die Integration die Dichte $\tilde{\gamma}(T)$ als konstant angenommen werden. Man setzt also für die Integration $\tilde{\gamma}(T) = \tilde{\gamma}_m$ in (4.30) ein und erhält mit der aus (4.15) entnommenen Gleichung

$$\gamma(\tau) = \frac{\tilde{\gamma}(T)}{\tau} = \frac{\tilde{\gamma}_m}{\tau}$$

das Integral

$$\tilde{Z}_m(j\omega) = \int_{\tau\,=\,\mathrm{e}^{T_m-\Delta T/2}/\omega_0}^{\mathrm{e}^{T_m+\Delta T/2}/\omega_0} \frac{\tilde{\gamma}_m}{\tau\,(1 + j\omega\tau)}\,d\tau, \tag{4.31}$$

das zu

$$\tilde{Z}_m(j\omega) = \tilde{\gamma}_m \left[\ln\left(\frac{\mathrm{e}^{T_m+\Delta T/2}}{\omega_0} \right) - \ln\left(1 + j\omega\frac{\mathrm{e}^{T_m+\Delta T/2}}{\omega_0} \right) \right.$$
$$\left. - \ln\left(\frac{\mathrm{e}^{T_m-\Delta T/2}}{\omega_0} \right) + \ln\left(1 + j\omega\frac{\mathrm{e}^{T_m-\Delta T/2}}{\omega_0} \right) \right] \tag{4.32}$$

gelöst werden kann. Diese Übertragungsfunktion ist für kleine ΔT eine gute Näherung für das Übertragungsverhalten $Z_m(j\omega)$ eines Streifens im Relaxationsspektrum. Da sich $\tilde{Z}_m(j\omega)$ aus unendlich vielen stabilen Systemen zusammensetzt, besitzt es ein stabiles Übertragungsverhalten. Darum existiert die Übertragungsfunktion $\tilde{Z}_m(j\omega)$ auf der imaginären Achse der komplexen Zahlenebene und das Bode-Diagramm von (4.32) darf zur Interpretation verwendet werden.

Die Teildynamik $\tilde{Z}_m(j\omega)$ setzt sich noch immer aus unendlich vielen Prozessen zusammen, soll aber durch einen einzigen Prozess $\hat{Z}_m(j\omega)$ nachgebildet werden. Bei diesem Schritt sind Approximationsfehler unvermeidbar, sollen aber dennoch möglichst klein bleiben. Um die Zeitkonstante τ_m von $\hat{Z}_m(j\omega)$ wählen zu können, wird ein Optimierungsproblem formuliert, dessen Lösung mit τ^* bezeichnet wird. Für sehr kleine Frequenzen ist das stationäre Verhalten dominierend, das bereits durch die Wahl von r_m identisch ist. Für sehr hohe Frequenzen $\omega \to \infty$ ist durch das Tiefpassverhalten von $\tilde{Z}_m(j\omega)$ und $\hat{Z}_m(j\omega)$ keine Signalübertragung möglich. Lediglich im Bereich der Knickfrequenz treten Fehler auf. Um im gesamten Frequenzbereich kleine Approximationsfehler zu erzielen, wird das Gütemaß

$$J = \int_{\omega=0}^{\infty} \left| \tilde{Z}_m(j\omega) - \hat{Z}_m(j\omega) \right|^2 d\omega$$

formuliert, das eine Funktion von T_m, ΔT, $\tilde{\gamma}_m$, ω_0 und τ_m ist. Da die erhaltene Lösung in Abhängigkeit von T_m auf der Zeitkonstanten-Achse verschoben wird, kann das Gütemaß vereinfacht werden, indem $T_m = 0$ gesetzt wird. Nach der Lösung des Optimierungsproblems muss die durch T_m verursachte Verschiebung wieder berücksichtigt werden. Zusätzlich wird $\omega_0 = 1$ gesetzt, um auch von dieser Variablen unabhängig zu sein. Die Variable $\tilde{\gamma}_m$ ist ebenfalls von geringer Bedeutung für die Wahl von τ_m, denn durch die Wahl

$$\hat{Z}_0(j\omega) = \frac{\tilde{\gamma}_m}{1 + j\omega\tau^*}$$

wird das stationäre Verhalten von

$$\tilde{Z}_0(j\omega) = \left. \tilde{Z}_m(j\omega) \right|_{T_m=0}$$

und von $\hat{Z}_0(j\omega)$ identisch. Das so vereinfachte Gütemaß lautet schließlich

$$J_0(\Delta T, \tau) = \int_{\omega=0}^{\infty} \left| \tilde{Z}_0(j\omega) - \hat{Z}_0(j\omega) \right|^2 d\omega$$

und hängt nur noch von den beiden Variablen ΔT und τ ab. Für jedes ΔT muss das Minimum von J_0 an der Stelle $\tau^*(\Delta T)$ neu bestimmt werden. Leider ist die analytische Lösung dieses Optimierungsproblems nicht möglich, um die gewünschte Funktion $\tau^*(\Delta T)$ zu erhalten. Jedoch ist die numerische Lösung des Optimierungsproblems (Minimierungsproblems) für diskrete Werte für ΔT möglich. Die erhaltenen diskreten Lösungen können danach verwendet werden, um eine näherungsweise Lösung durch eine Polynominterpolation mit der Methode der kleinsten Quadrate [Lju87] in analytischer Form zu erhalten. In Tabelle 4.2 sind einige Lösungen dieses Optimierungsproblems angegeben. In Abbildung 4.11 sind die diskreten Lösungen als kleine Kreise dargestellt. Man erkennt, dass ein parabelähnlicher Verlauf für $\tau^*(\Delta T)$ vorliegt. Daher wird zur Interpolation ein Polynom zweiten Grades angesetzt, dessen Koeffizienten mit der Methode der kleinsten Quadrate bestimmt werden. Man erhält

ΔT	τ^*
0,25	0,99915
0,50	0,9965
0,75	0,992
1,00	0,986
1,25	0,978
1,50	0,968
1,75	0,9562
2,00	0,9425

Tabelle 4.2: Lösungen des Optimierungsproblems zur Bestimmung der τ_m (siehe Abbildung 4.11)

mit dieser Vorgehensweise die Funktion

$$\tau^* = -0{,}0147\Delta T^2 + 0{,}0007\Delta T + 1, \qquad (0 < \Delta T \leq 2),$$

deren Verlauf ebenfalls in Abbildung 4.11 gegeben ist.

In Abbildung 4.12 sind die Frequenzgänge der optimalen Lösung $\hat{Z}_0(j\omega)$ (für $\Delta T = 2$) und der entsprechenden Dynamik $\tilde{Z}_0(j\omega)$ dargestellt. Man erkennt dabei, dass der Frequenzgang von $\tilde{Z}_0(j\omega)$ bei $\omega = 1$ einen weicheren Knick aufweist als der Frequenzgang von $\hat{Z}_0(j\omega)$. Um dennoch einen geringen Approximationsfehler im Knickbereich zu besitzen, muss τ_m etwas kleiner als 1 gewählt werden. Dadurch ist die Approximation im Knickbereich besser, aber das asymptotische Verhalten von $\hat{Z}_0(j\omega)$ und $\tilde{Z}_0(j\omega)$ weicht für $\omega \to \infty$ voneinander ab. Diese Abweichungen im Hochfrequenten sind nicht so bedeutend, da es sich bei $\hat{Z}_0(j\omega)$ und $\tilde{Z}_0(j\omega)$ um Tiefpass-Systeme handelt. Über den gesamten Frequenzbereich betrachtet ist diese Approximation daher optimal.

Um die Abhängigkeit von $T_m \neq 0$ und $\omega_0 \neq 1$ auf die Wahl von τ_m ebenfalls zu berücksichtigen, wird die (optimale) Lösung zu

$$\tau_m = \frac{\tau^*}{\omega_0}\mathrm{e}^{T_m} = \left(-0{,}0147\Delta T^2 + 0{,}0007\Delta T + 1\right)\frac{\mathrm{e}^{T_m}}{\omega_0} \qquad (0 < \Delta T \leq 2) \qquad (4.33)$$

verallgemeinert. Mit Gleichung (4.33) kann die Zeitkonstante τ_m für jede einzelne Teildynamik $\hat{Z}_m(j\omega)$ so gewählt werden, dass eine möglichst gute Approximation der fraktionalen Impedanz mit der direkten Approximation über den gesamten Frequenzbereich erreicht wird.

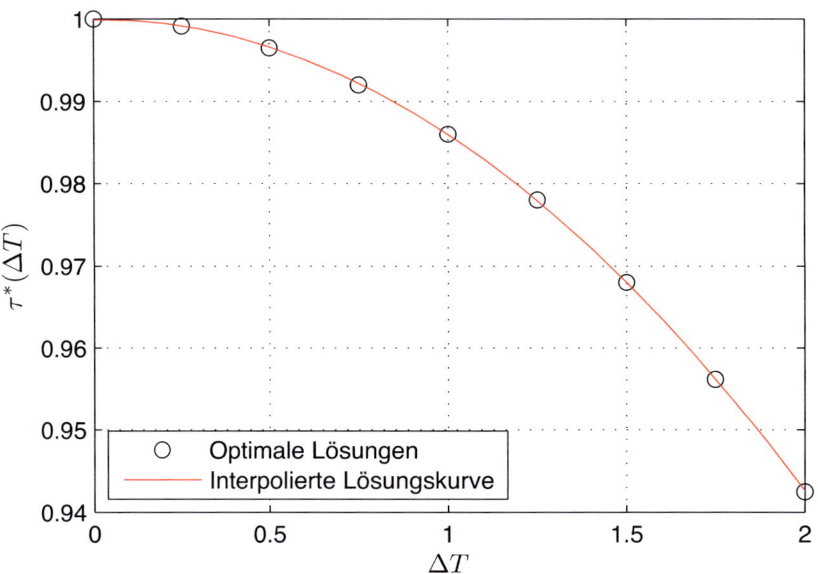

Abbildung 4.11: Lösung des Optimierungsproblems zur Wahl von τ_m

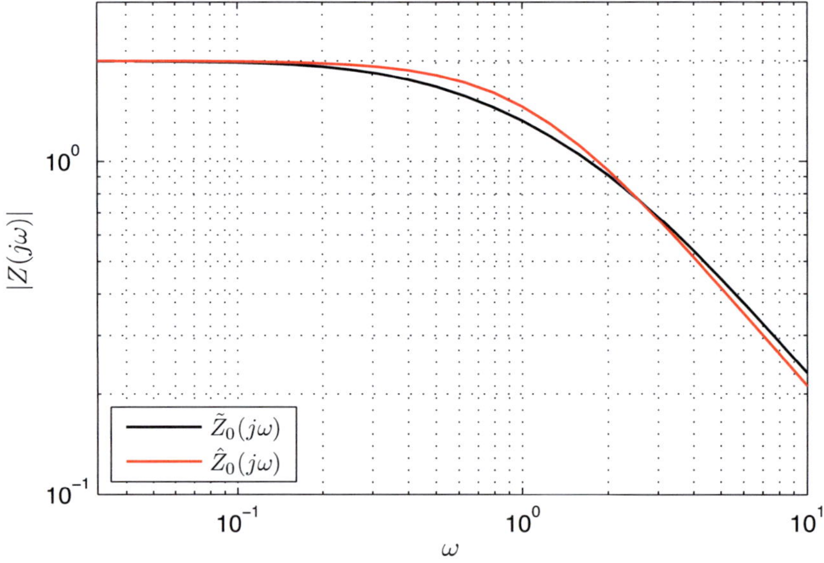

Abbildung 4.12: Optimale Approximation des Teilsystems $\tilde{Z}_0(j\omega)$ durch $\hat{Z}_0(j\omega)$

Jetzt liegt der komplette Algorithmus zur direkten Approximation von fraktionalen Impedanzen, wie sie bei der Beschreibung von SOFC-Hochtemperaturbrennstoffzellen auftreten, vor. Die Modellordnung M ergibt sich durch die Begrenzung des Relaxationsdichtespektrums, wenn die Streifenbreite ΔT vorher festgelegt wird. Mit Formel (4.23) kann der durch die Begrenzung entstandene Fehler bewertet werden. Die Widerstandswerte r_m ergeben sich durch die Fläche der Relaxationsdichte von $T = T_m - \Delta T/2$ bis $T_m + \Delta T/2$, denn dann besitzen das fraktionale Modell und das Approximationsmodell das gleiche stationäre Verhalten. Eine Korrektur der Werte $r_{m,n}$ mit dem Faktor C_n korrigiert Fehler, die durch die Ordnungsreduktion entstanden sind. Die Zeitkonstanten τ_m werden mit Gleichung (4.33) berechnet, um das dynamische Verhalten des fraktionalen Systems im gesamten Frequenzbereich mit minimalen Fehlern nachzubilden.

4.2.3 Beispiel zur direkten Approximation

Um die Leistungsfähigkeit der vorgestellten Methode zu demonstrieren, wird eine im Frequenzbereich gegebene fraktionale Impedanz mit - für eine SOFC - typischen Modellparametern direkt approximiert. Hierzu wird wieder die Impedanz

$$Z_{SOFC}(j\omega) \;=\; \underbrace{\frac{0{,}0017}{1 + (j\omega\,9{,}1)^{0{,}54}}}_{\text{Prozess 1}} + \underbrace{\frac{0{,}023}{1 + (j\omega\,1{,}1)^{0{,}9}}}_{\text{Prozess 2}}$$

$$+ \;\underbrace{\frac{0{,}011}{1 + (j\omega\,0{,}00017)^{0{,}54}}}_{\text{Prozess 3}}$$

aus Gleichung (4.20) verwendet, deren Relaxationsdichtespektrum bereits in Abbildung 4.7 dargestellt war. Die Güte der Approximation wird im wesentlichen durch die Breite ΔT bei der Diskretisierung des Relaxationsdichtespektrums bestimmt. Dieser wichtige Parameter wird für dieses Beispiel zu $\Delta T = 1{,}5$ gewählt. Da mindestens 99% der Fläche des gesamten Spektrums durch das approximierende Modell erfasst werden soll, wird $T_{UG} = -17{,}5$ als untere Grenze und $T_{OG} = -11{,}02$ als obere Grenze der logarithmischen Zeitkonstanten gewählt. Daraus folgt die Modellordnung $M = 21$. Die Wahl von $\Delta T = 2$ hätte dagegen zu einer gröberen Approximation mit einer geringeren Modellordnung von nur $M = 16$ geführt.

Der Prozess 2 ist der dominierende Prozess, da sein Widerstandsparameter mit $R_2 = 0{,}023$ den größten Wert besitzt. Darum wird die erste logarithmische Zeitkonstante T_m so gewählt, dass sie genau auf dem Wert $T_{0,2} = 0{,}095$ der Zeitkonstanten des zweiten Prozesses liegt. Alle anderen Zeitkonstanten T_m werden in gleichen Abständen ΔT über den Bereich zwischen T_{UG} und T_{OG} angeordnet. Mit Gleichung (4.33) können die M Zeitkonstanten τ_m bestimmt werden. Die M Widerstandswerte

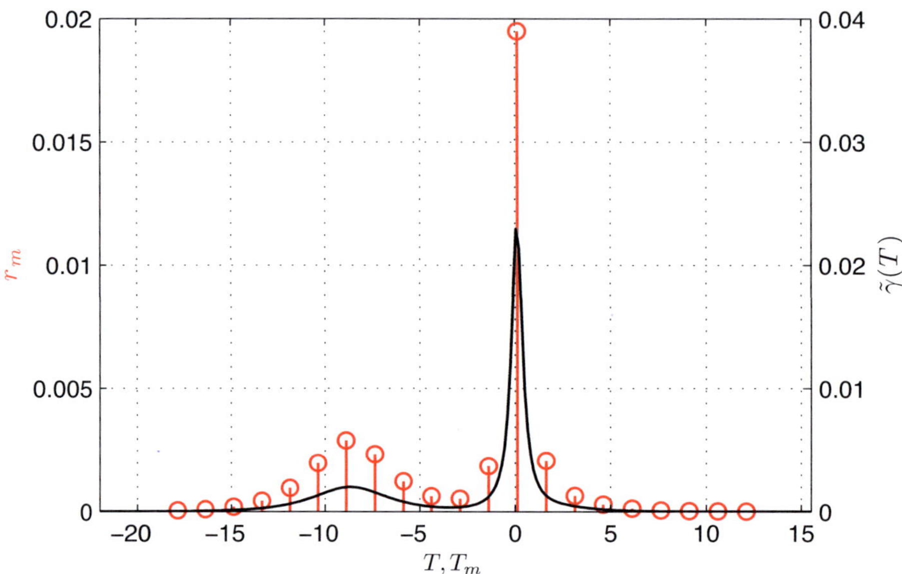

Abbildung 4.13: Vergleich der Relaxationsdichte mit den Parametern r_m und T_m des Approximationsmodells

r_m werden mit (4.29) aus der Relaxationsdichte $\tilde{\gamma}(T)$ berechnet. In Abbildung 4.13 sind die Relaxationsdichte und die $M = 21$ Koeffizienten r_m auf den entsprechenden Abszissenwerten T_m dargestellt. Da alle drei Teilprozesse der Impedanz Z_{SOFC} ein fraktionales Verhalten besitzen, überlappen sich ihre jeweiligen Dichten im Spektrum. Darum müssen einige der nicht-fraktionalen Prozesse

$$\hat{Z}_m(j\omega) = \frac{r_m}{1 + j\omega\tau_m}$$

Einflüsse von verschiedenen Cole-Cole-Gliedern gleichzeitig beschreiben. So approximieren beispielsweise die Teilimpedanzen $\hat{Z}_{10}(j\omega)$ und $\hat{Z}_{11}(j\omega)$ bestimmte Anteile der (fraktionalen) Cole-Cole-Prozesse 2 und 3. Durch die Berechnung der r_m über das Relaxationsdichtespektrum, das diese Überlappungseffekte berücksichtigt, ist eine sehr effiziente Approximation möglich. Da es sich bei den hier behandelten Impedanzen um stabile lineare Systeme handelt, können Frequenzgänge und Ortskurven verwendet werden, um das Verhalten des Originalsystems mit dem des Approximationssystems zu vergleichen. In Abbildung 4.14 sind die Ortskurven von $Z_{SOFC}(j\omega)$ und $\hat{Z}(j\omega)$ dargestellt. Man erkennt, dass die beiden Ortskurven einen fast identischen Verlauf besitzen. Die auftretenden Abweichungen lassen sich durch die Wahl eines kleineren ΔT und eine damit verbundene Erhöhung der Modellordnung M weiter verringern. In den beiden Abbildungen 4.15 und 4.16 sind die Betrags- und

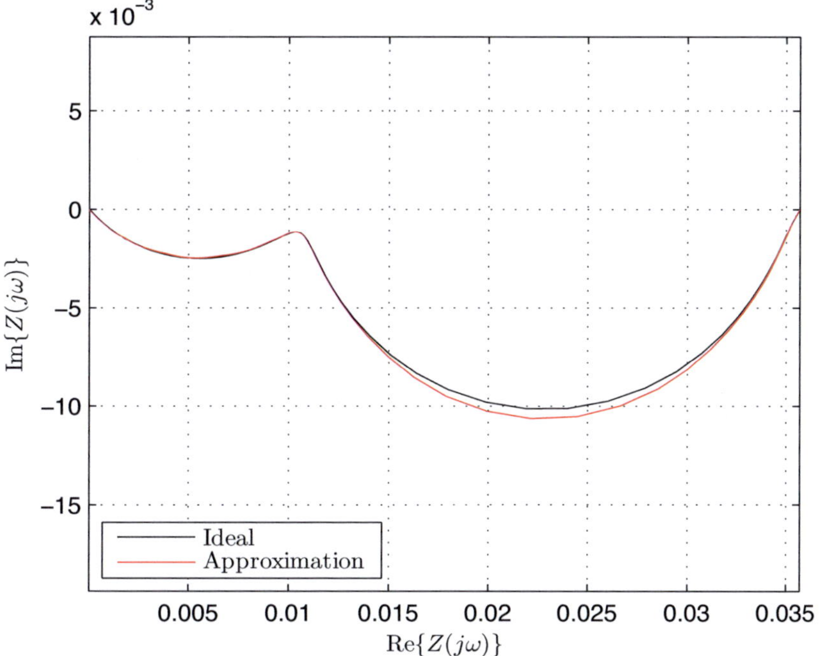

Abbildung 4.14: Vergleich der Ortskurven der Impedanzen $Z_{SOFC}(j\omega)$ und $\hat{Z}(j\omega)$

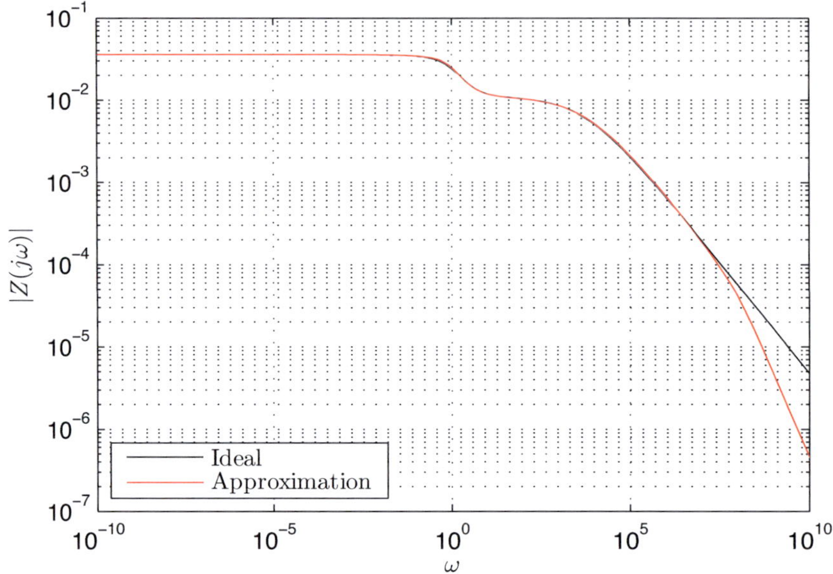

Abbildung 4.15: Vergleich der Betragsverläufe der Impedanzen $Z_{SOFC}(j\omega)$ und $\hat{Z}(j\omega)$

Phasenverläufe der beiden Systeme über die Frequenz aufgetragen. Dabei erkennt man, dass erst für extrem hohe Frequenzen $\omega > 1.000.000$ eine Abweichung zwischen dem fraktionalem Originalsystem und dem Approximationsmodell auftritt. Diese Abweichung muss auftreten, denn eines der Teilmodelle $\hat{Z}_m(j\omega)$ besitzt die kleinste Zeitkonstante τ_1 der insgesamt M Zeitkonstanten τ_m. Für Frequenzen, die größer sind, als die Inverse der kleinsten Zeitkonstanten verhält sich das Modell $\hat{Z}(j\omega)$ nicht mehr wie ein fraktionales System, sondern wie ein konventionelles System der Ordnung M. Da bei diesen extrem hohen Frequenzen wegen der Tiefpasseigenschaft der Impedanz kein Übertragungsverhalten auftritt, ist diese unvermeidbare Abweichung praktisch ohne Bedeutung.

Das Übertragungsverhalten des fraktionalen Systems $Z_{SOFC}(j\omega)$ lässt sich über einen großen Frequenzbereich von $\omega = 0$ bis ungefähr $\omega = 1.000.000$ durch ein System mit einer verhältnismäßig geringen Modellordnung nachbilden. Es zeigt sich also, dass dieses Approximationsmodell geeignet wäre, das Verhalten von Zellimpedanzen im Zeitbereich zu beschreiben.

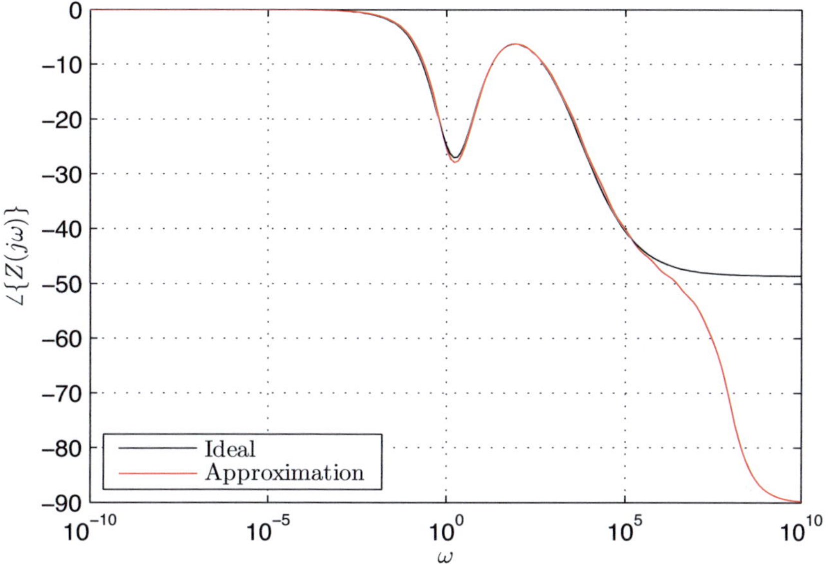

Abbildung 4.16: Vergleich der Phasenverläufe der Impedanzen $Z_{SOFC}(j\omega)$ und $\hat{Z}(j\omega)$

4.2.4 Zeitdiskretisierung des Approximationsmodells

Zur Online-Schätzung der Zellimpedanz einer SOFC sollen Verfahren der nichtlinearen Filterung verwendet werden. Diese Verfahren benötigen jedoch ein zeitdiskretes Zustandsraummodell des untersuchten Systems. Daher muss das durch die direkte Approximation erhaltene Frequenzbereichsmodell $\hat{Z}(j\omega)$ zu einem zeitdiskreten Zustandsraummodell umgewandelt werden.

Der erste Schritt besteht darin, geeignete Zustandsgrößen zu wählen. Es ist naheliegend, die Ausgangsgrößen der M Teilmodelle $\hat{Z}_m(j\omega)$ hierfür zu verwenden. Im Bildbereich der Laplace-Transformation gilt für jedes Teilmodell

$$X_{D,m}(s) = \hat{Z}_m(s)\,I(s) = \frac{r_m}{1 + s\tau_m}\,I(s), \tag{4.34}$$

wobei $I(s)$ die Laplace-Transformierte des Stroms $i(t)$ durch die Zelle bezeichnet. Die Spannung/Zustandsgröße $x_{D,m}(t)$ des Teilmodells im Bildbereich wird mit $X_{D,m}(s)$ bezeichnet. Die Gleichung (4.34) kann in den Zeitbereich transformiert und nach $\dot{x}_{D,m}(t)$ aufgelöst werden, woraus die Zustandsdifferenzialgleichung

$$\dot{x}_{D,m}(t) = -\frac{1}{\tau_m}x_{D,m}(t) + \frac{r_m}{\tau_m}\,i(t) \tag{4.35}$$

der m-ten Zustandsgröße folgt. Für jede der M Zustandsgrößen $x_{D,1}(t)$ bis $x_{D,M}(t)$ gilt die Differenzialgleichung (4.35). Die gesamte Zellspannung ergibt sich somit als die Summe

$$u(t) = \sum_{m=1}^{M} x_{D,m}(t) + R_0\, i(t), \qquad (4.36)$$

mit dem Elektrolytwiderstand R_0 der Zelle. Es wäre eine alternative Möglichkeit, die Widerstände r_m in die Ausgangsgleichung zu übernehmen. Diese Darstellung ist aber für die Schätzung der Impedanzparameter ungünstiger. Die Ausgangsgleichung (4.36) ist in dieser Form immer linear von den Zuständen und Parametern abhängig und wird daher die Zustands-/Parameterschätzung deutlich vereinfachen.

Da die Zustandsdifferenzialgleichungen (4.35) entkoppelt sind und somit bereits in Modalform vorliegen, können die Eigenwerte des Zustandsraummodells als $\lambda_1 = -1/\tau_1$ bis $\lambda_m = -1/\tau_m$ angegeben werden. Da für alle M reellwertigen Zeitkonstanten $\tau_m > 0$ gilt, sind alle Eigenwerte reell und negativ. Somit ist das Zustandsraummodell des Approximationssystems $\hat{Z}(s)$ stabil [Föl92, KJ98].

Der nächste Schritt ist die Zeitdiskretisierung des erhaltenen Zustandsraummodells. Dabei soll eine konstante Abtastzeit T_A angenommen werden. Die Zeitdiskretisierung einer zeitkontinuierlichen Zustandsraumdarstellung ist gleichbedeutend mit der Lösung eines Anfangswertproblems. Es muss berechnet werden, welchen Wert $x_{D,m}(t_k + T_A)$ alle Zustandsgrößen besitzen, wenn zum Zeitpunkt $t_k = k\,T_A$ der Zustand $x_{D,m}(t_k)$ vorlag. Da eine zeitdiskrete Darstellung gesucht wird, muss eine Rekursionsgleichung der Form

$$x_{D,m}(t_k + T_A) = \phi_m\left(x_{D,m}(t_k), i(t_k)\right)$$

gefunden werden. Hierbei bereitet der Strom $i(t)$ Schwierigkeiten, da es nicht möglich ist, vom Wert des Stroms zum Zeitpunkt t_k ausgehend, die Spannung zum Zeitpunkt $t_k + T_A$ durch die Integration der Differenzialgleichung (4.35) zu bestimmen. Während des Zeit-Intervalls $[t_k; t_k + T_A]$ ändert sich der Strom kontinuierlich auf eine nicht bekannte Weise. Die alleinige Kenntnis von $i(t_k)$ ist also nicht ausreichend. Die Abtastzeit T_A muss sehr klein gewählt werden, um auch die schnellen Dynamiken in der Zellimpedanz zeitdiskret zu erfassen. Daher kann angenommen werden, dass sich der Strom während des Intervalls $[t_k; t_k + T_A]$ nicht ändert. Als Gleichung geschrieben lautet diese Bedingung

$$i(t) = i(t_k), \qquad t_k \leq t < t_k + T_A.$$

Der Strom wird also als treppenförmig angenommen, damit die Kenntnis der Stromstärke zu den Abtastzeitpunkten ausreichend ist, um den gesamten zeitkontinuierlichen Stromverlauf zu rekonstruieren.

Mit dieser Annahme kann die Differenzialgleichung (4.35) für das Intervall $[t_k; t_k + T_A]$ gelöst werden:

$$x_{D,m}(t_k + T_A) = e^{-T_A/\tau_m}\, x_{D,m}(t_k) + r_m \left(1 - e^{-T_A/\tau_m}\right) i(t_k).$$

Mit den Bezeichnungen $x_{D,m}(k) = x_{D,m}(kT_A)$, $i(k) = i(kT_A)$ und $u(k) = u(kT_A)$ erhält man das zeitdiskrete Modell in der üblichen Darstellung mit der Differenzengleichung

$$x_{D,m}(k + 1) = e^{-T_A/\tau_m}\, x_{D,m}(k) + r_m \left(1 - e^{-T_A/\tau_m}\right) i(k), \qquad m \in \{1, \ldots, M\} \tag{4.37}$$

und der zeitdiskreten Ausgangsgleichung

$$u(k) = \sum_{m=1}^{M} x_{D,m}(k) + R_0\, i(k).$$

4.3   Zusammenfassung

Mit dem in dieser Arbeit entwickelten Verfahren der direkten Approximation kann ein nicht-fraktionales Modell $\hat{Z}(j\omega)$ aus dem fraktionalen Frequenzbereichsmodell $Z_{SOFC}(j\omega)$ der Zellimpedanz entwickelt werden. Dabei können aus den Modellparametern R_n, $\tau_{0,n}$ und α_n des fraktionalen Modells, die Modellparameter r_m und τ_m des nicht-fraktionalen Modells berechnet werden. Diese neuartige Approximation gelang durch die Begrenzung und die Diskretisierung des kontinuierlichen Relaxationsdichtespektrums. Mit ΔT existiert ein Parameter, der die Systemordnung M und somit die Genauigkeit der Approximation bestimmt. Eine Strategie zur Wahl von M und ΔT wurde ebenfalls entwickelt.

Das durch die direkte Approximation erhaltene Modell kann in ein stabiles zeitdiskretes Zustandsraummodell umgewandelt werden. Ein stochastisches Schätzfilter kann dieses dann verwendet, um die gesuchten Modellparameter der SOFC-Impedanz zu ermitteln.

Kapitel 5

Sigma-Punkt-Kalman-Filter

In diesem Kapitel wird das zur Impedanzschätzung verwendete Sigma-Punkt-Kalman-Filter vorgestellt. Dabei wird zunächst im Abschnitt 5.1 das Kalman-Filter beschrieben, das bei bekannten Eingangssignalen und gemessenen, aber verrauschten Ausgangssignalen eine strukturoptimale Schätzung des unbekannten Systemzustands eines deterministisch und stochastisch angeregten linearen Systems ermöglicht. Da der mit dem Kalman-Filter erzielte Schätzfehler die minimale Kovarianz besitzt, wird dieser Schätzwert Minimal-Varianz-Schätzwert genannt. Zur Implementierung eines Kalman-Filters wird ein Modell des Systems benötigt und es müssen Kenntnisse über die auf das System wirkenden stochastischen Störungen bekannt sein.

Die Schätzung mit dem Kalman-Filter erfolgt in zwei Schritten:

- **Prädiktionsschritt**

  Der zum Zeitpunkt $t = (k-1)T_A$, mit der konstanten Abtastzeit T_A vorliegende Schätzwert $\underline{\hat{x}}(k-1|k-1)$ wird verwendet, um mit dem zeitdiskreten Zustandsraummodell und den bekannten nicht verrauschten deterministischen Eingangsgrößen $\underline{u}(k-1)$ eine Vorhersage (Prädiktion) $\underline{\hat{x}}(k|k-1)$ zu berechnen, wie der nächste Systemzustand zum Zeitpunkt $t = kT_A$ lauten könnte. Ebenfalls wird im Prädiktionsschritt die Kovarianzmatrix $\underline{P}(k|k-1)$ des Prädiktionsfehlers bestimmt, der sich gemäß

  $$\underline{\tilde{x}}(k|k-1) = \underline{x}(k) - \underline{\hat{x}}(k|k-1)$$

  aus der Differenz zwischen wirklichem und prädiziertem Systemzustand angeben lässt.

- **Filterschritt**

  Im Filterschritt wird schließlich der eigentliche Schätzwert $\underline{\hat{x}}(k|k)$ zum Zeitpunkt $t = kT_A$ bestimmt, nachdem ein neuer Messwert $\underline{y}(k)$ verfügbar ist. Dabei wird aus dem im vorherigen Schritt berechneten Prädiktionswert $\underline{\hat{x}}(k|k-1)$

und dem neuen Messwert $\underline{y}(k)$ der verbesserte Schätzwert $\underline{\hat{x}}(k|k)$ ermittelt. Ebenfalls wird die Kovarianzmatrix $\underline{P}(k|k)$ des Schätzfehlers

$$\underline{\tilde{x}}(k|k) = \underline{x}(k) - \underline{\hat{x}}(k|k)$$

bestimmt, die im darauf folgenden Prädiktionsschritt verwendet wird, um die neue Prädiktionsfehlerkovarianz $\underline{P}(k+1|k)$ zu bestimmen.

Die Zustandsschätzung mit dem Kalman-Filter ist also ein rekursiv durchführbarer Algorithmus, der mit einem geringen Speicheraufwand implementiert werden kann. Diese Rekursionseigenschaft, seine Robustheit und die minimale Schätzfehlerkovarianz sind die Gründe für die zahlreichen erfolgreichen Anwendungen dieser stochastischen Schätzmethode. Die rekursive Struktur des Kalman-Filters wird in der Literatur [Jaz70] auch Prädiktor-Korrektor-Struktur genannt.

In Abschnitt 5.2 wird die Anwendung des Kalman-Filters für nichtlineare Prozesse vorgestellt. Auch in diesem Fall ist unter bestimmten einschränkenden Bedingungen eine Schätzung mit minimaler Schätzfehlerkovarianz möglich [Kal60, vdM04], wenn die ersten beiden Momente der Schätzfehler bekannt sind. Leider ist die exakte Bestimmung dieser Momente sehr schwierig, kann aber näherungsweise mit verschiedenen Verfahren erfolgen. Eines dieser Verfahren ist die Unscented Transformation, die im Abschnitt 5.3 vorgestellt und schließlich bei der Implementierung eines Sigma-Punkt-Kalman-Filters verwendet wird.

5.1   Das Kalman-Filter für lineare Systeme

Das Kalman-Filter für lineare Systeme wurde erstmals 1960 von Rudolf E. Kalman in [Kal60] veröffentlicht. Kalmans Idee war dabei das Lösen des allgemeinen Schätzproblems für lineare zeitdiskrete Zustandsraummodelle, nachdem bereits 1949 das allgemeine Schätzproblem von Norbert Wiener für Übertragungsmodelle im Frequenzbereich mit Methoden der Variationsrechnung gelöst wurde [Wie49]. Inzwischen existieren in der Fachliteratur [Kal60, GA93, vdM04, BS94, Jaz70, Kre80, Lof90a, Lof90b] zahlreiche, teilweise verschiedene Herleitungen für das Kalman-Filter.

Das für die Schätzung mit dem Kalman-Filter verwendete zeitdiskrete lineare Modell lautet in der Zustandsraumdarstellung

$$\begin{aligned}
\underline{x}(k+1) &= \underline{\Phi}(k+1|k)\,\underline{x}(k) + \underline{H}(k+1|k)\,\underline{u}(k) + \underline{L}(k)\,\underline{w}(k), &\quad (5.1) \\
\underline{y}(k) &= \underline{C}(k)\,\underline{x}(k) + \underline{v}(k), &\quad (5.2)
\end{aligned}$$

wobei mit $\underline{w}(k)$ das Prozessrauschen bezeichnet wird, das die Zustandsdifferenzengleichung (5.1) anregt. Das Messrauschen wird mit $\underline{v}(k)$ bezeichnet und wirkt als additive Störung auf die Ausgangsgleichung (5.2). Das n_w-dimensionale Prozessrauschen

$$\underline{w}(k) = \begin{bmatrix} w_1(k) & w_2(k) & \cdots & w_{n_w-1}(k) & w_{n_w}(k) \end{bmatrix}^{\mathrm{T}}$$

ist ein mittelwertfreier, unkorrelierter weißer Gauß-Prozess und erfüllt somit die folgenden Gleichungen:

$$\begin{aligned}
\mathcal{E}\left\{\underline{w}(k)\right\} &= \underline{0}, \\
\mathcal{E}\left\{\underline{w}(k)\underline{w}^{\mathrm{T}}(k)\right\} &= \underline{Q}(k), \\
\mathcal{E}\left\{w_i(k)w_j(k)\right\} &= \delta_{i,j}Q_{ij}(k).
\end{aligned}$$

Die mittelwertfreien Komponenten von $\underline{w}(k)$ sind also zueinander unkorreliert. Daraus folgt, dass $\underline{Q}(k)$ eine positiv definite Diagonalmatrix ist. Die Definition der positiven Definitheit ist im Anhang A in Definition A.5 angegeben.

Für das ebenfalls mittelwertfreie und unkorrelierte Messrauschen $\underline{v}(k)$ gelten die Bedingungen:

$$\begin{aligned}
\mathcal{E}\left\{\underline{v}(k)\right\} &= \underline{0}, \\
\mathcal{E}\left\{\underline{v}(k)\underline{v}^{\mathrm{T}}(k)\right\} &= \underline{R}(k), \\
\mathcal{E}\left\{v_i(k)v_j(k)\right\} &= \delta_{i,j}R_{ij}(k).
\end{aligned}$$

Zusätzlich muss der unbekannte Anfangszustand $\underline{x}(0)$ ebenfalls eine normalverteilte Zufallsvariable sein, deren Erwartungswert $\mathcal{E}\left\{\underline{x}(0)\right\} = \underline{x}_0$ und Kovarianzmatrix

$$\underline{P}_{\underline{x}(0)\underline{x}(0)} = \mathcal{E}\left\{\underline{x}(0)\underline{x}(0)^{\mathrm{T}}\right\}$$

bekannt sein müssen. Ferner sollen dass Prozess- und Messrauschen zueinander und zum Anfangszustand $\underline{x}(0)$ unkorreliert sein, was durch die zusätzlichen Gleichungsbedingungen

$$\begin{aligned}
\mathcal{E}\left\{\underline{v}(i)\underline{w}^{\mathrm{T}}(j)\right\} &= \underline{0}, \\
\mathcal{E}\left\{\underline{v}(k)\underline{x}^{\mathrm{T}}(0)\right\} &= \underline{0}, \\
\mathcal{E}\left\{\underline{w}(k)\underline{x}^{\mathrm{T}}(0)\right\} &= \underline{0}
\end{aligned}$$

für alle $i, j, k \in \mathbb{N}_0$ gefordert wird.

Die Transitionsmatrix $\underline{\Phi}(k|k-1)$, die Eingangsmatrix $\underline{H}(k|k-1)$ und die Ausgangsmatrix $\underline{C}(k)$ können also ebenso, wie die beiden Kovarianzmatrizen $\underline{Q}(k)$ und $\underline{R}(k)$, zeitvariant sein.

Kalman zeigte, dass der Minimum-Varianz-Schätzwert mit der Rekursionsbeziehung

$$\hat{\underline{x}}(k|k) = \hat{\underline{x}}(k|k-1) + \underline{G}(k)\left(\underline{y}(k) - \underline{C}(k)\,\hat{\underline{x}}(k|k-1)\right) \tag{5.3}$$

bestimmt werden kann. Dabei ist $\hat{\underline{x}}(k|k-1)$ der Prädiktionswert, der ausgehend vom zum Zeitpunkt $(k-1)T_A$ vorliegenden Schätzwert $\hat{\underline{x}}(k-1|k-1)$ berechnet wird. Die Matrix $\underline{G}(k)$ ist die Kalman-Verstärkungsmatrix (engl.: Kalman gain matrix).

Der gesuchte Prädiktionswert ist nach Kalman der Erwartungswert

$$
\begin{aligned}
&\hat{\underline{x}}(k|k-1) \\
&= \mathcal{E}\left\{\underline{\Phi}(k|k-1)\,\hat{\underline{x}}(k-1|k-1) + \underline{H}(k|k-1)\,\underline{u}(k-1) + \underline{L}(k-1)\,\underline{w}(k-1)\right\} \\
&= \underbrace{\mathcal{E}\left\{\underline{\Phi}(k|k-1)\,\hat{\underline{x}}(k-1|k-1) + \underline{H}(k|k-1)\,\underline{u}(k-1)\right\}}_{(*)} \\
&\quad + \underbrace{\mathcal{E}\left\{\underline{L}(k-1)\,\underline{w}(k-1)\right\}}_{=\underline{0}} \\
&= \underline{\Phi}(k|k-1)\,\hat{\underline{x}}(k-1|k-1) + \underline{H}(k|k-1)\,\underline{u}(k-1)
\end{aligned}
\tag{5.4}
$$

der Zustandsdifferenzengleichung (5.1), wenn als vorheriger Zustand der Minimum-Varianz-Schätzwert $\hat{\underline{x}}(k-1|k-1)$ eingesetzt wird, der zum Zeitpunkt $(k-1)T_A$ vorliegt. Der Anteil des Prozessrauschens $\underline{w}(k)$ verschwindet in (5.4), da es sich dabei um einen mittelwertfreien Prozess handelt. Die mit $(*)$ bezeichnete Erwartungswertbildung in Gleichung (5.4) vereinfacht sich ebenso, da der Operand eine deterministische Größe ist.

Im Prädiktionsschritt muss außerdem noch die Kovarianzmatrix

$$
\underline{P}(k|k-1) = \mathcal{E}\left\{(\underline{x}(k) - \hat{\underline{x}}(k|k-1))\,(\underline{x}(k) - \hat{\underline{x}}(k|k-1))^{\mathrm{T}}\right\}
$$

des Prädiktionsfehlers berechnet werden, da sie im darauf folgenden Filterschritt benötigt wird. Sie kann mit der Formel

$$
\begin{aligned}
\underline{P}(k|k-1) \;=\; & \underline{\Phi}(k|k-1)\underline{P}(k-1|k-1)\underline{\Phi}^{\mathrm{T}}(k|k-1) \\
& + \underline{L}(k-1)\underline{Q}(k-1)\underline{L}^{\mathrm{T}}(k-1)
\end{aligned}
\tag{5.5}
$$

berechnet werden.

Im Filterschritt muss die Kalman-Verstärkungsmatrix $\underline{G}(k)$ ermittelt werden, um mit Gleichung (5.3) den Minimum-Varianz-Schätzwert $\hat{\underline{x}}(k|k)$ berechnen zu können. Diese Verstärkungsmatrix kann durch

$$
\underline{G}(k) \;=\; \underline{P}_{\underline{xy}}(k|k-1)\left(\underline{P}_{\underline{yy}}(k|k-1)\right)^{-1}
\tag{5.6}
$$

aus den beiden Kovarianzen

$$
\underline{P}_{\underline{xy}}(k|k-1) = \mathcal{E}\left\{(\underline{x}(k) - \hat{\underline{x}}(k|k-1))\,(\underline{y}(k) - \hat{\underline{y}}(k|k-1))^{\mathrm{T}}\right\}
$$

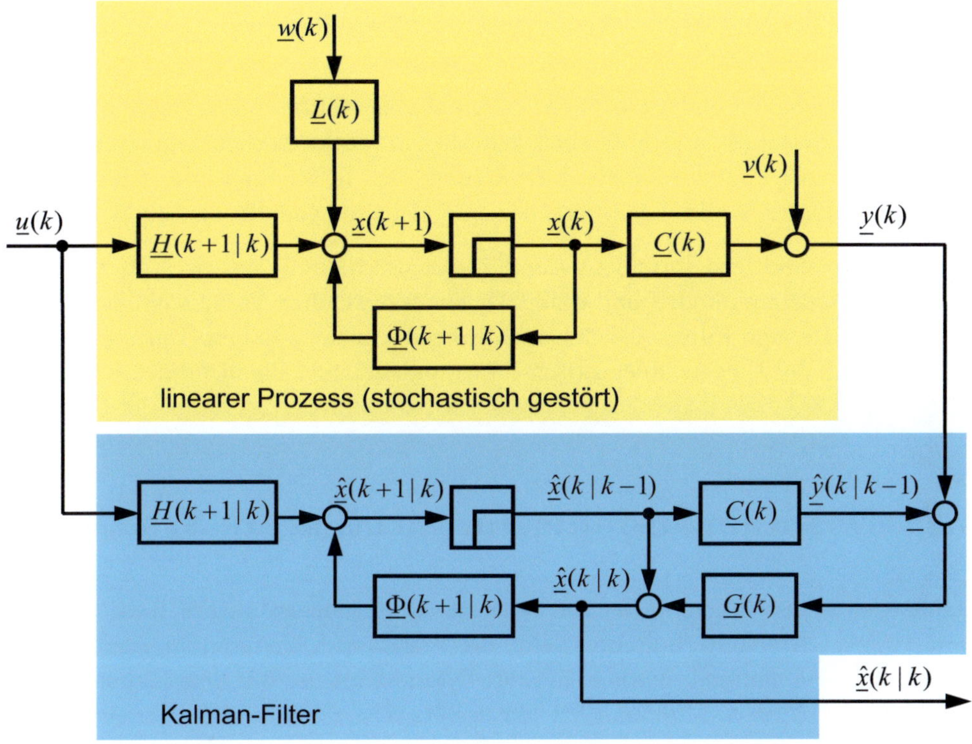

Abbildung 5.1: Struktur des Kalman-Filters für lineare Prozesse

$$\underline{P}_{\underline{y}\underline{y}}(k|k-1) = \mathcal{E}\left\{ \left(\underline{y}(k) - \underline{\hat{y}}(k|k-1)\right) \left(\underline{y}(k) - \underline{\hat{y}}(k|k-1)\right)^{\mathrm{T}} \right\}$$

bestimmt werden, wenn $\underline{\hat{y}}(k|k-1) = \underline{C}(k)\underline{\hat{x}}(k|k-1)$ den Prädiktionswert für den nächsten Messwert bezeichnet. Unter Verwendung der linearen Systemgleichungen (5.1) und (5.2) kann die Verstärkungsmatrix als

$$\begin{aligned}
\underline{G}(k) &= \underline{P}(k|k-1)\underline{C}^{\mathrm{T}}(k)\left(\underline{C}(k)\underline{P}(k|k-1)\underline{C}^{\mathrm{T}}(k) + \underline{R}(k)\right)^{-1} \\
&= \underline{P}(k|k)\underline{C}^{\mathrm{T}}(k)\underline{R}^{-1}(k)
\end{aligned} \tag{5.7}$$

berechnet werden. Die Schätzfehlerkovarianzmatrix

$$\underline{P}(k|k) = \mathcal{E}\left\{ \left(\underline{x}(k) - \underline{\hat{x}}(k|k)\right) \left(\underline{x}(k) - \underline{\hat{x}}(k|k)\right)^{\mathrm{T}} \right\}$$

für den Filterschritt ergibt sich aus der Formel

$$\underline{P}(k|k) = \underline{P}(k|k-1) - \underline{G}(k)\underline{C}(k)\underline{P}(k|k-1). \tag{5.8}$$

Die Struktur des verwendeten Prozessmodells sowie des Kalman-Filters ist in Abbildung 5.1 dargestellt.

Die mit den hier vorgestellten Gleichungen durchgeführte Zustandsschätzung ist bei linearen Systemen und unter den geforderten stochastischen Bedingungen die strukturoptimale Minimum-Varianz-Schätzung. Das heißt, dass kein Schätzer mit beliebig wählbarer Struktur existiert, der eine kleinere Schätzfehlervarianz besitzt.

Bei einer gleichzeitigen Parameter- und Zustandsschätzung existiert aber kein lineares Zustandsraummodell und damit ist eine notwendige Voraussetzung für den Einsatz des Kalman-Filters bei linearen Systemen nicht gegeben. Darum wird im Abschnitt 5.2 der Einsatz stochastischer Zustandsschätzer für nichtlineare Systeme untersucht.

5.2   Das Kalman-Filter für nichtlineare Systeme

Bisher wurde das Kalman-Filter für lineare Systeme eingesetzt. Für diese Systeme kann, wie im Abschnitt 5.1 vorgestellt, der Schätzwert bestimmt werden, dessen Schätzfehler die minimale Varianz besitzt. Darum wird der mit dem Kalman-Filter ermittelte Schätzwert Minimum-Varianz-Schätzwert genannt. Die Herleitung des Kalman-Filters in [Kal60, vdM04] zeigt jedoch, dass es auch zur Zustandsschätzung bei nichtlinearen Systemen verwendet werden kann. Dabei wird für den Schätzer eine Prädiktor-Korrektor-Struktur verwendet, wie sie bei linearen Systemen als Lösung des Schätzproblems auftrat. Der Schätzwert wird also wieder - wie im linearen Fall zuvor - mit der Gleichung

$$\hat{\underline{x}}(k|k) = \hat{\underline{x}}(k|k-1) + \underline{G}(k)\left(\underline{y}(k) - \hat{\underline{y}}(k|k-1)\right) \tag{5.9}$$

berechnet. Der Unterschied zur linearen Schätzgleichung (5.3) ist die Bestimmung des Prädiktionswerts $\hat{\underline{y}}(k|k-1)$ für die nächste Messung. Im linearen Fall konnte dieser Prädiktionswert, sehr einfach aus der prädizierten Zustandsgröße bestimmt werden. Bei nichtlinearen Prozessen ist dieses einfache Vorgehen nur bei linearen Ausgangsgleichungen

$$\hat{\underline{y}}(k) = \underline{C}(k)\hat{\underline{x}}(k|k-1)$$

möglich. Das in dieser Arbeit behandelte Impedanzschätzproblem wird jedoch eine lineare Ausgangsgleichung besitzen.

Die Gleichung (5.9), welche die Systemstruktur des Schätzers vorgibt, wirkt einschränkend. Somit kann also nicht mehr der bestmögliche Schätzwert im Sinne minimaler Schätzfehlerkovarianz gefunden werden. Stattdessen wird aber ein Minimum-Varianz-Schätzwert gefunden, der die Struktur-Gleichung (5.9) als Nebenbedingung erfüllt. Der Vorteil dieser Vorgehensweise ist der, dass zur Schätzung verhältnismäßig wenig Informationen über die stochastischen Systemgrößen benötigt werden, aber trotzdem eine hinreichend genaue Schätzung mit relativ geringem Aufwand durchführbar ist. Der Schätzwert $\hat{\underline{x}}(k|k-1)$ ist wieder der Prädiktionswert, der ausgehend vom vergangenen Schätzwert $\hat{\underline{x}}(k-1|k-1)$ mit dem zeitdiskreten Systemmodell berechnet wird.

Bevor der optimale Schätzer für nichtlineare Systeme entwickelt wird, muss das verwendete nichtlineare zeitdiskrete Prozessmodell mit der konstanten Abtastzeit T_A eingeführt werden. Die Gleichungen

$$\underline{x}(k+1) \;=\; \underline{\phi}\left(\underline{x}(k),\underline{u}(k),\underline{w}(k)\right), \tag{5.10}$$

$$\underline{y}(k) \;=\; \underline{h}\left(\underline{x}(k),\underline{v}(k)\right) \tag{5.11}$$

beschreiben den nichtlinearen Prozess, der vom stochastischen Prozessrauschen $\underline{w}(k)$ und vom deterministischen Eingangssignal $\underline{u}(k)$ angeregt wird. Das Messsignal $\underline{y}(k)$ wird dabei vom Messrauschen $\underline{v}(k)$ gestört. Die Rauschprozesse müssen nicht - wie zuvor im Abschnitt 5.1 - mittelwertfrei sein. Die einzelnen Komponenten dürfen jedoch miteinander nicht korrelieren. Das Prozess- und das Messrauschen müssen also die Bedingungen

$$\mathcal{E}\left\{\underline{w}(k)\right\} \;=\; \underline{\mu}_w,$$
$$\mathcal{E}\left\{\underline{w}(k)\underline{w}^{\mathrm{T}}(k)\right\} \;=\; \underline{Q}(k),$$
$$\mathcal{E}\left\{w_i(k)w_j(k)\right\} \;=\; \delta_{i,j}Q_{ij}(k)$$

und

$$\mathcal{E}\left\{\underline{v}(k)\right\} \;=\; \underline{\mu}_v,$$
$$\mathcal{E}\left\{\underline{v}(k)\underline{v}^{\mathrm{T}}(k)\right\} \;=\; \underline{R}(k),$$
$$\mathcal{E}\left\{v_i(k)v_j(k)\right\} \;=\; \delta_{i,j}R_{ij}(k)$$

erfüllen. Ebenso sollte der Anfangszustand $\underline{x}(0)$ nicht mit den Rauschprozessen korreliert sein. Vom Anfangswert $\underline{x}(0)$ müssen die ersten beiden Momente (Mittelwert $\underline{x}(0)$ und Kovarianz $\underline{P}_{\underline{x}(0)\underline{x}(0)}$) bekannt sein. Ferner dürfen Mess- und Prozessrauschen nicht miteinander korreliert sein. Aus diesen zusätzlichen Forderungen folgen die Gleichungen

$$\mathcal{E}\left\{\underline{v}(k)\underline{w}^{\mathrm{T}}(j)\right\} \;=\; \underline{0}, \qquad \forall k,j$$
$$\mathcal{E}\left\{\underline{v}(k)\underline{x}^{\mathrm{T}}(0)\right\} \;=\; \underline{0}, \qquad \forall k$$
$$\mathcal{E}\left\{\underline{w}(k)\underline{x}^{\mathrm{T}}(0)\right\} \;=\; \underline{0}, \qquad \forall k$$

als weitere Bedingungen.

Nachdem das der Schätzung zugrunde liegende Modell vorgestellt wurde, wird im Folgenden die Kalman-Verstärkungsmatrix $\underline{G}(k)$ für den Filter-Schätzwert (5.9) so hergeleitet, dass die Spur - die Summe der Hauptdiagonalelemente -

$$J = \text{Spur}\left(\underline{P}(k|k)\right) = \sum_i P_{ii}(k|k)$$

der Schätzfehlerkovarianzmatrix

$$\underline{P}(k|k) = \mathcal{E}\left\{\underline{\tilde{x}}(k|k)\underline{\tilde{x}}^{\mathrm{T}}(k|k)\right\} = \mathcal{E}\left\{\left(\underline{x}(k) - \underline{\hat{x}}(k|k)\right)\left(\underline{x}(k) - \underline{\hat{x}}(k|k)\right)^{\mathrm{T}}\right\}$$

minimal wird. Durch die Verwendung der Spur liegt ein skalares Gütemaß vor, das einen umso kleineren Wert annimmt, je besser die Schätzung wird.

Mit der vorgegebenen Schätzgleichung (5.9) als Nebenbedingung, kann der Schätzfehler

$$\underline{\tilde{x}}(k|k) \;\; = \;\; \underline{x}(k) - \underline{\hat{x}}(k|k) = \underbrace{\underline{x}(k) - \underline{\hat{x}}(k|k-1)}_{=\underline{\tilde{x}}(k|k-1)} - \underline{G}(k)\underbrace{\left(\underline{y}(k) - \underline{\hat{y}}(k|k-1)\right)}_{=\underline{\tilde{y}}(k|k-1)}$$

$$= \underline{\tilde{x}}(k|k-1) - \underline{G}(k)\underline{\tilde{y}}(k|k-1) \tag{5.12}$$

hergeleitet werden. Bei einer erwartungstreuen Schätzung gilt für den Schätzfehler

$$\mathcal{E}\left\{\underline{\tilde{x}}(k|k)\right\} = \underline{0},$$

was die nun folgende Kovarianzbildung vereinfacht. Die Gleichung (5.12) wird als nächstes verwendet, um den Ausdruck

$$\begin{aligned}
\underline{\tilde{x}}(k|k)\underline{\tilde{x}}^{\mathrm{T}}(k|k) \;\; = \;\; & \underline{\tilde{x}}(k|k-1)\underline{\tilde{x}}^{\mathrm{T}}(k|k-1) - \underline{\tilde{x}}(k|k-1)\underline{\tilde{y}}^{\mathrm{T}}(k|k-1)\underline{G}^{\mathrm{T}}(k) \\
& -\underline{G}(k)\underline{\tilde{y}}(k|k-1)\underline{\tilde{x}}^{\mathrm{T}}(k|k-1) \\
& +\underline{G}(k)\underline{\tilde{y}}(k|k-1)\underline{\tilde{y}}^{\mathrm{T}}(k|k-1)\underline{G}^{\mathrm{T}}(k)
\end{aligned} \tag{5.13}$$

herzuleiten, von dem schließlich der gesuchte Erwartungswert gebildet wird. Mit den Kovarianzmatrizen

$$\begin{aligned}
\underline{P}_{\tilde{x}\tilde{y}}(k|k-1) \;\; &= \;\; \mathcal{E}\left\{\underline{\tilde{x}}(k|k-1)\underline{\tilde{y}}^{\mathrm{T}}(k|k-1)\right\}, \\
\underline{P}_{\tilde{y}\tilde{x}}(k|k-1) \;\; &= \;\; \mathcal{E}\left\{\underline{\tilde{y}}(k|k-1)\underline{\tilde{x}}^{\mathrm{T}}(k|k-1)\right\}
\end{aligned}$$

und

$$\underline{P}_{\tilde{y}\tilde{y}}(k|k-1) = \mathcal{E}\left\{\underline{\tilde{y}}(k|k-1)\underline{\tilde{y}}^{\mathrm{T}}(k|k-1)\right\}$$

kann der Erwartungswert von (5.13) - die Schätzfehlerkovarianz - als

$$\underline{P}(k|k) \;=\; \underline{P}(k|k-1) - \underline{P}_{\tilde{x}\tilde{y}}(k|k-1)\underline{G}^{\mathrm{T}}(k) - \underline{G}(k)\underline{P}_{\tilde{y}\tilde{x}}(k|k-1)$$
$$+\underline{G}(k)\underline{P}_{\tilde{y}\tilde{y}}(k|k-1)\underline{G}(k)^{\mathrm{T}} \tag{5.14}$$

in Abhängigkeit der noch unbekannten Kalman-Verstärkungsmatrix $\underline{G}(k)$ berechnet werden. Das zu minimierende Gütemaß J ist die Spur der Schätzfehlerkovarianz (5.14). Die notwendige Bedingung zum Finden des Minimums von J lautet

$$\frac{\partial}{\partial \underline{G}(k)}\left(\mathrm{Spur}\,\underline{P}(k|k)\right) = \underline{0}$$

und wird zu einer Berechnungsvorschrift für $\underline{G}(k)$ führen. Um die Spur der Kovarianzmatrix ableiten zu können, müssen sie beiden aus der Matrix-Analysis bekannten Beziehungen

$$\frac{\partial}{\partial \underline{A}}\left(\mathrm{Spur}\,\left(\underline{A}\,\underline{B}\,\underline{A}^{\mathrm{T}}\right)\right) = 2\underline{A}\,\underline{B}$$

und

$$\frac{\partial}{\partial \underline{A}}\left(\mathrm{Spur}\,\left(\underline{A}\,\underline{B}^{\mathrm{T}}\right)\right) = \frac{\partial}{\partial \underline{A}}\left(\mathrm{Spur}\,\left(\underline{B}\,\underline{A}^{\mathrm{T}}\right)\right) = \underline{B}$$

verwendet werden. Die Ableitung von J bezüglich der Matrix $\underline{G}(k)$ ergibt somit

$$-2\underline{P}_{\tilde{x}\tilde{y}}(k|k-1) + 2\underline{G}(k)\underline{P}_{\tilde{y}\tilde{y}}(k|k-1) = \underline{0},$$

was auf die optimale Lösung

$$\underline{G}(k) = \underline{P}_{\tilde{x}\tilde{y}}(k|k-1)\left(\underline{P}_{\tilde{y}\tilde{y}}(k|k-1)\right)^{-1}$$

führt, mit der die Berechnung des Minimum-Varianz-Schätzwerts für die geforderte Prädiktor-Korrektor-Struktur, die in Abbildung 5.2 dargestellt ist, möglich wird. Es müssen jedoch die Erwartungswerte

$$\hat{\underline{x}}(k|k-1) \;=\; \mathcal{E}\left\{\underline{\phi}\left(\underline{x}(k-1),\underline{u}(k-1),\underline{w}(k-1)\right)\right\}$$
$$\hat{\underline{y}}(k|k-1) \;=\; \mathcal{E}\left\{\underline{h}\left(\underline{x}(k-1),\underline{v}(k-1)\right)\right\}$$

sowie die Kovarianzmatrizen $\underline{P}(k|k-1)$, $\underline{P}(k|k)$, $\underline{P}_{\tilde{x}\tilde{y}}(k|k-1)$ und $\underline{P}_{\tilde{y}\tilde{y}}(k|k-1)$ bekannt sein, damit die komplette Schätzung (Prädiktion und Filterung) mit der hier vorgestellten Strategie durchgeführt werden kann.

Häufig ist die Ausgangsgleichung linear und der Filterschritt kann mit den Gleichungen (5.7) und (5.8) des linearen Kalman-Filters ausgeführt werden. Bei der Impedanzschätzung wird eine solche lineare Ausgangsgleichung auftreten. Es bleibt

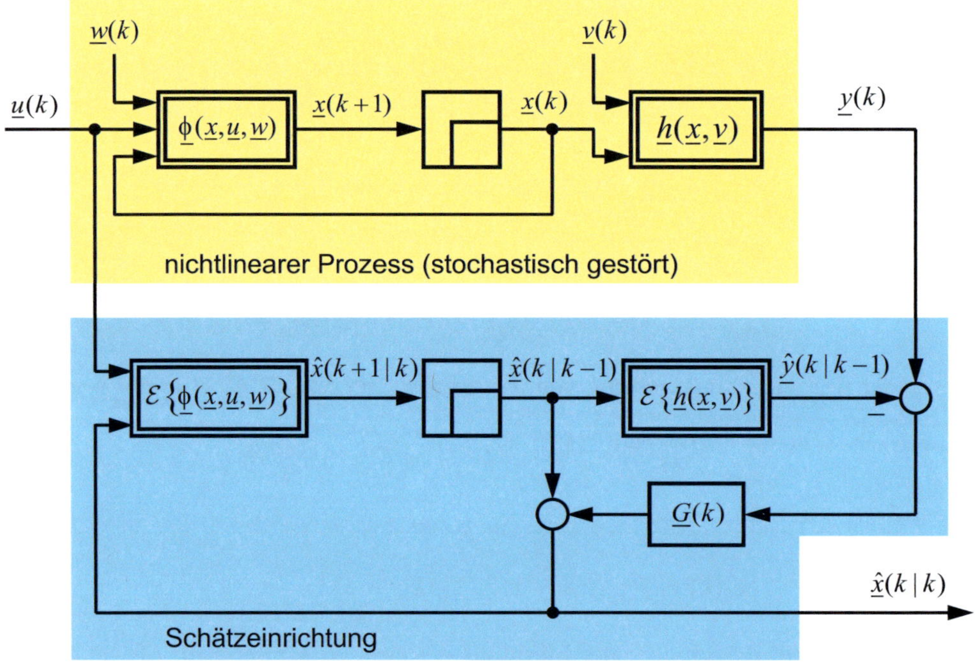

Abbildung 5.2: Prädiktor-Korrektor-Struktur des stochastischen Zustandsschätzers für nichtlineare Systeme

aber weiterhin die Schwierigkeit bei der Durchführung des Prädiktionsschritts bestehen. Die entscheidende Aufgabe ist die Bestimmung der ersten beiden Momente der für die Schätzung relevanten Größen.

In [Kal60] wird bereits darauf hingewiesen, dass eine von der linearen Prädiktor-Korrektor-Struktur abweichende allgemeinere Schätzvorschrift nur dann zu einer kleineren Schätzfehlerkovarianz führen kann, wenn von den auftretenden Wahrscheinlichkeitsdichten die höheren Momente - und nicht nur Mittelwert und Kovarianz - zur Schätzung herangezogen werden.

Bei nichtlinearen Systemfunktionen

$$\underline{x}(k) = \underline{\phi}\left(\underline{x}(k-1), \underline{u}(k-1), \underline{w}(k-1)\right)$$

ist die Bestimmung der Momente von Zufallsprozessen schwierig beziehungsweise sehr rechenintensiv, obwohl eine Berechnung theoretisch möglich wäre. Hierin besteht eine wesentliche Schwierigkeit bei der praktischen Zustandsschätzung an nichtlinearen Prozessen, die auch häufig in der Fachliteratur als nichtlineare Filterung bezeichnet wird.

Aus diesem Grund wurden verschiedene Strategien entwickelt, um zumindest näherungsweise die ersten beiden Momente einer Zufallsvariablen zu bestimmen, die durch eine nichtlineare Abbildung einer anderen Zufallsvariablen mit bekannten Momenten oder Wahrscheinlichkeitsdichten erzeugt wurde.

Eine häufig gewählte Vorgehensweise ist die Linearisierung der Nichtlinearität um den Mittelwert. Anschließend wird die linearisierte Abbildungsvorschrift verwendet, um den gesuchten neuen Mittelwert und die neue Kovarianz mit den bekannten Regeln für lineare Abbildungen zu berechnen. Eine Linearisierung um den Mittelwert ist sinnvoll, denn in seiner Umgebung liegt mit hoher Wahrscheinlichkeit der wirkliche Zustand des Systems. Bei größeren Entfernungen vom Mittelwert sinkt zwar die Genauigkeit der linearisierten Systemfunktion; dafür ist aber auch die Wahrscheinlichkeit geringer, dass sich der wirkliche Systemzustand dort befindet. Diese Strategie der Linearisierung wird beim erweiterten Kalman-Filter angewendet, das als weitverbreitetes Verfahren der nichtlinearen Filterung häufig eingesetzt wird.

Ein gravierender Nachteil der Linearisierungsmethode ist ihre geringer werdende Genauigkeit besonders bei großen Varianzen, die im schlechtesten Fall sogar zur Divergenz des Schätzers führen kann. Außerdem ist die Berechnung der Jacobi-Matrix der Systemfunktion bei hohen Systemordnungen oder bei komplizierten Systemfunktionen sehr aufwändig. Zudem muss zu jedem diskreten Zeitpunkt eine neue Jacobi-Matrix berechnet werden.

Wünschenswert wäre daher eine Vorgehensweise, die keine Berechnung der Jacobi-Matrix erfordert, aber dennoch eine hohe Approximationsgenauigkeit besitzt. Diese beiden Ziele lassen sich mit der Methode der Unscented Transformation erreichen, die in sogenannten Sigma-Punkt-Kalman-Filtern angewendet wird. In [vdM04] wird die Anwendung der Unscented Transformation bei der Realisierung von nichtlinearen Schätzfiltern ausführlich behandelt. Mit dieser Unscented Transformation wird eine genauere Approximation der ersten beiden Momente einer nichtlinear transformierten mehrdimensionalen Zustandsvariablen möglich sein, ohne eine Linearisierung durchführen zu müssen.

5.3 Die Unscented Transformation

5.3.1 Das Grundprinzip der Unscented Transformation

Die erstmals 1997 von Julier und Uhlmann in [JU97] vorgeschlagene Unscented Transformation zur Lösung nichtlinearer Schätzprobleme baut auf dem Prinzip auf, dass es leichter ist, die durch eine nichtlineare Abbildung erhaltene Wahrscheinlichkeitsdichte zu approximieren, als die verwendete nichtlineare Abbildungsvorschrift anzunähern. Eine Reihenentwicklung dieser Abbildung würde die Bestimmung einer Vielzahl von Koeffizienten erforderlich machen, da meist ein mehrdimensionales Schätzproblem vorliegt. Das in dieser Arbeit behandelte Impedanzschätzproblem erfordert durch sein fraktionales Systemmodell eine sehr hohe Modellordnung und damit müssen - schnell und hinreichend genau - die ersten beiden Momente von vektoriellen Zufallsvariablen mit hoher Dimension bestimmt werden. Eine Approximation der Systemfunktion ist daher nicht ratsam. Aus diesem Grund ist die Unscented Transformation für die Impedanzschätzung besser geeignet.

Die Approximation der gesuchten Wahrscheinlichkeitsdichten, beziehungsweise ihrer Momente, wird bei der Unscented Transformation durch eine gewichtete Summe von charakteristischen Stichproben - den sogenannten Sigma-Punkten - der (vektoriellen) Zufallsvariablen ermöglicht. Um diese Vorgehensweise verständlich zu machen, wird die Unscented Transformation im folgenden Abschnitt für skalare Zufallsvariablen hergeleitet und exemplarisch durchgeführt.

Danach wird im Abschnitt 5.3.4 die Unscented Transformation auf den mehrdimensionalen Fall erweitert. Diese detaillierte Herleitung der Unscented Transformation ist in der hier dargestellten Form nicht in der Literatur zu finden.

5.3.2 Die Unscented Transformation bei skalaren Zufallsvariablen

Die Unscented Transformation wird verwendet, um die ersten beiden Momente einer Zufallsvariablen näherungsweise zu schätzen, nachdem diese eine nichtlineare Transformation $f(\,\cdot\,)$ durchlaufen hat. Dabei werden charakteristische Punkte - die sogenannten Sigma-Punkte - mit der Nichtlinearität abgebildet. Die Wahl der Sigma-Punkte wird in Abhängigkeit der Varianz der Zufallsvariablen x vor der Transformation vorgenommen. Nach der nichtlinearen Transformation werden die erhaltenen Sigma-Punkte der neuen Zufallsvariablen $x' = f(x)$ verwendet, um durch eine gewichtete Summe die ersten beiden Momente von x' näherungsweise zu ermitteln. Bei der Wahl der Sigma-Punkte fließt also a priori-Wissen über stochastische Eigenschaften von x ein. Die mit $f(\,\cdot\,)$ abgebildeten Sigma-Punkte enthalten nach der nichtlinearen Transformation Informationen über die Abbildungsvorschrift. Darum kann aus den Sigma-Punkten nach der Abbildung mit $f(\,\cdot\,)$ eine Approximation der ersten beiden Momente der neuen Zufallsvariablen x' durchgeführt werden. Die Genauigkeit dieser Approximation wird in diesem Abschnitt ebenfalls untersucht.

Theoretisch könnten auch die höheren Momente der transformierten Zufallsvariablen geschätzt werden, aber dazu wäre eine größere Anzahl von Sigma-Punkten notwendig. Außerdem würde ein höherer rechnerischer Aufwand auftreten, denn jeder Sigma-Punkt muss über die Nichtlinearität abgebildet werden und es müssen bei vektoriellen Zufallsvariablen mehr Matrizenoperationen durchgeführt werden, was vor allem für höherdimensionale Systeme nicht wünschenswert ist.

Im nun folgenden Beispiel ist die skalare Zufallsvariable x gegeben. Es wird vorausgesetzt, dass ihre ersten beiden Momente als

$$
\begin{aligned}
\mathcal{E}\left\{x\right\} &= 0 \\
\mathcal{E}\left\{x^2\right\} &= \sigma^2
\end{aligned}
$$

bekannt sind. Durch die Bedingung $\mathcal{E}\left\{x\right\} = 0$ wird Mittelwertfreiheit vorausgesetzt, was keine Beschränkung der Allgemeinheit ist, aber die nachfolgenden Rechnungen vereinfacht. Zusätzlich wäre auch das dritte Moment $\mathcal{E}\left\{x^3\right\} = 0$ bekannt, wenn x eine symmetrische Wahrscheinlichkeitsdichte $p_x(x)$ besäße. Liegt diese Symmetrieeigenschaft vor, so erhöht sich die Approximationsgüte der Unscented Transformation. Ist auch das vierte Moment $\mathcal{E}\left\{x^4\right\}$ bekannt, so kann durch eine geeignete Wahl der Sigma-Punkte die Genauigkeit der Approximation weiter gesteigert werden.

Die nichtlineare Funktion $x' = f(x)$ muss in eine Taylorreihe entwickelbar oder in der Umgebung von $x = 0$ durch eine Polynomapproximation hinreichend genau darstellbar sein. Wenn diese Bedingung erfüllt ist, kann die Nichtlinearität folgendermaßen dargestellt werden:

$$x' = f(x) = a_0 + a_1 x + a_2 x^2 + a_3 x^3 + a_4 x^4 + \cdots . \tag{5.15}$$

Die Koeffizienten a_i dieser Taylorreihe müssen nicht bekannt sein. Mit der Taylorreihendarstellung (5.15) der neuen transformierten Zufallsvariablen x' kann jetzt eine Reihenentwicklung der Erwartungswerte $\mathcal{E}\{x'\}$ und $\mathcal{E}\{x'x' - (\mathcal{E}\{x'\})^2\}$ bestimmt werden. Als erster Schritt wird der Erwartungswert $\mathcal{E}\{x'\}$ gebildet, wobei die Linearität der Erwartungswertbildung zur Vereinfachung dient:

$$\begin{aligned}
\mathcal{E}\{x'\} &= a_0 + a_1 \underbrace{\mathcal{E}\{x\}}_{=0} + a_2 \underbrace{\mathcal{E}\{x^2\}}_{=\sigma^2} + a_3 \mathcal{E}\{x^3\} + a_4 \mathcal{E}\{x^4\} + \cdots \\
&= a_0 + a_2 \sigma^2 + a_3 \mathcal{E}\{x^3\} + a_4 \mathcal{E}\{x^4\} \cdots .
\end{aligned} \tag{5.16}$$

Mit der gleichen Vorgehensweise wird als nächster Schritt die Varianz (das zweite Moment)

$$R_{xx} = \mathcal{E}\{x'x'\}$$

entwickelt. Diese ist

$$\begin{aligned}
R_{xx} &= a_0^2 + \left(2a_0 a_2 + a_1^2\right)\sigma^2 + \left(2a_0 a_3 + 2a_1 a_2\right)\mathcal{E}\{x^3\} \\
&\quad + \left(2a_0 a_4 + 2a_1 a_3 + a_2^2\right)\mathcal{E}\{x^4\} + \cdots ,
\end{aligned} \tag{5.17}$$

wenn keine weiteren Informationen über das dritte oder das vierte Moment von x vorliegen. Die Entwicklungen (5.16) und (5.17) zeigen, dass schon zur Bestimmung der ersten beiden Momente einer nichtlinear transformierten Zufallsvariablen $x' = f(x)$ alle Momente der ursprünglichen Zufallsvariablen x sowie alle Koeffizienten der Taylorentwicklung der nichtlinearen Abbildungsvorschrift $f(\cdot)$ bekannt sein müssen. Diese Bedingungen können praktisch nicht eingehalten werden, da sonst der Rechenaufwand bei einer Schätzung zu hoch wäre.

Im Fall einer linearen Funktion $f(\cdot)$ sind alle Koeffizienten bis auf a_1 gleich null. Ist x zudem normalverteilt, so können die ersten beiden Momente von x' genau bestimmt werden. Da bei einer linearen Abbildung auch x' normalverteilt wäre, kann somit auch die Wahrscheinlichkeitsdichte von x' exakt bestimmt werden.

Ist bei einer nichtlinearen Abbildung $f(\cdot)$ die ursprüngliche Variable x normalverteilt, so sind damit auch die höheren Momente von x bekannt. Denn nach [JW00] können die zentralen Momente einer Normalverteilung aus der Kovarianz σ^2 bestimmt werden. Diese höheren Momente lauten:

$$\mathcal{E}\left\{(x - \mathcal{E}\{x\})^k\right\} = \begin{cases} 1 \cdot 3 \cdot 5 \cdots (k-1)\sigma^k & \text{wenn } k \text{ gerade ist,} \\ 0 & \text{wenn } k \text{ ungerade ist.} \end{cases} \tag{5.18}$$

Daher können in den Gleichungen (5.16) und (5.17) auch die höheren Momente in Abhängigkeit vom zweiten (zentralen) Moment σ angegeben werden. Somit gilt bei normalverteiltem x für den Mittelwert von x'

$$\mathcal{E}\left\{x'\right\} \;=\; a_0 + a_2\sigma^2 + 3a_4\sigma^4 + \cdots \tag{5.19}$$

und für die Varianz

$$R_{xx} \;=\; a_0^2 + \left(2a_0a_2 + a_1^2\right)\sigma^2 + \left(2a_0a_4 + 2a_1a_3 + a_2^2\right)3\sigma^4 + \cdots. \tag{5.20}$$

Das Ziel der Unscented Transformation ist die Approximation der ersten beiden Momente der Zufallsvariablen $x' = f(x)$ durch eine gewichtete Summe repräsentativ ausgewählter Punkte im x-Raum, die mit $f(\,\cdot\,)$ in den x'-Raum transformiert wurden. Diese deterministisch ausgewählten Punkte ξ_0, ξ_1 und ξ_2 werden Sigma-Punkte genannt, da es eine günstige Vorgehensweise sein kann, diese auf die σ-Grenze der Wahrscheinlichkeitsdichte $p_x(x)$ zu legen. Ein weiterer Sigma-Punkt liegt auf dem Erwartungswert von x, also bei null. Allgemein werden die Sigma-Punkte im skalaren Fall zu

$$\begin{aligned}
\xi_0 &= 0 \\
\xi_1 &= \eta\,\sigma \\
\xi_2 &= -\eta\,\sigma
\end{aligned}$$

in Abhängigkeit des positiven Skalierungsfaktors $\eta \in \mathbb{R}^+$ gewählt. Die drei Sigma-Punkte ξ_0, ξ_1 und ξ_2 werden mit der nichtlinearen Funktion $f(\,\cdot\,)$ auf die neue Zufallsvariable x' abgebildet. Man erhält somit die abgebildeten Sigma-Punkte

$$\xi_i' = f(\xi_i), \quad i \in \{0, 1, 2\}, \tag{5.21}$$

aus denen schließlich der Erwartungswert von x' durch die gewichtete Summe

$$\hat{x}' = \beta_{10}\xi_0' + \beta_1\xi_1' + \beta_1\xi_2' \tag{5.22}$$

approximiert wird. Dabei sind β_{10} und β_1 Gewichtungsfaktoren, die so gewählt werden, dass eine möglichst hohe Approximationsgüte vorliegt. Ein weiterer entscheidender Parameter, der einen bedeutenden Einfluss auf die Approximationsgenauigkeit hat, ist der Skalierungsfaktor η, mit dem der Abstand der äußeren Sigma-Punkte vom Mittelwert eingestellt werden kann. Im skalaren Fall sind ξ_1 und ξ_2 die äußeren Sigma-Punkte. Wird beispielsweise $\eta = 1$ gewählt, so liegen die äußeren Sigma-Punkte genau auf der σ-Grenze, also „Mittelwert $\pm$ Standardabweichung". Die mit der Funktion (5.21) abgebildeten Sigma-Punkte ξ_i ($i \in \{0, 1, 2\}$) lauten in der Reihendarstellungsform

$$\xi_i' = a_0 + a_1\xi_i + a_2\xi_i^2 + a_3\xi_i^3 + a_4\xi_i^4 + \cdots .$$

und können nun in Gleichung (5.22) eingesetzt werden, um $\hat{x}'$ zu bestimmen. Die Approximation des Erwartungswerts $\mathcal{E}\left\{x'\right\}$ kann nach einigen Umformungen in Reihendarstellung angegeben werden:

$$\hat{x}' = \left(\beta_{10} + 2\beta_1\right) a_0 + 2\beta_1\eta^2 a_2\sigma^2 + 2\beta_1\eta^4 a_4\sigma^4 + \cdots . \tag{5.23}$$

Um die Gewichtungsfaktoren β_{10} und β_1 geeignet wählen zu können, wird Gleichung (5.23) mit der Entwicklung

$$\mathcal{E}\left\{x'\right\} = a_0 + a_2\sigma^2 + a_3\mathcal{E}\left\{x^3\right\} + a_4\mathcal{E}\left\{x^4\right\} \cdots \tag{5.24}$$

des wirklichen Mittelwerts von x' verglichen. Durch einen Koeffizientenvergleich der Gleichungen (5.23) und (5.24) können die Terme bis einschließlich der zweiten Ordnung in Übereinstimmung gebracht werden. Die durch diesen Koeffizientenvergleich erhaltenen Gleichungsbedingungen lauten somit:

$$\beta_{10} + 2\beta_1 = 1, \tag{5.25}$$
$$2\beta_1\eta^2 = 1. \tag{5.26}$$

Die erste Bedingung (5.25) ist eine Normierungsbedingung, die fordert, dass die Summe der Gewichte aller Sigma-Punkte gleich eins ist. Auch im mehrdimensionalen Fall wird diese Normierungsbedingung wieder auftreten. Die zweite Bedingung (5.26) ist notwendig, um die mögliche Genauigkeit in der zweiten Ordnung zu erhalten. Die Approximation ist in der ersten Ordnung immer genau, denn der hierfür notwendige Term ist identisch null, da die Zufallsvariable x mittelwertfrei ist. Um also die Genauigkeit in der zweiten Ordnung zu erhalten, muss

$$\beta_1 = \frac{1}{2\eta^2}$$

in Abhängigkeit von η gewählt werden. Um die Normierungsbedingung (5.25) zu erfüllen, muss

$$\beta_{10} = 1 - \frac{1}{\eta^2}$$

gelten. Die Approximation der Ordnung zwei ist also unabhängig von η erreichbar, da dieser Skalierungsparameter beliebige Werte annehmen darf. Es ist aber anschaulich klar, dass ein zu großer Skalierungsfaktor η zu Schwierigkeiten führen kann. Wird nämlich η zu groß gewählt, so liegen die Sigma-Punkte weit vom Mittelwert entfernt und eine hinreichend genaue Taylorreihendarstellung der nichtlinearen Abbildung würde dann auch die höheren Terme erforderlich machen. Eine Approximationsgenauigkeit von zwei wäre in diesem Fall zu gering.

Um den Einfluss von η bei der Unscented Transformation zu untersuchen, wird ein interessanter Sonderfall untersucht. Im folgenden Beispiel wird eine normalverteilte Zufallsvariable x mit der Unscented Transformation abgebildet. In der Praxis sind häufig auch nicht-normalverteilte Zufallsvariablen zumindest näherungsweise als normalverteilt zu behandeln. Bei einer Normalverteilung besteht der in Gleichung (5.18) angegebene Zusammenhang zwischen den höheren Momenten und dem zweiten (zentralen) Moment, der Varianz σ^2. Der Koeffizientenvergleich zwischen approximiertem (5.23) und exaktem Mittelwert (5.19) kann also auch für höhere Momente fortgesetzt werden. Da eine normalverteilte Wahrscheinlichkeitsdichte symmetrisch um den Mittelwert ist, verschwinden nach Gleichung (5.18) alle ungeraden Momente von x. Somit ist die Approximationsordnung gleich drei bereits erreicht. Aber es gelingt sogar die Terme der vierten Ordnung in Übereinstimmung zu bringen, wenn

$$3a_4\sigma^4 = 2\beta_1\eta^4 a_4\sigma^4$$

erfüllt ist. Diese dritte Bedingung ist genau dann erfüllt, wenn

$$\eta = \sqrt{3}$$

gewählt wird. Daraus folgt die Wahl

$$\beta_{10} = \frac{2}{3}$$

und

$$\beta_1 = \frac{1}{6}$$

für die Gewichtungswerte, wenn eine normalverteilte skalare Zufallsvariable eine Unscented Transformation durchläuft. Es ist also bei diesem Sonderfall eine Approximationsgüte vierter Ordnung erreichbar. Auch bei Zufallsvariablen, die nicht normalverteilt sind, ist die Wahl $\eta = \sqrt{3}$ empfehlenswert, wenn keine weiteren Kenntnisse über die Wahrscheinlichkeitsdichte von x vorliegen [vdM04].

Ist die stochastische Variable x nicht mittelwertfrei, so kann durch die Transformation $x^* = x - \mathcal{E}\{x\}$ eine neue mittelwertfreie Variable x^* erzeugt werden. Diese neue Variable wird dann mit der Unscented Transformation abgebildet. Eine identische Vorgehensweise wäre die folgende Wahl der Sigma-Punkte:

$$\begin{aligned}
\xi_0 &= \mathcal{E}\{x\}, \\
\xi_1 &= \mathcal{E}\{x\} + \eta\,\sigma, \\
\xi_2 &= \mathcal{E}\{x\} - \eta\,\sigma.
\end{aligned}$$

Bei dieser Wahl muss die Forderung der Mittelwertfreiheit für x nicht erfüllt sein; die Gewichtungsfaktoren β_{10} und β_1 bleiben dabei unverändert.

Auch die Varianz - oder die Kovarianz - von x' kann mit der Unscented Transformation approximiert werden. Wie der Mittelwert, so soll auch die Varianz durch eine gewichtete Summe

$$\hat{R}_{x'x'} = \beta_{20}\xi'_0\xi'_0 + \beta_2\xi'_1\xi'_1 + \beta_2\xi'_2\xi'_2 \tag{5.27}$$

aus den Sigma-Punkten ξ'_0, ξ'_1 und ξ'_2 berechnet werden. Es wird vorerst wieder angenommen, dass x mittelwertfrei ist, um die nun folgende Herleitung zu vereinfachen. Die Reihendarstellung der Sigma-Punkte nach einer Abbildung mit $f(\cdot)$ wird in Gleichung (5.27) eingesetzt, um wieder über einen Koeffizientenvergleich die Gewichtungsfaktoren wählen zu können. Der mit der Unscented Transformation geschätzte Varianzwert lautet somit

$$\begin{aligned}
\hat{R}_{x'x'} &= (\beta_{20} + 2\beta_2)\, a_0^2 + \beta_2\eta^2 \left(4a_0a_2 + 2a_1^2\right)\sigma^2 + \\
&\quad \beta_2\eta^4 \left(4a_0a_4 + 4a_1a_3 + 2a_2^2\right)\sigma^4 + \cdots
\end{aligned} \tag{5.28}$$

und wird mit Gleichung (5.17) verglichen. Um die Terme der nullten und der zweiten Ordnung in Übereinstimmung zu bringen müssen die beiden Gleichungen

$$\beta_{20} + 2\beta_2 = 1, \tag{5.29}$$
$$2\beta_2\eta^2 = 1, \tag{5.30}$$

erfüllt sein. Die Forderungen (5.29) und (5.30) für β_{20} und β_2 stimmen mit denen aus den Gleichungen (5.25) und (5.26) für β_{10} und β_1 überein. Daher werden zur Varianz-Approximation die Gewichtungswerte

$$\beta_{20} = 1 - \frac{1}{\eta^2}$$

und

$$\beta_2 = \frac{1}{2\eta^2}$$

gewählt. Auch in diesem Fall ist die Approximationsgenauigkeit wieder von zweiter Ordnung. Ist aber x normalverteilt, so erhöht sich die Ordnung auf vier, denn auch der Term vierter Ordnung kann durch die Wahl

$$\eta = \sqrt{3}$$

in Übereinstimmung gebracht werden. Der Term der dritten Ordnung verschwindet in diesem Fall, da die Wahrscheinlichkeitsdichte von x symmetrisch ist.

Zur Zustandsschätzung wird die Kovarianz einer Zufallsvariablen und nicht die Varianz benötigt. Zwischen Varianz $R_{x'x'} = \mathcal{E}\{x'x'\}$ und Kovarianz

$$C_{x'x'} = \mathcal{E}\left\{(x' - \mathcal{E}\{x'\})^2\right\}$$

existiert jedoch nach [Pap91] der folgende Zusammenhang:

$$C_{x'x'} = R_{x'x'} - \mathcal{E}\{x'\}\,\mathcal{E}\{x'\}\,.$$

Da die Gewichtungswerte zur Erwartungswert- und zur Varianz-Approximation zur gleichen Genauigkeitsordnung führen, kann auch die approximierte Kovarianz mit der Unscented Transformation angegeben werden. Man erhält somit für die approximierte Kovarianz den Ausdruck

$$\hat{C}_{x'x'} = \hat{R}_{x'x'} - \hat{x}'\hat{x}'\,.$$

Da die Varianz $R_{x^+x^+}$ der mittelwertfreien Zufallsvariablen $x^+ = x' - \mathcal{E}\{x'\}$ mit der Kovarianz $C_{x'x'}$ von x' identisch ist, kann die Kovarianz mit der Unscented Transformation direkt durch

$$\hat{C}_{x'x'} = \hat{R}_{x^+x^+} = \beta_{20}\left(\xi_0' - \hat{x}'\right)^2 + \beta_2\left(\xi_1' - \hat{x}'\right)^2 + \beta_2\left(\xi_2' - \hat{x}'\right)^2$$

angenähert werden. Die Kovarianz $C_{x'x'}$ wird mit der gleichen Ordnung approximiert, wie der Erwartungswert und die Varianz.

5.3.3 Vergleich der Unscented Transformation mit der Linearisierungsmethode

Ein klassisches und seit vielen Jahren eingesetztes Verfahren der nichtlinearen Filterung ist das erweiterte Kalman-Filter [Kre80]. Die Schwierigkeit der nichtlinearen Abbildung einer Zufallsvariablen wird dabei durch die Linearisierung der nichtlinearen Funktion umgangen. Durch diese Vorgehensweise geht bei jedem nichtlinearen Abbildungsschritt (bei der Prädiktion und/oder bei der Filterung) Information verloren. Um den Informationsverlust und den damit verbundenen Verlust an Genauigkeit bewerten zu können, wird im Folgenden ein Vergleich mit der Methode der Unscented Transformation durchgeführt.

Ohne Beschränkung der Allgemeinheit wird wieder angenommen, dass x mittelwertfrei ist und die Varianz σ^2 besitzt. Die Nichtlinearität lautet in der Reihendarstellungsform

$$x' = f(x) = a_0 + a_1 x + a_2 x^2 + a_3 x^3 + a_4 x^4 + \cdots$$

und wird durch eine Linearisierung um den Erwartungswert $\mathcal{E}\{x\} = 0$ auf die folgende Form

$$x'_{lin} = f_{lin}(x) = a_0 + a_1 x$$

gebracht. Es werden also alle höheren Terme der Reihendarstellung vernachlässigt. Jetzt kann der gesuchte Erwartungswert $\mathcal{E}\left\{x'\right\}$ durch den einfach bestimmbaren Erwartungswert $\mathcal{E}\left\{x'_{lin}\right\} = a_0$ angenähert werden. Ein Vergleich mit der Reihenentwicklung des wirklichen Erwartungswerts $\mathcal{E}\left\{x'\right\}$ in Gleichung (5.16) zeigt, dass schon die Terme zweiter Ordnung nicht in dieser einfachen Approximation enthalten sind. Darum ist die Approximationsordnung der Linearisierungsmethode gleich eins. Obwohl bei der Zustandsschätzung die Kovarianz der Variablen x bekannt ist, wird diese Information hier nicht verwendet. Um die Kovarianz bei der Erwartungswertbestimmung verwenden zu können müsste der Koeffizient a_2 der Taylorreihenentwicklung von $f(\,\cdot\,)$ bekannt sein. Die Bestimmung dieses Koeffizienten ist vor allem bei höherdimensionalen Systemen zu aufwändig, wird aber dennoch bei Filtern zweiter Ordnung durchgeführt [Kre80, Jaz70]. Mit dieser zusätzlichen Information wäre also die gleiche Genauigkeit zu erzielen, wie mit der Unscented Transformation. Die aufwändige Bestimmung der Taylor-Koeffizienten der zweiten Ordnung entfällt jedoch bei der Unscented Transformation. Dafür muss die nichtlineare Funktion $f(\,\cdot\,)$ im n-dimensionalen Fall $(2n+1)$-mal ausgewertet werden.

Bei der Kovarianz liegen ähnliche Verhältnisse vor. Die Kovarianz

$$\mathcal{E}\left\{\left(x'_{lin} - \mathcal{E}\left\{x'_{lin}\right\}\right)^2\right\}$$

ist eine Approximation der wirklichen Kovarianz

$$\mathcal{E}\left\{\left(x' - \mathcal{E}\left\{x'\right\}\right)^2\right\} = \mathcal{E}\left\{x'x'\right\} - \left(\mathcal{E}\left\{x'\right\}\right)^2,$$

die aus der Varianz und dem Erwartungswert berechnet werden kann. Darum werden nur die Varianzen verglichen. Die Varianz von x'_{lin} lautet

$$\mathcal{E}\left\{\left(x'_{lin}\right)^2\right\} = a_0^2 + 2a_0a_1\underbrace{\mathcal{E}\left\{x\right\}}_{=0} + a_1^2\underbrace{\mathcal{E}\left\{x^2\right\}}_{=\sigma^2} = a_0^2 + a_1^2\sigma^2$$

und stimmt mit

$$\begin{aligned}
R_{xx} &= a_0^2 + \left(2a_0a_2 + a_1^2\right)\sigma^2 + \left(2a_0a_3 + 2a_1a_2\right)\mathcal{E}\left\{x^3\right\} \\
&\quad + \left(2a_0a_4 + 2a_1a_3 + a_2^2\right)\mathcal{E}\left\{x^4\right\} + \cdots
\end{aligned}$$

nur bis zu den Termen der ersten Ordnung überein. Nur wenn der Koeffizient a_2 der Taylorreihenentwicklung bekannt wäre, könnten auch die Terme der zweiten Ordnung in Übereinstimmung gebracht werden. Dies ist bei Filtern höherer Ordnung möglich, die auch die Taylorreihen-Koeffizienten zweiter Ordnung verwenden. Bei

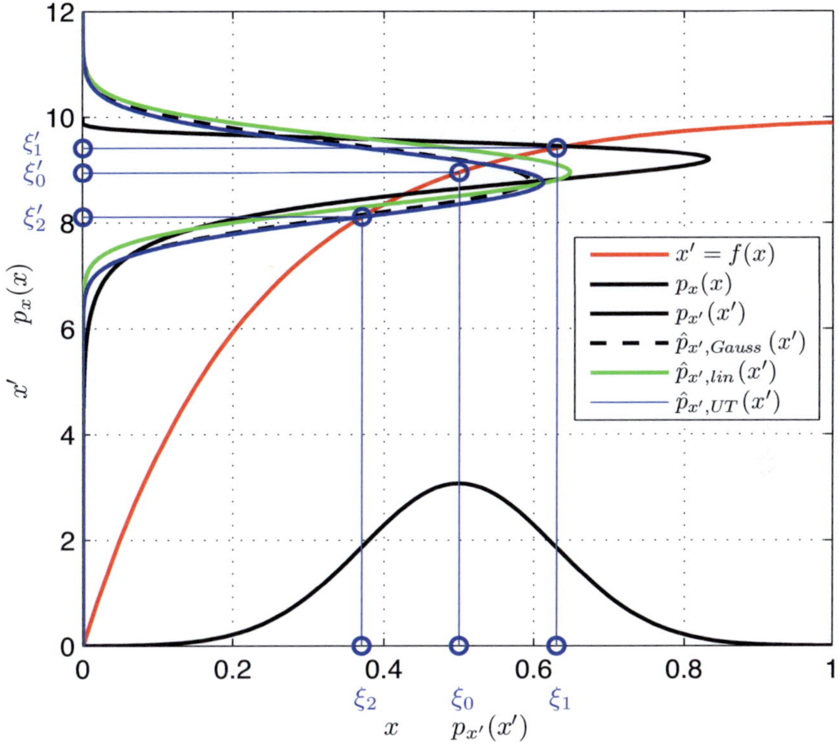

Abbildung 5.3: Transformation einer stochastischen Variablen x durch eine nichtlineare Funktion $x' = f(x)$ und Bestimmung der resultierenden Wahrscheinlichkeitsdichte $p'_x(x')$

einer Linearisierung von $f(\,\cdot\,)$ kann also nur eine Genauigkeit erster Ordnung erreicht werden.

Der in diesem Abschnitt durchgeführte Genauigkeitsvergleich bei skalaren Zufallsprozessen kann auch auf den n-dimensionalen Fall erweitert werden. Die Aussagen über die Genauigkeitsordnung der jeweiligen Verfahren bleiben auch in diesem Fall bestehen [JU97, JU04].

Abschließend wird ein einfaches Beispiel vorgestellt, um die vorgestellten Verfahren zu vergleichen. In Abbildung 5.3 ist dieses Beispiel grafisch dargestellt. Die Zufallsvariable x mit dem Mittelwert $\mu_x = 0{,}5$ sei mit der Varianz $\sigma_x^2 = 0{,}017$ normalverteilt. Für x gilt also die Gaußsche Wahrscheinlichkeitsdichte

$$p_x(x) = \frac{1}{\sqrt{2\pi\sigma_x^2}}\, \mathrm{e}^{-\dfrac{(x-\mu_x)^2}{2\sigma_x^2}} = 3{,}07\, \mathrm{e}^{-\dfrac{(x-0{,}5)^2}{0{,}034}}. \tag{5.31}$$

Die nichtlineare Funktion, die verwendet wird um die neue Zufallsvariable x' zu erzeugen, lautet

$$x' = f(x) = 10 \left(1 - e^{-4,5\,x}\right).$$
(5.32)

Nach [Pap91] kann die Dichte der neuen Variablen x' mit der Formel

$$p_{x'}(x') = \frac{1}{\left|\dfrac{df(x)}{dx}\right|} p_x(x)$$
(5.33)

bestimmt werden. Nach der Ableitung von $f(x)$ und einigen Umformungen gelangt man schließlich zur Wahrscheinlichkeitsdichte

$$p_{x'}(x') = -\frac{\sqrt{2}}{8(x'-10)\sqrt{\pi}\sigma_x}\, e^{-\frac{1}{32}\left(\ln\left((x'-10)/10\right)+4{,}5\mu_x\right)^2/\sigma_x^2}, \qquad (x' < 10)$$
(5.34)

für die neue Variable x'. Der Mittelwert

$$\mathcal{E}\{x'\} = \mu_{x'} = 8{,}8$$

und die Kovarianz

$$\mathcal{E}\left\{(x'-\mu_{x'})^2\right\} = \sigma_{x'}^2 = 0{,}452$$

können aus (5.34) bestimmt werden. Die Anwendung der Gleichung (5.33) zur Bestimmung der Wahrscheinlichkeitsdichte von transformierten Zufallsvariablen ist häufig sehr umständlich und im mehrdimensionalen Fall praktisch nicht durchführbar, da die auftretenden Dichten, die zur Momentenbestimmung integriert werden müssen, von Abbildungsschritt zu Abbildungsschritt immer komplexer werden.

Da jetzt die ersten beiden Momente von x' bekannt sind, kann eine Normalverteilung

$$p_{x',Gauss}(x') = \frac{1}{\sqrt{2\pi\sigma^2}} e^{-\frac{x'-\mu_{x'}}{2\sigma_{x'}^2}}$$

angegeben werden, um die wirkliche Verteilung $p_{x'}(x')$ zu approximieren. Die Verteilungen $p_{x'}(x')$ und $p_{x',Gauss}(x')$ besitzen also die identischen ersten beiden Momente. Dabei ist zu beachten, dass der Erwartungswert der Normalverteilung und der Maximalwert der wirklichen Verteilung nicht übereinstimmen, da $p_{x'}(x')$ keine symmetrische Verteilung besitzt.

Als nächstes wird mit der Unscented Transformation eine Approximation der Momente von x' durchgeführt. In diesem Beispiel lautet der frei wählbare Skalierungs-

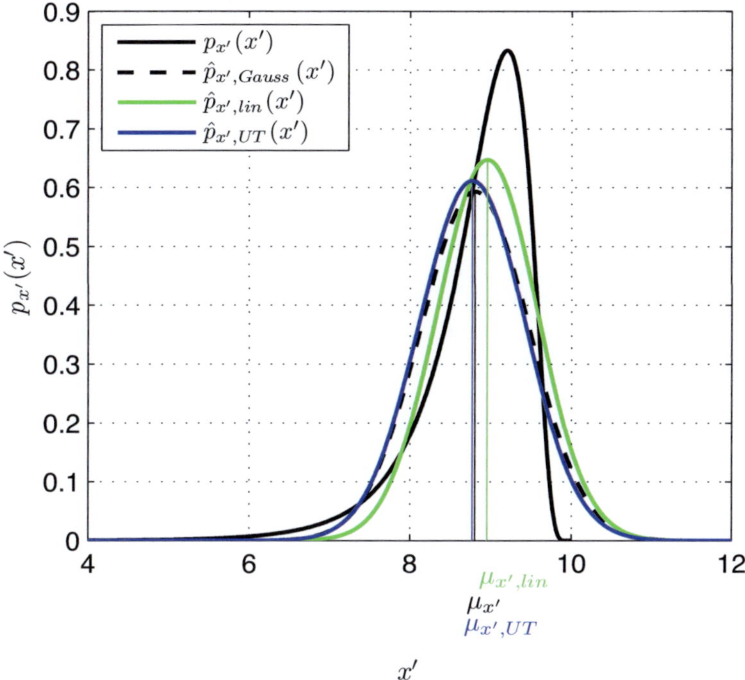

Abbildung 5.4: Vergleich der rekonstruierten Wahrscheinlichkeitsdichten nach der nichtlinearen Transformation

faktor $\eta = 1$; die drei Sigma-Punkte liegen also bei $\xi_0 = 0$, $\xi_1 = \sigma$ und bei $\xi_2 = -\sigma$. Nachdem sämtliche Punkte mit $\xi_i' = f(\xi_i)$ abgebildet wurden, können die Approximationen für den Mittelwert $\hat{\mu}_{x'} = 8{,}76$ und für die Kovarianz $\hat{C}_{x'x'} = 0{,}43$ berechnet werden.

In Abbildung 5.3 ist das Ergebnis dieses Beispiels grafisch dargestellt. Dabei sind in dieser Abbildung die Dichten $p_x(x)$ und $p_{x'}(x')$, wie auch die nichtlineare Funktion $x' = f(x)$ eingezeichnet. Auf der Abszissen ist in schwarzer Farbe die normalverteilte Dichte $p_x(x)$ der Zufallsvariablen x dargestellt. Der Graph der Funktion $x' = f(x)$ ist in rot eingezeichnet. Die Sigma-Punkte ξ_i sind in blau dargestellt und werden mit der Funktion $f(\cdot)$ abgebildet, woraus die neuen Sigma-Punkte ξ_i' entstehen. Da $p_{x',Gauss}(x')$ und $p_{x'}(x')$ die gleichen ersten beiden Momente besitzen, ist $p_{x',Gauss}(x')$ die bestmögliche, mit der Unscented Transformation erzielbare, Approximation der wirklichen Dichte $p_{x'}(x')$. Aus den mit der Unscented Transformation ermittelten Momenten kann ebenfalls eine Normalverteilung $p_{x',UT}(x')$ bestimmt werden. Im Idealfall - ohne Approximationsfehler - wären die normalverteilten Dichten $p_{x',Gauss}(x')$ und $p_{x',UT}(x')$ identisch. Beim Betrachten der Abbildungen 5.3 und

5.4 kann man erkennen, dass nur geringfügige Abweichungen zwischen diesen beiden Dichten auftreten. Mit der Unscented Transformation gelingt also eine schnelle und rechnerisch einfach durchführbare Ermittlung der gesuchten Momente $\mu_{x'}$ und $C_{x'x'}$ von x'.

Um die auftretenden Abweichungen bewerten zu können, wird das erhaltene Ergebnis mit dem Resultat der klassischen Linearisierungsmethode verglichen. In den Abbildungen 5.3 und 5.4 ist das über die Linearisierung von $f(\cdot)$ erhaltene Ergebnis in grüner Farbe dargestellt. Ein Vergleich zeigt, dass sowohl der Mittelwert als auch die Kovarianz mit der Unscented Transformation wesentlich genauer approximiert werden. Wäre die Dichte von x nicht symmetrisch um den Mittelwert, so wären noch größere Abweichungen beim Verfahren der Linearisierung zu erwarten.

Bis jetzt wurde die Unscented Transformation nur auf skalare Zufallsvariablen angewendet. Da eine Zustandsschätzung auch bei beliebigen n-dimensionalen Systemen durchgeführt werden soll, wird im nächsten Abschnitt die für Skalare vorgestellte Methode auf allgemeine n-dimensionale Zufallsvariablen $\underline{x} \in \mathbb{R}^n$ erweitert.

5.3.4 Die Unscented Transformation bei vektoriellen Zufallsvariablen

Eine besondere Schwierigkeit bei der Behandlung allgemeiner nichtlinearer Funktionen $\phi(\cdot)$ ist ihre mathematische Darstellung. Häufig wird auch im Mehrdimensionalen die Taylorreihendarstellung gewählt, um nichtlineare Abbildungen analysieren zu können. Doch dabei verringert das Auftreten von Kreuztermen in der mehrdimensionalen Taylorreihe die Übersichtlichkeit dieser Schreibweise. Das Vorhandensein der Kreuzterme erschwert die Durchführung der Unscented Transformation bei vektoriellen Zufallsvariablen.

Um eine Vereinfachung zu erreichen, wird eine sogenannte stochastische Entkopplung durchgeführt, ein Konzept, das ebenfalls in [Sch97, vdM04] verwendet wurde. Dabei wird eine lineare bijektive Zustandstransformation

$$\underline{x} = \underline{S}\,\underline{z} \tag{5.35}$$

durchgeführt. Die eigentliche Zustandsvariable $\underline{x}$ wird durch die neue Variable $\underline{z}$ ausgedrückt. Vorerst soll $\underline{x}$ mittelwertfrei sein und die Varianz $\mathcal{E}\left\{\underline{x}\,\underline{x}^{\mathrm{T}}\right\} = \underline{P}_{xx}$ besitzen. Die Mittelwertfreiheit vereinfacht die nun folgenden Herleitungen, wird später jedoch ohne Beschränkung der Allgemeinheit fallen gelassen.

Die gesuchte Varianz der neuen Variable lautet mit (5.35)

$$\underline{P}_{xx} = \mathcal{E}\left\{\underline{x}\,\underline{x}^{\mathrm{T}}\right\} = \mathcal{E}\left\{\underline{S}\,\underline{z}\,\underline{z}^{\mathrm{T}}\,\underline{S}^{\mathrm{T}}\right\} = \underline{S}\,\mathcal{E}\left\{\underline{z}\,\underline{z}^{\mathrm{T}}\right\}\underline{S}^{\mathrm{T}}. \tag{5.36}$$

Die Varianz der neuen Variablen wird zu $\mathcal{E}\left\{\underline{z}\,\underline{z}^{\mathrm{T}}\right\} = \underline{I}$ gewählt, woraus wegen Gleichung (5.36) folgt, dass

$$\underline{P}_{\underline{x}\,\underline{x}} = \underline{S}\,\underline{S}^{\mathrm{T}} \tag{5.37}$$

gelten muss. Man kann also bei Kenntnis der Varianz von $\underline{x}$ mit (5.35) eine Transformation durchführen, die eine neue n-dimensionale Zufallsvariable

$$\underline{z} = \begin{bmatrix} z_1 & z_2 & \cdots & z_{n-1} & z_n \end{bmatrix}^{\mathrm{T}}$$

erzeugt, deren mittelwertfreie Komponenten z_i die gleiche Varianz $\sigma = 1$ besitzen und miteinander unkorreliert sind, da die Bedingung

$$\mathcal{E}\left\{z_i z_j\right\} = \mathcal{E}\left\{z_i\right\}\mathcal{E}\left\{z_j\right\}, \quad i \neq j \tag{5.38}$$

für $\underline{z}$ gilt. Ist $\underline{x}$ nicht mittelwertfrei, so kann durch die veränderte Transformationsvorschrift

$$\begin{aligned} \underline{x} &= \underline{\mu}_{\underline{x}} + \underline{S}\,\underline{z} \\ \mathcal{E}\left\{\underline{x}\right\} &= \underline{\mu}_{\underline{x}} \end{aligned} \tag{5.39}$$

wieder ein $\underline{z}$ mit unkorrelierten Komponenten z_i erzeugt werden.

Die Transformationen (5.35) und (5.39) sind eindeutig umkehrbar, da positiv definite Matrizen immer gemäß Gleichung (5.37) faktorisiert werden können und aus

$$0 \neq \det\left(\underline{P}_{\underline{x}\,\underline{x}}\right) = \det\left(\underline{S}\,\underline{S}^{\mathrm{T}}\right) = \det\left(\underline{S}\right)\det\left(\underline{S}^{\mathrm{T}}\right) = \left(\det\left(\underline{S}\right)\right)^2$$

folgt, dass

$$\det\left(\underline{S}\right) \neq 0$$

gilt. Damit ist die Invertierbarkeit von $\underline{S}$ und die Umkehrung der Transformation (5.35) gesichert. Die Faktorisierung von $\underline{P}_{\underline{x}\,\underline{x}}$ in Gleichung (5.37) wird Cholesky-Faktorisierung oder Cholesky-Zerlegung genannt und ist ein Standardverfahren der linearen Algebra, das von effizienten numerischen Algorithmen berechnet werden kann [Fel01].

Die für $\underline{x}$ definierte nichtlineare Funktion $\underline{\phi}(\underline{x})$ kann auch für die neue Zufallsvariable $\underline{z}$ definiert werden. Die Funktion $\underline{f}(\underline{z})$ in den neuen Koordinaten lautet:

$$\underline{\phi}(\underline{x}) = \underline{\phi}(\underline{S}\,\underline{z}) = \underline{f}(\underline{z}). \tag{5.40}$$

Zur Anwendung der Unscented Transformation muss die Funktion $\underline{f}(\,\cdot\,)$ nicht ermittelt werden. Lediglich zur Herleitung der Gewichtungsfaktoren und für die Ermitlung der Approximationsgenauigkeit ist die Darstellung mit $\underline{f}(\,\cdot\,)$ notwendig.

Die mit $\underline{f}(\,\cdot\,)$ abgebildete Variable wird in den neuen Koordinaten als

$$\underline{z}' = \begin{bmatrix} z'_1 & z'_2 & \cdots & z'_{n-1} & z'_n \end{bmatrix}^{\mathrm{T}}$$

bezeichnet. Mit den unkorrelierten Zufallsvariablen z_1 bis z_n kann die nichtlineare Abbildung komponentenweise als mehrdimensionale Taylorreihe

$$
\begin{aligned}
z'_i \;=\;& f_i\,(z_1, z_2, \ldots, z_{n-1}, z_n) = a_{i,0} + \sum_{k_1=1}^{n} a_{i,k_1} z_{k_1} \\
&+ \sum_{k_1=1}^{n}\sum_{k_2=1}^{n} a_{i,k_1 k_2} z_{k_1} z_{k_2} + \sum_{k_1=1}^{n}\sum_{k_2=1}^{n}\sum_{k_3=1}^{n} a_{i,k_1 k_2 k_3} z_{k_1} z_{k_2} z_{k_3} \\
&+ \sum_{k_1=1}^{n}\sum_{k_2=1}^{n}\sum_{k_3=1}^{n}\sum_{k_4=1}^{n} a_{i,k_1 k_2 k_3 k_4} z_{k_1} z_{k_2} z_{k_3} z_{k_4} + \cdots
\end{aligned}
\tag{5.41}
$$

mit $i \in \{1, 2, \ldots, n\}$ dargestellt werden.

Im mehrdimensionalen Fall treten auch bei den neuen miteinander unkorrelierten Koordinaten Kreuzterme auf. Die abgebildeten Variablen z'_1 bis z'_n hängen von allen Koordinaten z_i ab. Im Allgemeinen kann daher keine Entkopplung, wie bei linearen Systemen, durchgeführt werden. Erst bei der Erwartungswertbildung treten aufgrund der Unkorreliertheitsbedingung (5.38) Vereinfachungen auf.

Für die Durchführung der Unscented Transformation

$$\hat{\underline{\mu}}_{\underline{x}'} \;=\; \beta_{10}\underline{\xi}'_0 + \beta_1 \sum_{k=1}^{2n} \underline{\xi}'_k \tag{5.42}$$

$$\hat{\underline{P}}_{\underline{x}'\underline{x}'} \;=\; \beta_{20}\left(\underline{\xi}'_0 - \hat{\underline{\mu}}_{\underline{x}'}\right)\left(\underline{\xi}'_0 - \hat{\underline{\mu}}_{\underline{x}'}\right)^{\mathrm{T}} + \beta_2 \sum_{k=1}^{2n}\left(\underline{\xi}'_k - \hat{\underline{\mu}}_{\underline{x}'}\right)\left(\underline{\xi}'_k - \hat{\underline{\mu}}_{\underline{x}'}\right)^{\mathrm{T}}$$

$$\tag{5.43}$$

im n-dimensionalen Fall sind $2n + 1$ Sigma-Punkte $\underline{\xi}_k$ zu wählen, die mit $\underline{\xi}'_k = \underline{\phi}(\underline{\xi}_k)$ abgebildet werden. Um im mehrdimensionalen Fall die Sigma-Punkte und die Gewichtungsfaktoren β_{10}, β_1, β_{20} und β_2 geeignet wählen zu können, wird die Darstellung in den neuen Koordinaten $\underline{z}$ verwendet. Hierzu werden zunächst im nächsten Abschnitt 5.3.4.1 die ersten beiden Momente der i-ten Komponente z'_i der stochastischen Variablen $\underline{z}'$ bestimmt. Danach werden im Abschnitt 5.3.4.2 die Gewichtungsfaktoren geeignet gewählt, um eine möglichst hohe Approximationsgenauigkeit zu erzielen.

5.3.4.1 Entwicklung der ersten beiden Momente der stochastischen Variablen z_i'

Die i-te Komponente der stochastischen Variablen $\underline{z}$ wird durch die Funktion (5.41) aus den unkorrelierten Zufallsvariablen z_k erzeugt. Von den Komponenten z_k seien die Mittelwerte $\mu_{z_k} = 0$ und die Varianzen $R_{z_k z_k} = \sigma^2 = 1$ bekannt. Mit dieser Information kann der Erwartungswert

$$
\begin{aligned}
\mathcal{E}\left\{z_i'\right\} \;=\; \mathcal{E}\Bigg\{ & a_{i,0} + \sum_{k_1=1}^{n} a_{i,k_1} z_{k_1} \\
& + \sum_{k_1=1}^{n}\sum_{k_2=1}^{n} a_{i,k_1 k_2} z_{k_1} z_{k_2} + \sum_{k_1=1}^{n}\sum_{k_2=1}^{n}\sum_{k_3=1}^{n} a_{i,k_1 k_2 k_3} z_{k_1} z_{k_2} z_{k_3} \\
& + \sum_{k_1=1}^{n}\sum_{k_2=1}^{n}\sum_{k_3=1}^{n}\sum_{k_4=1}^{n} a_{i,k_1 k_2 k_3 k_4} z_{k_1} z_{k_2} z_{k_3} z_{k_4} + \cdots \Bigg\}
\end{aligned}
\tag{5.44}
$$

gebildet werden. Die Bildung des Erwartungswerts ist eine lineare Operation und kann daher bei Summen auf die einzelnen Summanden angewendet werden. Dieser Schritt führt auf den Ausdruck

$$
\begin{aligned}
\mathcal{E}\left\{z_i'\right\} \;=\; & \mathcal{E}\left\{a_{i,0}\right\} + \mathcal{E}\left\{\sum_{k_1=1}^{n} a_{i,k_1} z_{k_1}\right\} + \mathcal{E}\left\{\sum_{k_1=1}^{n}\sum_{k_2=1}^{n} a_{i,k_1 k_2} z_{k_1} z_{k_2}\right\} + \\
& \mathcal{E}\left\{\sum_{k_1=1}^{n}\sum_{k_2=1}^{n}\sum_{k_3=1}^{n} a_{i,k_1 k_2 k_3} z_{k_1} z_{k_2} z_{k_3}\right\} + \\
& +\mathcal{E}\left\{\sum_{k_1=1}^{n}\sum_{k_2=1}^{n}\sum_{k_3=1}^{n}\sum_{k_4=1}^{n} a_{i,k_1 k_2 k_3 k_4} z_{k_1} z_{k_2} z_{k_3} z_{k_4}\right\} \cdots ,
\end{aligned}
$$

der weiter zu

$$
\begin{aligned}
\mathcal{E}\left\{z_i'\right\} \;=\; & a_{i,0} + \sum_{k_1=1}^{n} a_{i,k_1}\,\mathcal{E}\left\{z_{k_1}\right\} + \sum_{k_1=1}^{n}\sum_{k_2=1}^{n} a_{i,k_1 k_2}\,\mathcal{E}\left\{z_{k_1} z_{k_2}\right\} \\
& + \sum_{k_1=1}^{n}\sum_{k_2=1}^{n}\sum_{k_3=1}^{n} a_{i,k_1 k_2 k_3}\,\mathcal{E}\left\{z_{k_1} z_{k_2} z_{k_3}\right\} \\
& + \sum_{k_1=1}^{n}\sum_{k_2=1}^{n}\sum_{k_3=1}^{n}\sum_{k_4=1}^{n} a_{i,k_1 k_2 k_3 k_4}\,\mathcal{E}\left\{z_{k_1} z_{k_2} z_{k_3} z_{k_4}\right\} + \cdots
\end{aligned}
\tag{5.45}
$$

vereinfacht werden kann. Wegen der Mittelwertfreiheit und der Unkorreliertheit der Komponenten z_k gelten die folgenden Gleichungen

$$\mathcal{E}\{z_k\} = 0,$$
$$\mathcal{E}\{z_{k_1}z_{k_2}\} = \delta_{k_1,k_2}\sigma^2,$$

die zur weiteren Umformung des Mittelwerts (5.45) herangezogen werden. Dabei ist δ_{k_1,k_2} das aus der Definition A.4 stammende Kronecker-Symbol. Man erhält somit den Ausdruck

$$\mathcal{E}\{z_i'\} = a_{i,0} + \underbrace{\sum_{k_1=1}^{n}\sum_{k_2=1}^{n} a_{i,k_1 k_2}\delta_{k_1,k_2}\sigma^2}_{=\sum_{k=1}^{n} a_{i,kk}}$$

$$+ \sum_{k_1=1}^{n}\sum_{k_2=1}^{n}\sum_{k_3=1}^{n} a_{i,k_1 k_2 k_3}\mathcal{E}\{z_{k_1}z_{k_2}z_{k_3}\}$$

$$+ \sum_{k_1=1}^{n}\sum_{k_2=1}^{n}\sum_{k_3=1}^{n}\sum_{k_4=1}^{n} a_{i,k_1 k_2 k_3 k_4}\mathcal{E}\{z_{k_1}z_{k_2}z_{k_3}z_{k_4}\} + \cdots , \qquad (5.46)$$

der schließlich zu

$$\mathcal{E}\{z_i'\} = a_{i,0} + \sum_{k=1}^{n} a_{i,kk}\sigma^2$$

$$+ \sum_{k_1=1}^{n}\sum_{k_2=1}^{n}\sum_{k_3=1}^{n} a_{i,k_1 k_2 k_3}\mathcal{E}\{z_{k_1}z_{k_2}z_{k_3}\}$$

$$+ \sum_{k_1=1}^{n}\sum_{k_2=1}^{n}\sum_{k_3=1}^{n}\sum_{k_4=1}^{n} a_{i,k_1 k_2 k_3 k_4}\mathcal{E}\{z_{k_1}z_{k_2}z_{k_3}z_{k_4}\} + \cdots \qquad (5.47)$$

umgeformt werden kann. Ist $\underline{x}$ normalverteilt, so ist auch $\underline{z}$ normalverteilt, da (5.35) eine lineare Transformation ist. Somit sind unter dieser Bedingung auch alle Komponenten z_i normalverteilt und die Gleichung (5.47) kann weiter vereinfacht werden zu

$$\mathcal{E}\{z_i'\} = a_{i,0} + \sum_{k=1}^{n} a_{i,kk}\sigma^2$$

$$+ \sum_{k_1=1}^{n}\sum_{k_2=1}^{n}\sum_{k_3=1}^{n}\sum_{k_4=1}^{n} a_{i,k_1 k_2 k_3 k_4}\mathcal{E}\{z_{k_1}z_{k_2}z_{k_3}z_{k_4}\} + \cdots , \qquad (5.48)$$

da aufgrund der Symmetrie der Normalverteilung und der Unkorreliertheit der Variablen z_k die Gleichung $\mathcal{E}\left\{z_{k_1} z_{k_2} z_{k_3}\right\} = 0$ gilt. Der Erwartungswert

$$\mathcal{E}\left\{z_{k_1} z_{k_2} z_{k_3} z_{k_4}\right\}$$

kann nicht mehr so einfach, wie im eindimensionalen skalaren Fall berechnet werden. Zwar gilt weiterhin

$$\mathcal{E}\left\{z_{k_1} z_{k_2} z_{k_3} z_{k_4}\right\} = 3\sigma^4,$$

wenn

$$k_1 = k_2 = k_3 = k_4 \tag{5.49}$$

gilt. Ist die Bedingung (5.49) jedoch nicht erfüllt, so sind nicht alle Erwartungswerte gleich null. Nur wenn die Struktur der nichtlinearen Funktion $f(\cdot)$ derart ist, dass die Koeffizienten $a_{i,k_1 k_2 k_3 k_4}$ der entsprechenden Kreuzterme der höheren Ordnungen verschwinden, kann eine höhere Approximationsordnung erzielt werden.

Nachdem der Erwartungswert $\mathcal{E}\left\{z_i'\right\} = \mu_{z_i'}$ von z_i' bestimmt wurde, soll nun das zweite Moment

$$\underline{R}_{\underline{z}'\underline{z}'} = \mathcal{E}\left\{\underline{z}'\underline{z}'^{\mathrm{T}}\right\} = \begin{bmatrix} \mathcal{E}\{z_1' z_1'\} & \mathcal{E}\{z_1' z_2'\} & \mathcal{E}\{z_1' z_3'\} & \cdots & \mathcal{E}\{z_1' z_n'\} \\ \mathcal{E}\{z_2' z_1'\} & \mathcal{E}\{z_2' z_2'\} & \mathcal{E}\{z_2' z_3'\} & \cdots & \mathcal{E}\{z_2' z_n'\} \\ \mathcal{E}\{z_3' z_1'\} & \mathcal{E}\{z_3' z_2'\} & \mathcal{E}\{z_3' z_3'\} & \cdots & \mathcal{E}\{z_3' z_n'\} \\ \vdots & \vdots & \vdots & \ddots & \vdots \\ \mathcal{E}\{z_n' z_1'\} & \mathcal{E}\{z_n' z_2'\} & \mathcal{E}\{z_n' z_3'\} & \cdots & \mathcal{E}\{z_n' z_n'\} \end{bmatrix},$$

beziehungsweise seine Komponente $\mathcal{E}\left\{z_i' z_j'\right\}$ bestimmt werden. Die nun folgende Herleitung setzt am folgenden Erwartungswert

$$\mathcal{E}\left\{z_i' z_j'\right\} = \mathcal{E}\left\{f_i\left(z_1, z_2, \ldots, z_{n-1}, z_n\right) f_j\left(z_1, z_2, \ldots, z_{n-1}, z_n\right)\right\}$$

an. Es wird wieder die Taylorreihenentwicklung der i-ten beziehungsweise der j-ten Komponente von $\underline{z}'$ verwendet. Dies führt nach dem Ausmultiplizieren auf den

Ausdruck

$$
\mathcal{E}\left\{z_i' z_j'\right\} = a_{i,0}a_{j,0} + a_{i,0}\sum_{k_1=1}^{n} a_{j,k_1}\underbrace{\mathcal{E}\left\{z_{k_1}\right\}}_{=0} + a_{i,0}\sum_{k_1=1}^{n}\sum_{k_2=1}^{n} a_{j,k_1 k_2}\underbrace{\mathcal{E}\left\{z_{k_1}z_{k_2}\right\}}_{=\delta_{k_1,k_2}\sigma^2}
$$

$$
+ a_{i,0}\sum_{k_1=1}^{n}\sum_{k_2=1}^{n}\sum_{k_3=1}^{n} a_{j,k_1 k_2 k_3}\mathcal{E}\left\{z_{k_1}z_{k_2}z_{k_3}\right\}
$$

$$
+ a_{j,0}\sum_{k_1=1}^{n} a_{i,k_1}\underbrace{\mathcal{E}\left\{z_{k_1}\right\}}_{=0} + \sum_{k_1=1}^{n}\sum_{m_1=1}^{n} a_{i,k_1}a_{j,m_1}\underbrace{\mathcal{E}\left\{z_{k_1}z_{m_1}\right\}}_{=\delta_{k_1,m_1}\sigma^2} +
$$

$$
+ \sum_{k_1=1}^{n}\sum_{m_1=1}^{n}\sum_{m_2=1}^{n} a_{i,k_1}a_{j,m_1,m_2}\mathcal{E}\left\{z_{k_1}z_{m_1}z_{m_2}\right\}
$$

$$
+ a_{j,0}\sum_{k_1=1}^{n}\sum_{k_2=1}^{n} a_{i,k_1 k_2}\underbrace{\mathcal{E}\left\{z_{k_1}z_{k_2}\right\}}_{=\delta_{k_1,k_2}\sigma^2}
$$

$$
+ \sum_{k_1=1}^{n}\sum_{k_2=1}^{n}\sum_{m_1=1}^{n} a_{i,k_1 k_2}a_{j,m_1}\mathcal{E}\left\{z_{k_1}z_{k_2}z_{m_1}\right\}
$$

$$
+ a_{j,0}\sum_{k_1=1}^{n}\sum_{k_2=1}^{n}\sum_{k_3=1}^{n} a_{i,k_1 k_2 k_3}\mathcal{E}\left\{z_{k_1}z_{k_2}z_{k_3}\right\} + \cdots ,
$$

der aufgrund der stochastischen Eigenschaften der Variablen z_k zu

$$
\mathcal{E}\left\{z_i' z_j'\right\} = a_{i,0}a_{j,0} + \left(\sum_{k=1}^{n} a_{i,k}a_{j,k} + a_{i,0}\sum_{k=1}^{n} a_{j,kk} + a_{j,0}\sum_{k=1}^{n} a_{i,kk}\right)\sigma^2 + \cdots
$$

$$(5.50)$$

vereinfachend zusammengefasst werden kann. Die Terme ab der dritten Ordnung werden in (5.50) nicht dargestellt. Ist $\underline{x}$ normalverteilt, so verschwinden wieder die entsprechenden Erwartungswerte in der dritten Ordnung. Diese Eigenschaft führte schon im skalaren Fall zu einer möglichen Approximationsordnung von vier. Im n-dimensionalen Fall ist diese hohe Güte nur unter bestimmten Bedingungen erzielbar. Diese Tatsache wird im folgenden Abschnitt 5.3.4.2 deutlich werden.

5.3.4.2   Wahl der Gewichtungsfaktoren bei der Unscented Transformation

Nachdem die ersten beiden Momente der Zufallsvariablen z_i' bekannt sind, wird in diesem Abschnitt eine Unscented Transformation durchgeführt. Dabei sollen die Gewichtungsfaktoren β_{10}, β_1, β_{20} und β_2 so gewählt werden, dass die Approximationen

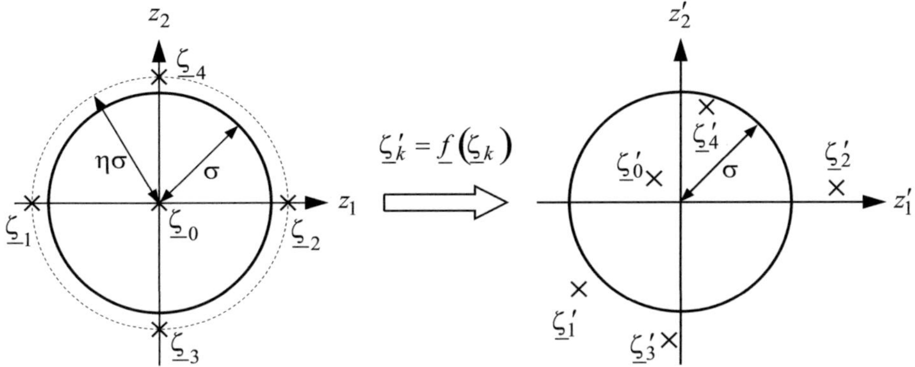

Abbildung 5.5: Durchführung der Unscented Transformation bei einer zweidimensionalen Zufallsvariablen

mit den wirklichen Momenten so gut wie möglich übereinstimmen. Da im Abschnitt 5.3.4.1 der Mittelwert $\mathcal{E}\left\{z'_i\right\} = \mu_{z'_i}$ und die Varianz $\mathcal{E}\left\{z'_i z'_j\right\} = R_{z'_i z'_j}$ in Reihendarstellung entwickelt wurden, sollen nun Approximationswerte $\hat{\mu}_{z'_i}$ und $\hat{R}_{z'_i z'_j}$ für diese Momente mit der Unscented Transformation bestimmt werden.

Die Gleichung zur Bestimmung des Erwartungswerts mit der Unscented Transformation lautet

$$\hat{\mu}_{z'_i} \;=\; \beta_{10}\zeta'_{i,0} + \beta_1 \sum_{k=1}^{2n} \zeta'_{i,k}.$$

Die Sigma-Punkte werden gemäß

$$\zeta'_{i,k} = f_i\left(\zeta_{1,k}, \zeta_{2,k}, \dots, \zeta_{n-1,k}, \zeta_{n,k}\right)$$

berechnet, was schließlich auf den Ausdruck

$$\hat{\mu}_{z'_i} \;=\; \beta_{10} f_i\left(\zeta_{1,0}, \zeta_{2,0}, \dots, \zeta_{n,0}\right) + \beta_1 \sum_{k=1}^{2n} f_i\left(\zeta_{1,k}, \zeta_{2,k}, \dots, \zeta_{n,k}\right) \tag{5.51}$$

führt. Dabei bezeichnet $\zeta_{m,k}$ die m-te Komponente des k-ten Sigma-Punkts $\underline{\zeta}_k$. Insgesamt werden $2n + 1$ Sigma-Punkte gewählt; ein Punkt liegt im Ursprung und die anderen $2n$ liegen mit dem Abstand $\eta\sigma$ vom Ursprung entfernt auf den Achsen des z-Koordinatensystems. Für den zweidimensionalen Fall ist diese Vorgehensweise in Abbildung 5.5 grafisch dargestellt.

Das gewählte Sigma-Punkt-Schema lautet somit für den n-dimensionalen Fall folgendermaßen:

$$
\begin{array}{llcccccccc}
\text{S.P.}\,0: & \zeta_{1,0} & = & 0 & \zeta_{2,0} & = & 0 & \cdots & \zeta_{n,0} & = & 0 \\
\text{S.P.}\,1: & \zeta_{1,1} & = & -\eta\sigma & \zeta_{2,1} & = & 0 & \cdots & \zeta_{n,1} & = & 0 \\
\text{S.P.}\,2: & \zeta_{1,2} & = & \eta\sigma & \zeta_{2,2} & = & 0 & \cdots & \zeta_{n,2} & = & 0 \\
\text{S.P.}\,3: & \zeta_{1,3} & = & 0 & \zeta_{2,3} & = & -\eta\sigma & \cdots & \zeta_{n,3} & = & 0 \\
\text{S.P.}\,4: & \zeta_{1,4} & = & 0 & \zeta_{2,4} & = & \eta\sigma & \cdots & \zeta_{n,4} & = & 0 \\
& \vdots & & \vdots & \vdots & & \vdots & \ddots & \vdots & & \\
\text{S.P.}\,2n-1: & \zeta_{1,2n-1} & = & 0 & \zeta_{2,2n-1} & = & 0 & \cdots & \zeta_{n,2n-1} & = & -\eta\sigma \\
\text{S.P.}\,2n: & \zeta_{1,2n} & = & 0 & \zeta_{2,2n} & = & 0 & \cdots & \zeta_{n,2n} & = & \eta\sigma.
\end{array}
$$

$$(5.52)$$

Die nach dem Schema (5.52) gewählten Sigma-Punkte 0 bis $2n$ werden in Gleichung (5.51) eingesetzt, wobei die Funktion $f_i(\,\cdot\,)$ wieder in der vertrauten Taylorreihen-Darstellung verwendet wird. Diese Vorgehensweise führt auf die folgende Gleichung:

$$
\begin{aligned}
\hat{\mu}_{z_i'} = \;& \beta_{10}a_{i,0} + \beta_1 \sum_{k=1}^{2n}\Bigg(a_{i,0} + \sum_{k_1=1}^{n} a_{i,k_1}\zeta_{k_1,k} \\
& + \sum_{k_1=1}^{n}\sum_{k_2=1}^{n} a_{i,k_1 k_2}\zeta_{k_1,k}\zeta_{k_2,k} + \sum_{k_1=1}^{n}\sum_{k_2=1}^{n}\sum_{k_3=1}^{n} a_{i,k_1 k_2 k_3}\zeta_{k_1,k}\zeta_{k_2,k}\zeta_{k_3,k} \\
& + \sum_{k_1=1}^{n}\sum_{k_2=1}^{n}\sum_{k_3=1}^{n}\sum_{k_4=1}^{n} a_{i,k_1 k_2 k_3 k_4}\zeta_{k_1,k}\zeta_{k_2,k}\zeta_{k_3,k}\zeta_{k_4,k} + \cdots \Bigg).
\end{aligned}
$$

$$(5.53)$$

Zur weiteren Vereinfachung des Ausdrucks (5.53) werden die folgenden Gleichungen

$$
\sum_{k=1}^{2n} \zeta_{k_1,k} = 0, \tag{5.54}
$$

$$
\sum_{k=1}^{2n} \zeta_{k_1,k}\zeta_{k_2,k} = 2\eta^2\sigma^2\delta_{k_1,k_2}, \tag{5.55}
$$

$$
\sum_{k=1}^{2n} \zeta_{k_1,k}\zeta_{k_2,k}\zeta_{k_3,k} = 0 \tag{5.56}
$$

und

$$
\sum_{k=1}^{2n} \zeta_{k_1,k}\zeta_{k_2,k}\zeta_{k_3,k}\zeta_{k_4,k} = 2\eta^4\sigma^4\delta_{k_1,k_2,k_3,k_4}
$$

$$(5.57)$$

verwendet. Man erhält die Gleichungen (5.54)-(5.57) aus dem gewählten Sigma-

Punkt-Schema (5.52) und gelangt damit zu folgendem Ausdruck für den Schätzwert des Mittelwerts z_i':

$$
\begin{aligned}
\hat{\mu}_{z_i'} \;=\; & \beta_{10} a_{i,0} + \beta_1 \left(\underbrace{\sum_{k=1}^{2n} a_{i,0}}_{=2n\,a_{i,0}} + \sum_{k_1=1}^{n} a_{i,k_1} \underbrace{\sum_{k=1}^{2n} \zeta_{k_1,k}}_{=0} \right. \\[2ex]
& + \sum_{k_1=1}^{n} \sum_{k_2=1}^{n} a_{i,k_1 k_2} \underbrace{\sum_{k=1}^{2n} \zeta_{k_1,k}\zeta_{k_2,k}}_{=2\eta^2\sigma^2\delta_{k_1,k_2}} \\[2ex]
& + \sum_{k_1=1}^{n} \sum_{k_2=1}^{n} \sum_{k_3=1}^{n} a_{i,k_1 k_2 k_3} \underbrace{\sum_{k=1}^{2n} \zeta_{k_1,k}\zeta_{k_2,k}\zeta_{k_3,k}}_{=0} \\[2ex]
& \left. + \sum_{k_1=1}^{n} \sum_{k_2=1}^{n} \sum_{k_3=1}^{n} \sum_{k_4=1}^{n} a_{i,k_1 k_2 k_3 k_4} \underbrace{\sum_{k=1}^{2n} \zeta_{k_1,k}\zeta_{k_2,k}\zeta_{k_3,k}\zeta_{k_4,k}}_{=2\eta^4\sigma^4\delta_{k_1,k_2,k_3,k_4}} + \cdots \right).
\end{aligned}
\tag{5.58}
$$

Somit lautet der mit der Unscented Transformation (5.51) approximierte Erwartungswert für $\mu_{z_i'}$:

$$
\hat{\mu}_{z_i'} \;=\; \beta_{10} a_{i,0} + \beta_1 \left(2n\,a_{i,0} + \sum_{k_1=1}^{n} \sum_{k_2=1}^{n} a_{i,k_1 k_2} 2\eta^2\sigma^2\delta_{k_1,k_2} + \cdots \right).
\tag{5.59}
$$

In Gleichung (5.59) sind die Terme bis einschließlich der zweiten Ordnung angegeben. Durch eine geeignete Wahl von β_{10} und β_1 werden diese Terme mit den Termen des wirklichen Erwartungswerts $\mu_{z_i'}$, der in Gleichung (5.47) angegeben ist, in Übereinstimmung gebracht. Um im Folgenden die Gewichtungsfaktoren zu bestimmen, wird die Gleichung (5.59) folgendermaßen dargestellt:

$$
\hat{\mu}_{z_i'} \;=\; \underbrace{(\beta_{10} + \beta_1 2\,n)\, a_{i,0}}_{=K_0} + \underbrace{\left(\beta_1 2\eta^2 \sum_{k_1=1}^{n} a_{i,k_1 k_1} \right)}_{=K_2} \sigma^2 + \cdots .
\tag{5.60}
$$

Ein Vergleich der Gleichungen (5.60) und (5.47) führt auf die Bedingungen

$$K_0 = a_{i,0},$$

$$K_2 = \sum_{k=1}^{n} a_{i,kk},$$

die durch die Wahl

$$\beta_{10} = 1 - \frac{n}{\eta^2}, \tag{5.61}$$

$$\beta_1 = \frac{1}{2\eta^2} \tag{5.62}$$

gleichzeitig erfüllt sind. Die Summe aller Gewichte beträgt somit

$$\beta_{10} + 2n\beta_1 = 1 - \frac{n}{\eta^2} + 2n\frac{1}{2\eta^2} = 1.$$

Es liegt also auch im n-dimensionalen Fall die Normierungsbedingung vor, dass die Summe aller $2n+1$ Gewichte eins ergeben muss.

Die Wahl der Gewichtungsfaktoren hängt also, wie im skalaren Sonderfall zuvor, vom Skalierungsfaktor η ab. Zusätzlich beeinflusst die Dimension n der vektoriellen Zufallsvariablen $\underline{z}$ und $\underline{z}'$ die Gewichte β_{10} und β_1. Für $n = 1$ stimmen die Gewichte (5.61) und (5.62) mit denen des skalaren Falls aus Abschnitt 5.3.2 überein.

Ist die Dimension n sehr groß, so kann das Gewicht β_{10} negativ werden. Bei der Online-Impedanzschätzung ist $n > 10$ und somit muss dieser Fall berücksichtigt werden. Bei der Mittelwertschätzung ist diese Tatsache nicht kritisch, aber bei der Kovarianzschätzung kann ein negatives Gewicht zu einer negativ definiten Kovarianzmatrix führen. In solch einem Fall ist eine Schätzung mit dem hier vorgestellten Verfahren nicht mehr möglich.

Dieses Problem wird im Abschnitt 5.3.5 mit der sogenannten Skalierten Unscented Transformation gelöst werden.

Wie im skalaren Fall, so ist auch im mehrdimensionalen Fall die Wahl von η bedeutend, denn damit kann der Abstand der äußeren Sigma-Punkte vom mittleren Sigma-Punkt (Sigma-Punkt 0) eingestellt werden. Eine heuristische Wahl wäre $\eta = 1$, um alle äußeren Sigma-Punkte auf die hyperelliptischen 1σ-Grenze zu legen.

Bei skalaren Zufallsvariablen wurde $\eta = \sqrt{3}$ gewählt, wenn die Variable vor der Transformation normalverteilt war. In diesem Fall war es sogar möglich eine Genauigkeitsordnung von vier zu erreichen. Bei beliebigen Verteilungsdichten war nur die Ordnung zwei erreichbar. Im mehrdimensionalen Fall ist - auch bei normalverteilten Variablen z_i - nur in Ausnahmefällen die Approximationsordnung vier möglich.

Bei normalverteilten z_i verschwinden alle ungeraden zentralen Momente und damit auch das dritte Moment

$$\mathcal{E}\left\{z_{k_1} z_{k_2} z_{k_3}\right\} = 0.$$

Somit vereinfacht sich der Erwartungswert $\mathcal{E}\left\{z_i'\right\}$ zu dem in Gleichung (5.48) angegebenen Ausdruck. Das vierte Moment

$$\mathcal{E}\left\{z_{k_1} z_{k_2} z_{k_3} z_{k_4}\right\}$$

kann im Allgemeinen nicht weiter vereinfacht werden, aber es gilt für den Fall $k_1 = k_2 = k_3 = k_4 = k$ die Vereinfachung

$$\mathcal{E}\left\{z_k z_k z_k z_k\right\} = 3\sigma^4,$$

was gerade dem vierten zentralen Moment einer Normalverteilung entspricht, die in Abhängigkeit der Varianz σ^2 angegeben werden kann. Verschwinden in der mehrdimensionalen Taylorreihe (5.41) für z_i' die Koeffizienten $a_{i,k_1 k_2 k_3 k_4}$ der Kreuzterme vierten Grades, dann kann durch die Wahl $\eta = \sqrt{3}$ auch im mehrdimensionalen Fall eine Genauigkeitsordnung von vier erreicht werden. Dann stimmt die Approximation

$$
\begin{aligned}
\hat{\mu}_{z_i'} &= \left(\beta_{10} + \beta_1 2\,n\right) a_{i,0} + \left(\beta_1 2\eta^2 \sum_{k_1=1}^{n} a_{i,k_1 k_1}\right)\sigma^2 \\[2mm]
&\quad + \left(\beta_1 2\eta^4 \sum_{k_1=1}^{n} a_{i,k_1 k_1 k_1 k_1}\right)\sigma^4 + \cdots \\[4mm]
&= a_{i,0} + \sum_{k=1}^{n} a_{i,kk}\sigma^2 \\[2mm]
&\quad + \sum_{k_1=1}^{n}\sum_{k_2=1}^{n}\sum_{k_3=1}^{n}\sum_{k_4=1}^{n} a_{i,k_1 k_2 k_3 k_4}\, 3\sigma^4 + \cdots
\end{aligned}
$$

mit der Entwicklung

$$
\begin{aligned}
\mathcal{E}\left\{z_i'\right\} = \mu_{z_i'} &= a_{i,0} + \sum_{k=1}^{n} a_{i,kk}\sigma^2 \\[2mm]
&\quad + \sum_{k_1=1}^{n}\sum_{k_2=1}^{n}\sum_{k_3=1}^{n}\sum_{k_4=1}^{n} a_{i,k_1 k_2 k_3 k_4}\,\mathcal{E}\left\{z_{k_1} z_{k_2} z_{k_3} z_{k_4}\right\} + \cdots,
\end{aligned}
$$

des wirklichen Erwartungswerts bis einschließlich der Terme der vierten Ordnung überein.

Nachdem die Gewichte β_{10} und β_1 der Erwartungswertapproximation bestimmt wurden, sollen auch die Gewichte β_{20} und β_2 der Kovarianzapproximation durch einen Koeffizientenvergleich bestimmt werden. In Gleichung (5.50) wurde der Erwartungswert $\mathcal{E}\left\{z_i' z_j'\right\} = R_{z_i' z_j'}$ in eine Reihe entwickelt und somit in Abhängigkeit der Momente der Zufallsvariablen z_i ausgedrückt. Im Anhang D.3 wird der Approximationswert

$$
\begin{aligned}
\hat{R}_{z_i' z_j'} \ = \ & (\beta_{20} a_{i,0} a_{j,0} + \beta_2 2 n a_{i,0} a_{j,0}) + \left(a_{i,0} \sum_{k=1}^{n} a_{j,kk} \right. \\
& + \left. \sum_{k=1}^{n} a_{i,k} a_{j,k} + a_{j,0} \sum_{k=1}^{n} a_{i,kk} \right) \beta_2 2 \eta^2 \sigma^2 \\
& + \left(a_{i,0} \sum_{k=1}^{n} a_{j,kkkk} + \sum_{k=1}^{n} a_{i,k} a_{j,kkk} + \sum_{k=1}^{n} a_{i,kk} a_{j,kk} \right. \\
& + \left. \sum_{k=1}^{n} a_{i,kkk} a_{j,k} + a_{j,0} \sum_{k=1}^{n} a_{i,kkkk} \right) \beta_2 2 \eta^4 \sigma^4 + \cdots
\end{aligned}
$$

mit der Unscented Transformation bestimmt. Um auch die Varianz bis einschließlich der Terme zweiter Ordnung mit der Entwicklung

$$
R_{z_i' z_j'} = a_{i,0} a_{j,0} + \left(\sum_{k=1}^{n} a_{i,k} a_{j,k} + a_{i,0} \sum_{k=1}^{n} a_{j,kk} + a_{j,0} \sum_{k=1}^{n} a_{i,kk} \right) \sigma^2 + \cdots
\tag{5.63}
$$

der wahren Varianz in Übereinstimmung zu bringen, müssen die beiden Gleichungen

$$
(\beta_{20} + \beta_2 2 n) = 1
$$

und

$$
\beta_2 2 \eta^2 = 1
$$

erfüllt sein. Diese Bedingungen führen auf die folgende Wahl der Gewichte

$$
\beta_{20} \ = \ 1 - \frac{n}{\eta^2},
\tag{5.64}
$$

$$
\beta_2 \ = \ \frac{1}{2\eta^2},
\tag{5.65}
$$

um eine Genauigkeitsordnung von zwei zu erreichen. Diese Genauigkeitsaussage gilt für alle möglichen Verteilungsdichten der Variablen z_i, die mittelwertfrei sind und die Varianz σ^2 besitzen.

Für Normalverteilungen ist auch bei der Varianz eine Genauigkeitsordnung von vier möglich, wenn die entsprechenden Kreuzterme der Taylorreihe (5.41) verschwinden.

Es können also sowohl für die Erwartungswert- als auch für die Kovarianzapproximation die gleichen Gewichtungsfaktoren verwendet werden.

Die gemachten Genauigkeitsaussagen über die Momente der Verteilungsdichten sind nicht nur für die einzelnen Komponenten von $\underline{z}'$, sondern auch für den aus diesen Komponenten aufgebauten Gesamtvektor $\underline{z}'$ gültig. Schließlich erreichen auch die mit den Gleichungen (5.42) und (5.43) berechneten Approximationen $\underline{\hat{\mu}}_{\underline{x}'}$ und $\underline{\hat{P}}_{\underline{x}'\underline{x}'}$ die gleiche Genauigkeitsordnung, da $\underline{x}'$ durch die lineare Transformation $\underline{x}' = \underline{S}\,\underline{z}'$ berechnet werden kann.

Nachdem das Grundprinzip der Unscented Transformation und die Wahl der Gewichtungsfaktoren vorgestellt wurde, soll als nächstes ein für die Zustandsschätzung höherdimensionaler Systeme wichtiges Problem angesprochen und gelöst werden.

5.3.5 Die Skalierte Unscented Transformation

Im Abschnitt 5.3.4.2 wurden die Gewichtungsfaktoren der Unscented Transformation hergeleitet. Dabei ergab sich für die Gewichtung des inneren Sigma-Punkts

$$\beta_{20} = 1 - \frac{n}{\eta^2},$$

in Abhängigkeit der Zustandsraumdimension n und des Faktors η, der die Skalierung des Abstands der äußeren Sigma-Punkte vom mittleren Sigma-Punkt ermöglicht. Für hohe Systemordnungen tritt der Fall auf, dass der Gewichtungsfaktor β_{20} negativ wird, wenn $\eta^2 < n$ gilt. Diese negative Gewichtung führt in vielen Fällen dazu, dass die mit der Unscented Transformation ermittelte Schätzfehler-Kovarianzmatrix die notwendige Eigenschaft der positiven Definitheit verliert. Dieser Fall kann bei gültigen Kovarianzmatrizen nicht auftreten. Außerdem ist die Cholesky-Zerlegung nur möglich, wenn die Kovarianzmatrix positiv-definit ist. Ein am Rechner implementierter Schätzalgorithmus könnte in diesem Fall nicht mehr weiterrechnen.

Um diesen Umstand zu vermeiden müsste $\eta^2 > n$ gewählt werden, was eine zu starke Einschränkung bedeuten würde, denn die Lage der äußeren Sigma-Punkte wäre in diesem Fall zu weit vom mittleren Sigma-Punkt entfernt, der mit dem Erwartungswert der untersuchten Wahrscheinlichkeitsdichte zusammenfällt. Somit wären nichtlineare Effekte erfasst, die für die Transformation der Dichte und für die Berechnung der Momente nur eine sehr geringe Bedeutung haben. Dafür wären aber relevante nichtlineare Effekte in der Umgebung des Mittelwerts nicht erfasst, die einen größeren Einfluss auf die gesuchten Momente haben.

Diese Schwierigkeit würde eine breite Anwendung des Unscented Kalman-Filters unmöglich machen. Julier stellte 2002 eine Lösung für dieses Problem vor, indem eine weitere Skalierung der äußeren Sigma-Punkte durchgeführt wurde. Dieser Ansatz wurde daher vom Autor „Skalierte Unscented Transformation" (englisch: scaled unscented transformation) genannt und in [Jul02] veröffentlicht. In [vdM04] wird die Skalierte Unscented Transformation ebenfalls untersucht.

Die Unscented Transformation ermöglicht die Approximation der ersten beiden Momente einer mehrdimensionalen Zufallsvariablen $\underline{x}' = \underline{\phi}(\underline{x})$, die durch eine nichtlineare Abbildung $\underline{\phi}(\,\cdot\,)$ aus der Zufallsvariablen $\underline{x}$ entstanden ist, deren ersten beiden Momente bekannt sind. Die Skalierte Unscented Transformation approximiert die ersten beiden Momente einer durch die Gleichung

$$\underline{v} = \underline{\rho}\left(\underline{x}, \underline{\mu}_x, \chi\right) = \frac{\underline{\phi}\left(\underline{\mu}_x + \chi\left(\underline{x} - \underline{\mu}_x\right)\right) - \underline{\phi}\left(\underline{\mu}_x\right)}{\chi^2} + \underline{\phi}\left(\underline{\mu}_x\right) \tag{5.66}$$

definierten stochastischen Hilfsvariablen $\underline{v}$. Der Parameter χ in Gleichung (5.66) ist ein weiterer Skalierungsfaktor, der später dazu verwendet wird, die Lage der äußeren Sigma-Punkte wieder näher an den mittleren Sigma-Punkt heranzuziehen.

Die neue stochastische Variable $\underline{v}$ besitzt den Erwartungswert $\underline{\mu}_v$ und die Kovarianzmatrix $\underline{P}_{vv}$. In [Jul02] wurde über die mehrdimensionale Taylorentwicklung nachgewiesen, dass die Erwartungswerte von $\underline{\mu}_{x'}$ und von $\underline{\mu}_v$ für alle Skalierungswerte χ bis einschließlich der Terme der zweiten Ordnung identisch sind. Ebenso sind die Kovarianzmatrizen $\underline{P}_{x'x'}$ und $\chi^2 \underline{P}_{vv}$ bis einschließlich der zweiten Ordnung identisch. Es darf aber nicht übersehen werden, dass die ersten beiden Momente der Hilfsvariablen $\underline{v}$ und der eigentlichen Zufallsvariablen $\underline{x}'$ nicht identisch sind; schließlich stimmen nicht alle Terme der Entwicklungen der Momente überein. Um eine Approximation der ersten beiden Momente von $\underline{x}'$ durchzuführen, kann die Hilfsvariable $\underline{v}$ verwendet werden. Man verwendet die folgenden beiden gewichteten Summen, um die Momenten-Approximation zu berechnen:

$$\hat{\underline{\mu}}_{\underline{x}'} = \beta_{10}\underline{v}_0 + \beta_1 \sum_{k=1}^{2n} \underline{v}_k, \tag{5.67}$$

$$\hat{\underline{P}}_{\underline{x}'\underline{x}'} = \beta_{20}\left(\underline{v}_0 - \hat{\underline{\mu}}_{\underline{x}'}\right)\left(\underline{v}_0 - \hat{\underline{\mu}}_{\underline{x}'}\right)^{\mathrm{T}} + \beta_2 \sum_{k=1}^{2n}\left(\underline{v}_k - \hat{\underline{\mu}}_{\underline{x}'}\right)\left(\underline{v}_k - \hat{\underline{\mu}}_{\underline{x}'}\right)^{\mathrm{T}}. \tag{5.68}$$

Die hierfür benötigten Sigma-Punkte $\underline{v}_k$ werden mit der Gleichung

$$\underline{v}_k = \underline{\rho}\left(\underline{\xi}_k, \underline{\mu}_x, \chi\right)$$

aus den ursprünglichen Sigma-Punkten $\underline{\xi}_k$ berechnet. Die Gewichtungsfaktoren β_{20}

und β_2 werden über die Wahl von η so gewählt, dass sie nicht negativ sind. Im hochdimensionalen Fall liegen damit die äußeren Sigma-Punkte $\underline{\xi}_k$ zu weit vom mittleren Punkt entfernt. Da aber in den Gleichungen (5.67) und (5.68) die Sigma-Punkte

$$\underline{\nu}_k = \underline{\rho}\left(\underline{\xi}_k, \underline{\mu}_x, \chi\right) = \frac{\underline{\phi}\left(\underline{\mu}_x + \chi\left(\underline{\xi}_k - \underline{\mu}_x\right)\right) - \underline{\phi}\left(\underline{\mu}_x\right)}{\chi^2} + \underline{\phi}\left(\underline{\mu}_x\right)$$

der Hilfsvariablen $\underline{v}$ verwendet werden, kann für Skalierungen $\chi < 1$ der Auswertungspunkt

$$\underline{\mu}_x + \chi\left(\underline{\xi}_k - \underline{\mu}_x\right),$$

der in die Funktion $\underline{\phi}(\,\cdot\,)$ eingesetzt wird, näher an den Erwartungswert herangezogen werden.

Die mit der Skalierten Unscented Transformation durchgeführte Momenten-Approximation kann jetzt folgendermaßen umformuliert werden

$$\underline{\hat{\mu}}_{x'} \;=\; \beta_{10}^* \underline{\xi}_0'^* + \beta_1^* \sum_{k=1}^{2n} \underline{\xi}_k'^*, \tag{5.69}$$

$$\underline{\hat{P}}_{x'x'} \;=\; \beta_{20}^* \left(\underline{\xi}_0'^* - \underline{\hat{\mu}}_{x'}\right)\left(\underline{\xi}_0'^* - \underline{\hat{\mu}}_{x'}\right)^{\mathrm{T}} + \beta_2^* \sum_{k=1}^{2n} \left(\underline{\xi}_k'^* - \underline{\hat{\mu}}_{x'}\right)\left(\underline{\xi}_k'^* - \underline{\hat{\mu}}_{x'}\right)^{\mathrm{T}},$$

$$\tag{5.70}$$

wenn die neuen Gewichtungsfaktoren

$$\beta_{10}^* \;=\; \frac{\beta_{10}}{\chi^2} + 1 - \frac{1}{\chi^2} = 1 - \frac{n}{\eta^2 \chi^2},$$

$$\beta_1^* \;=\; \frac{\beta_1}{\chi^2} = \frac{1}{2\eta^2 \chi^2},$$

$$\beta_{20}^* \;=\; \beta_{20} + 1 - \chi^2 + \vartheta = 2 - \frac{n}{\eta^2} - \chi^2 + \vartheta,$$

$$\beta_2^* \;=\; \frac{\beta_2}{\chi^2} = \frac{1}{2\eta^2 \chi^2},$$

und die neuen skalierten Sigma-Punkte

$$\underline{\xi}_k^* \;=\; \underline{\xi}_0 + \chi\left(\underline{\xi}_k - \underline{\xi}_0\right)$$

$$\underline{\xi}_k'^* \;=\; \underline{\phi}\left(\underline{\xi}_k^*\right)$$

$$k \;\in\; \{0, 1, 2, \cdots, 2n-1, 2n\}$$

zur Berechnung verwendet werden.

Es kann also über die beiden neuen zusätzlichen Parameter

$$0 < \chi \leq 1 \tag{5.71}$$

und

$$\vartheta > 0 \tag{5.72}$$

eine Umrechnung der Gewichtungsfaktoren so durchgeführt werden, dass β_{20} immer positiv ist. Gleichzeitig bleibt aber die Approximationsgenauigkeit zweiter Ordnung erhalten, denn die Wahl der Skalierungsfaktoren beeinflusst nicht die ersten beiden Summanden der Reihenentwicklung der ersten beiden Momente.

Um auch eventuell vorliegende Informationen über das vierte Momente in die Berechnung einfließen zu lassen, wurde der Parameter ϑ in [Jul02] eingeführt. Bei der Abbildung von normalverteilten Zufallsvariablen ist die Wahl $\vartheta = 2$ empfehlenswert, denn diese führt nach [Jul02] zu kleineren Fehlern in den Termen der höheren Ordnungen der Momente.

Im nächsten Abschnitt wird gezeigt, wie die (Skalierte) Unscented Transformation zur Zustandsschätzung bei stochastisch gestörten nichtlinearen Prozessen verwendet werden kann.

5.3.6 Das Unscented Kalman-Filter (UKF)

Nachdem das Verfahren der Unscented Transformation einer Zufallsvariablen im $n-$dimensionalen Raum vorgestellt wurde, soll diese Methodik in den Prädiktor-Korrektor-Schätzalgorithmus aus Abschnitt 5.2 integriert werden. Der so entstehende Schätzalgorithmus wird Unscented Kalman-Filter genannt und in der Literatur mit UKF abgekürzt. Es handelt sich dabei um eine Implementierungsform des Sigma-Punkt-Kalman-Filters.

Eine andere Form ist das sogenannte Central Difference Kalman-Filter (CDKF), das von Nørgaard et.al erstmals in [NPR00] vorgestellt wurde. Eine genaue Herleitung dieses Verfahrens ist in [Fox07] angegeben. Dabei handelt es sich um eine andere Formulierung des Approximationsproblems, mit dem die ersten beiden Momente oder gegebenenfalls auch höhere Momente näherungsweise bestimmt werden. Im CDKF-Algorithmus werden die Koeffizienten der Taylorreihe der Nichtlinearität mittels Differenzen an bestimmten Stützstellen - den Sigma-Punkten - approximiert. Sind diese Koeffizienten bekannt, so kann über die Reihenentwicklung der exakten Momente eine Approximation dieser bestimmt werden. Der hergeleitete Algorithmus ist dem des UKF sehr ähnlich und liefert daher Ergebnisse ähnlicher Güte. Daher beschränkt sich diese Arbeit auf das Unscented Kalman-Filter als eine Form des Sigma-Punkt-Kalman-Filters.

Bei der Zustandsschätzung in der Prädiktor-Korrektor-Form aus Abschnitt 5.2 müssen die Erwartungswerte

$$\hat{\underline{x}}(k|k-1) = \mathcal{E}\left\{\underline{\phi}\left(\hat{\underline{x}}(k-1|k-1), \underline{u}(k-1), \underline{w}(k-1)\right)\right\}$$

und

$$\hat{\underline{y}}(k|k-1) = \mathcal{E}\left\{\underline{h}\left(\hat{\underline{x}}(k|k-1), \underline{v}(k)\right)\right\}$$

sowie die Kovarianzmatrizen

$$\begin{aligned}
\underline{P}(k|k-1) &= \mathcal{E}\left\{\left(\underline{x}(k) - \hat{\underline{x}}(k|k-1)\right)\left(\underline{x}(k) - \hat{\underline{x}}(k|k-1)\right)^{\mathrm{T}}\right\}, \\
\underline{P}(k|k) &= \mathcal{E}\left\{\left(\underline{x}(k) - \hat{\underline{x}}(k|k)\right)\left(\underline{x}(k) - \hat{\underline{x}}(k|k)\right)^{\mathrm{T}}\right\}, \\
\underline{P}_{\tilde{\underline{x}}\tilde{\underline{y}}}(k|k-1) &= \mathcal{E}\left\{\tilde{\underline{x}}(k|k-1)\tilde{\underline{y}}^{\mathrm{T}}(k|k-1)\right\}
\end{aligned}$$

und

$$\underline{P}_{\tilde{\underline{y}}\tilde{\underline{y}}}(k|k-1) = \mathcal{E}\left\{\tilde{\underline{y}}(k|k-1)\tilde{\underline{y}}^{\mathrm{T}}(k|k-1)\right\}$$

approximiert werden. In einem Schätzschritt wird vom Schätzwert zum Zeitpunkt $t_{k-1} = (k-1)\,T_A$ ausgehend der neue Schätzwert für den Zeitpunkt $t_k = k\,T_A$ unter Verwendung der Messung des Ausgangssignals $\underline{y}(k)$ zum Zeitpunkt t_k berechnet. Tritt nicht-additives Rauschen auf, so muss ein erweiterter Zustandsvektor

$$\underline{x}_E(k) = \begin{bmatrix} \underline{x}(k) \\ \underline{w}(k) \\ \underline{v}(k) \end{bmatrix}$$

gebildet werden, der die unkorrelierten Rauschprozesse $\underline{w}(k)$ und $\underline{v}(k)$ als zusätzliche Zustandsgrößen enthält. Für den erweiterten N-dimensionalen Zustandsvektor $\underline{x}_E(k)$ gilt daher die Kovarianzmatrix

$$\underline{P}_E(k|k) = \begin{bmatrix} \underline{P}(k|k) & \underline{0} & \underline{0} \\ \underline{0} & \underline{Q}(k) & \underline{0} \\ \underline{0} & \underline{0} & \underline{R}(k) \end{bmatrix},$$

die auch die bekannten Rauschkovarianzmatrizen $\underline{Q}(k)$ und $\underline{R}(k)$ enthält. Die neue Zustandsraumdimension ergibt sich als die Summe

$$N = n + n_w + n_v$$

der Dimensionen (n_w und n_v) der Rauschprozesse und der ursprünglichen Zustandsraumdimension n. Für den erweiterten Zustand wird die ebenfalls erweiterte Systemfunktion

$$\underline{x}_E(k) = \underline{\phi}_E\left(\underline{x}_E(k-1), \underline{u}(k-1)\right)$$

und die erweiterte Ausgangsgleichung

$$\underline{y}(k) = \underline{h}_E\left(\underline{x}_E(k)\right)$$

verwendet.

Als Anfangszustand - der Schätzwert zum Zeitpunkt $t = 0$ - des Unscented Kalman-
Filters wird der Erwartungswert des Anfangswerts des erweiterten Systems verwendet:

$$\underline{\hat{x}}_E(0|0) = \mathcal{E}\left\{\underline{x}_E(0)\right\} = \begin{bmatrix} \underline{x}(0) \\ \underline{\mu}_w \\ \underline{\mu}_v \end{bmatrix}$$

Bei jedem Schätzschritt werden vom Sigma-Punkt-Kalman-Filter die folgenden drei
Schritte durchlaufen [vdM04]:

- **1. Wahl der Sigma-Punkte**
  Die Sigma-Punkte wurden in den transformierten unkorrelierten Koordinaten
  $\underline{z}$ gemäß dem Schema (5.52) gewählt. Die Transformationsmatrix $\underline{S}$ wird jetzt
  aber als Cholesky-Faktor der approximierten Kovarianzmatrix $\underline{\hat{P}}_E(k-1|k-1)$
  gewählt. Es besteht also der folgende Zusammenhang

  $$\underline{P}_E(k-1|k-1) = \underline{S}(k-1)\,\underline{S}^{\mathrm{T}}(k-1).$$

  Bevor die Sigma-Punkte $\underline{\xi}_i$ bestimmt werden können, muss die Cholesky-
  Zerlegung der Kovarianzmatrix $\underline{\hat{P}}_E(k-1|k-1)$ berechnet werden und der
  Skalierungsfaktor η muss geeignet gewählt werden.
  In den wirklichen (erweiterten) Systemkoordinaten $\underline{x}_E(k-1) = \underline{S}(k-1)\underline{z}(k-1)$
  werden die $2N+1$ Sigma-Punkte $\underline{\xi}_0$, $\underline{\xi}_1$, $\underline{\xi}_1$, $\ldots$, $\underline{\xi}_{2N-1}$ und $\underline{\xi}_{2N}$ mit den folgenden Gleichungen berechnet:

$$\underline{\xi}_0 \;=\; \underline{\hat{x}}_E(k-1|k-1)$$

$$\underline{\xi}_{2i-1} \;=\; \underline{\hat{x}}_E(k-1|k-1) + \eta\,\underline{S}(k-1)\underbrace{\begin{bmatrix} 0 & \cdots & 0 & -1 & 0 & \cdots & 0 \end{bmatrix}}_{i-\text{te Komponente} =-1}^{\mathrm{T}}$$

$$\underline{\xi}_{2i} \;=\; \hat{\underline{x}}_E(k-1|k-1) + \eta\,\underline{S}(k-1)\underbrace{\left[\; 0 \;\cdots\; 0 \;\; 1 \;\; 0 \;\cdots\; 0 \;\right]}_{i-\text{te Komponente }=1}{}^{\mathrm{T}}$$

$$i \in \{1, 2, \ldots, N-1, N\}.$$

- **2. Prädiktionsschritt**

  In diesem Schritt wird der Prädiktionswert $\hat{\underline{x}}_E(k|k-1)$ bestimmt. Hierzu werden die Sigma-Punkte $\underline{\xi}_i$ mit der nichtlinearen erweiterten Systemfunktion $\underline{\phi}_E$ abgebildet, woraus die neuen $2N+1$ Sigma-Punkte

  $$\underline{\xi}'_i = \underline{\phi}_E\left(\underline{\xi}_i, \underline{u}(k-1)\right) \qquad i \in \{0, 1, \cdots, 2N-1, 2N\}$$

  im erweiterten Zustandsraum entstehen. Der Schätzwert der Prädiktion wird durch die gewichtete Summe der Sigma-Punkte $\underline{\xi}'_i$ mit der Formel

  $$\hat{\underline{x}}_E(k|k-1) = \beta_{10}\underline{\xi}'_0 + \beta_1 \sum_{i=1}^{2N} \underline{\xi}'_i$$

  bestimmt. Auch die Schätzfehlerkovarianzmatrix des Prädiktionsschritts kann als eine gewichtete Summe berechnet werden. Hierzu dient die folgende Formel:

  $$\begin{aligned}\hat{\underline{P}}_E(k|k-1) \;=\;& \beta_{20}\left(\underline{\xi}'_0 - \hat{\underline{x}}_E(k|k-1)\right)\left(\underline{\xi}'_0 - \hat{\underline{x}}_E(k|k-1)\right)^{\mathrm{T}} \\ &+\beta_2 \sum_{i=1}^{2N}\left(\underline{\xi}'_i - \hat{\underline{x}}_E(k|k-1)\right)\left(\underline{\xi}'_i - \hat{\underline{x}}_E(k|k-1)\right)^{\mathrm{T}}.\end{aligned}$$

  Da die Dimension N des erweiterten Zustandsraums sehr groß werden kann, ist dieser Schritt bei onlinefähigen Anwendungen kritisch. Die $2N+1$-fache Auswertung der Systemfunktion $\underline{\phi}_E$ beansprucht relativ viel Rechenzeit im Vergleich zu den anderen numerischen Operationen.

- **3. Filterschritt**

  Im Filterschritt wird der prädizierte Schätzwert $\hat{\underline{P}}_E(k|k-1)$ unter Verwendung des aktuellen Messwerts $\underline{y}(k)$ verbessert. Um die Berechnung des verbesserten Schätzwerts durchführen zu können, muss das prädizierte Ausgangssignal

  $$\hat{\underline{y}}(k|k-1) = \mathcal{E}\left\{\underline{h}_E\left(\underline{x}_E(k-1)\right)\right\}$$

  mit der Unscented Transformation bestimmt werden. Hierzu werden die Sigma-Punkte $\underline{\xi}_i$ mit der erweiterten Ausgangsfunktion $\underline{h}_E$ abgebildet. Es entstehen also auch für die Ausgangsgröße Sigma-Punkte, die mit $\underline{\psi}_i$ bezeichnet werden.

Ihre Berechnung erfolgt mit der Gleichung

$$\underline{\psi}_i = \underline{h}_E\left(\underline{\xi}_i\right), \qquad i \in \{0, 1, \cdots, 2N - 1, 2N\},$$

indem die Sigma-Punkte $\underline{\xi}_i$ in die nichtlineare erweiterte Ausgangsfunktion eingesetzt werden. Mit den $\underline{\psi}_i$-Sigma-Punkten kann der prädizierte Ausgangsvektor

$$\hat{\underline{y}}(k|k-1) \;=\; \beta_{10}\underline{\psi}'_0 + \beta_1 \sum_{i=1}^{2N} \underline{\psi}'_i$$

bestimmt werden. Auch die für die Schätzung notwendigen Kovarianzmatrizen

$$\begin{aligned}
\hat{\underline{P}}_{\tilde{x}_E \tilde{y}}(k|k-1) \;=\; & \beta_{20}\left(\underline{\xi}'_0 - \hat{\underline{x}}_E(k|k-1)\right)\left(\underline{\psi}'_0 - \hat{\underline{y}}(k|k-1)\right)^{\mathrm{T}} \\
& +\beta_2 \sum_{i=1}^{2N} \left(\underline{\xi}'_i - \hat{\underline{x}}_E(k|k-1)\right)\left(\underline{\psi}'_i - \hat{\underline{y}}(k|k-1)\right)^{\mathrm{T}}.
\end{aligned}$$

$$(5.73)$$

und

$$\begin{aligned}
\hat{\underline{P}}_{\tilde{y}\tilde{y}}(k|k-1) \;=\; & \beta_{20}\left(\underline{\psi}'_0 - \hat{\underline{y}}(k|k-1)\right)\left(\underline{\psi}'_0 - \hat{\underline{y}}(k|k-1)\right)^{\mathrm{T}} \\
& +\beta_2 \sum_{i=1}^{2N} \left(\underline{\psi}'_i - \hat{\underline{y}}(k|k-1)\right)\left(\underline{\psi}'_i - \hat{\underline{y}}(k|k-1)\right)^{\mathrm{T}}.
\end{aligned}$$

$$(5.74)$$

können jetzt aus den vorliegenden Sigma-Punkten bestimmt werden. Mit diesen Kovarianzmatrizen (5.73) und (5.74) kann die Kalman-Verstärkungsmatrix

$$\underline{G}(k) = \hat{\underline{P}}_{\tilde{x}_E \tilde{y}}(k|k-1)\left(\hat{\underline{P}}_{\tilde{y}\tilde{y}}(k|k-1)\right)^{-1}$$

berechnet werden. Die mit der Unscented Transformation bestimmten Momente werden benötigt, um mit Gleichung

$$\hat{\underline{x}}_E(k|k) = \hat{\underline{x}}_E(k|k-1) + \underline{G}(k)\left(\underline{y}(k) - \hat{\underline{y}}(k|k-1)\right)$$

den Filter-Schätzwert zu bestimmen. Wegen der Prädiktor-Korrektor-Struktur des Schätzers existiert ein einfacher Zusammenhang zwischen dem Prädiktionsfehler $\tilde{\underline{x}}_E(k|k-1)$ und dem Schätzfehler $\tilde{\underline{x}}_E(k|k)$ nach dem Filterschritt.

Daher kann mit der Gleichung

$$\hat{\underline{P}}_E(k|k) = \hat{\underline{P}}_E(k|k-1) - \underline{G}(k)\hat{\underline{P}}_{\tilde{y}\tilde{y}}\underline{G}^{\mathrm{T}}(k)$$

der Schätzfehler des Prädiktor-Korrektor-Schätzers nach dem ausgeführten Filterschritt bestimmt werden ohne eine Unscented Transformation durchführen zu müssen [vdM04].

Jetzt ist der Filterschritt abgeschlossen und ein Minimum-Varianz-Schätzwert $\hat{\underline{x}}_E(k|k)$ sowie die entsprechende Schätzfehlerkovarianzmatrix $\hat{\underline{P}}_E(k|k)$ liegen für den Zeitpunkt t_k vor.

Der Schätzalgorithmus beginnt wieder bei Punkt 1 und verwendet die aus diesem Schätzschritt ermittelten Informationen, um die Schätzung für den nächsten diskreten Zeitpunkt $t_{k+1} = (k+1)T_A$ durchzuführen.

Die Gültigkeit der Verwendung der Gewichtungsfaktoren β_{20} und β_2 zur Bestimmung von $\hat{\underline{P}}_{\tilde{x}_E\tilde{y}}(k|k-1)$ mit Gleichung (5.73) wurde in dieser Arbeit nicht nachgewiesen, da für die Impedanzschätzung eine lineare Ausgangsgleichung vorliegen wird. Daraus ergibt sich ein bedeutender Vorteil, denn die Unscented Transformation kann im Filterschritt umgangen werden. In [vdM04] wurde jedoch gezeigt, das die Verwendung dieser Gewichtungsfaktoren gerechtfertigt ist.

Liegt eine lineare Ausgangsgleichung vor, so können die Filtergleichungen (5.7) und (5.8) des Kalman-Filters für lineare Systeme verwendet werden.

Mit dem Unscented Kalman-Filter liegt ein leistungsfähiges nichtlineares Schätzfilter vor, das im Folgenden auf nichtlineare Prozessmodelle zur Zustands- und Parameterschätzung angewendet wird.

5.4 Beispiel: Zustandsschätzung bei einem Van-der-Pol-Oszillator

Um die Leistungsfähigkeit des Sigma-Punkt-Kalman-Filters zu demonstrieren, wird im nun folgenden Abschnitt eine Zustands- und Parameterschätzung an einem nichtlinearen System exemplarisch durchgeführt. Dabei handelt es sich bei dem betrachteten System um einen sogenannten Van-der-Pol-Oszillator, der in der nichtlinearen Systemtheorie häufig als Beispiel verwendet wird. Der Van-der-Pol-Oszillator ist in seiner klassischen Realisierung ein aktiver elektrischer Schwingkreis mit einer Triodenröhre.

Die folgende nichtlineare Differenzialgleichung

$$\ddot{y}(t) - \epsilon\left(1 - y^2(t)\right)\dot{y}(t) + y(t) = 0 \tag{5.75}$$

beschreibt das dynamische Verhalten des Oszillators in Abhängigkeit eines Modellparameters $\epsilon \in \mathbb{R}^+$. Die Systemgleichung (5.75) kann durch die beiden Differenzialgleichungen

$$\begin{aligned}
\dot{x}_1(t) &= x_2(t) \\
\dot{x}_2(t) &= -x_1(t) + \epsilon\left(1 - x_1^2(t)\right)x_2(t)
\end{aligned} \tag{5.76}$$

in der Zustandsraumdarstellung beschrieben werden, wenn $x_1(t) = y(t)$ und $x_2(t) = \dot{y}(t)$ gewählt werden. Als zusätzliche Schwierigkeit kommt hinzu, dass der Modellparameter ϵ zeitabhängig und unbekannt sein soll. Daher soll als dritte Zustandsgröße $x_3(t) = \epsilon(t)$ mitgeschätzt werden.

Um eine Zustandsschätzung mit einem Sigma-Punkt-Kalman-Filter durchführen zu können, muss das dynamische System als zeitdiskretes Zustandsraummodell vorliegen. Der einfachste Ansatz ist der einer Euler-Approximation, womit folgende Systemgleichungen

$$\begin{aligned}
x_1(k+1) &= x_1(k) + x_2(k)T_A + w_1(k) \\
x_2(k+1) &= x_2(k) + \left(-x_1(k) + x_3(k)\left(1 - x_1^2(k)\right)x_2(k)\right)T_A + w_2(k) \\
x_3(k+1) &= x_3(k) + w_3(k)
\end{aligned}$$

im Zeitdiskreten hergeleitet werden können. Dabei muss beachtet werden, dass das zeitdiskrete Prozessmodell für große Abtastzeiten T_A seine Gültigkeit verliert, weil es dann - wegen der einfachen Euler-Approximation - immer ungenauer wird und sogar instabil werden kann. Daher wird die Abtastzeit zu $T_A = 0{,}005\text{s}$ gewählt.

Das Prozessrauschen

$$\underline{w}(k) = \begin{bmatrix} w_1(k) & w_2(k) & w_3(k) \end{bmatrix}^{\mathrm{T}}$$

ist mittelwertfrei, normalverteilt, unkorreliert und besitzt die konstante Kovarianzmatrix $\underline{Q} = \underline{I}/10000$. Mit diesem Rauschen $\underline{w}(k)$ sollen unbekannte Störeinflüsse in den Zustandsgleichungen berücksichtigt werden. In der Kovarianzmatrix $\underline{Q}$ treten verhältnismäßig kleine Zahlenwerte auf, da mit $T_A = 0{,}005\text{s}$ eine kleine Abtastzeit gewählt wurde.

Das Messrauschen $v(k)$, das in der zeitdiskreten Messgleichung $y(k) = x_1(k) + v(k)$ auftritt ist ebenfalls mittelwertfrei, normalverteilt, unkorreliert und besitzt die Kovarianz $R = 1/2500$. Mit dem Messrauschen sollen Messfehler beschrieben werden.

In Abbildung 5.6 ist ein simuliertes Schätzergebnis dargestellt. Im ersten Bild sind die zur Schätzung verwendeten verrauschten Messdaten $y(t)$ dargestellt. Ein Van-der-Pol-Oszillator ist ein schwingungsfähiges System, das - aufgrund seiner nichtlinearen Systemeigenschaft - auch ohne Anregungssignal eine stabile Dauerschwingung

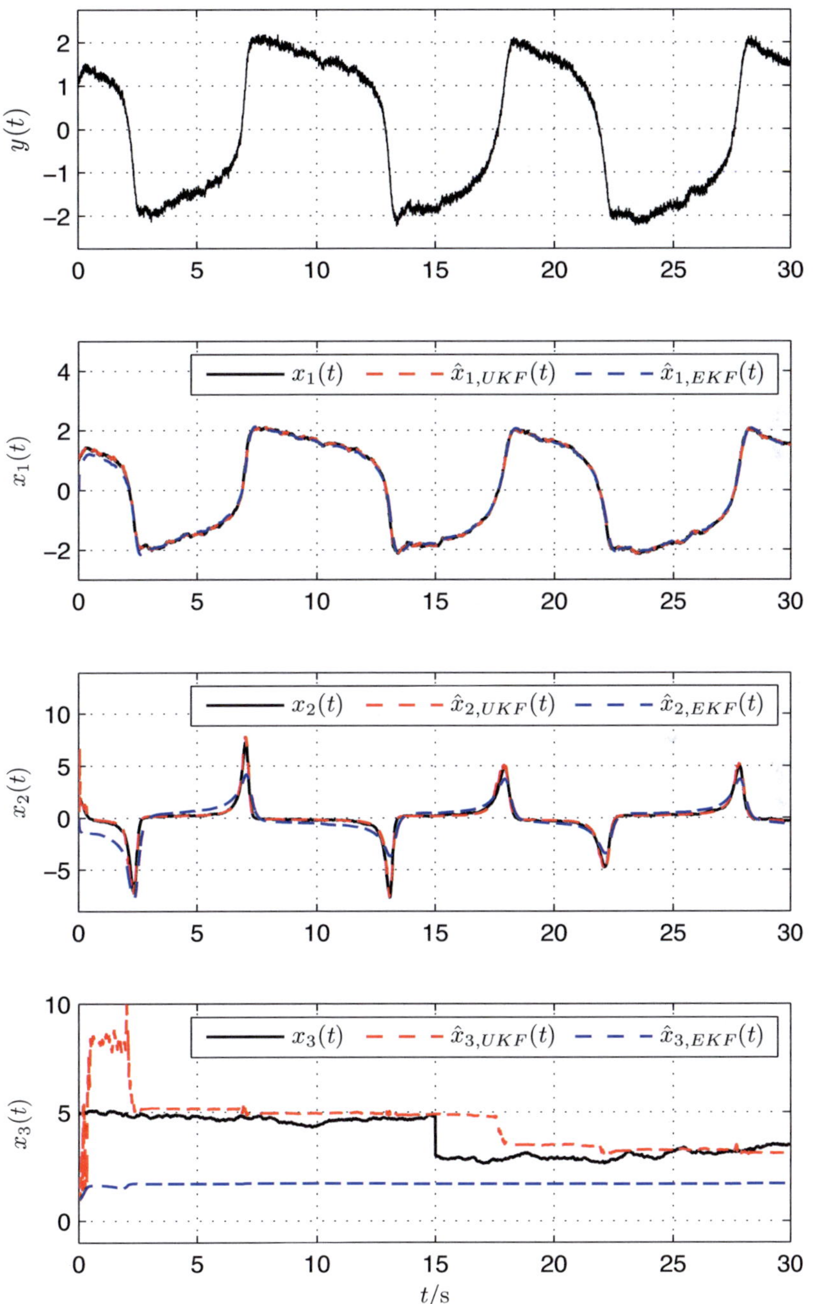

Abbildung 5.6: Zustandsschätzungen am Van-der-Pol-Oszillator im Vergleich

ausführt. In den übrigen Bildern von Abbildung 5.6 sind die simulierten Zustands-
größenverläufe $\underline{x}(t)$ sowie die Schätzergebnisse mit dem Unscented Kalman-Filter
$\underline{\hat{x}}_{UKF}(t)$ und mit dem erweiterten Kalman-Filter (EKF) $\underline{\hat{x}}_{EKF}(t)$ dargestellt. Dabei
wird über einen Zeitraum von 30 Sekunden simuliert. Zum Zeitpunkt $t = 15$s ver-
ändert sich der Parameter $\epsilon(t)$, der als dritte Zustandsgröße $x_3(t)$ mitgeschätzt wird
sprungartig von $\epsilon = 5$ auf $\epsilon = 3$. Beide Schätzer - UKF und EKF - werden mit dem
gleichen Anfangszustand

$$\underline{\hat{x}}(0) = \begin{bmatrix} 0 & 0 & 1 \end{bmatrix}^{\mathrm{T}}$$

initialisiert und verwenden die auch zur Simulation verwendeten Rauschkovarianzen
$\underline{Q}$ und $\underline{R}$.

Die Schätzung der ersten Zustandsgröße $x_1(k)$ gelingt beiden Schätzern mit einer
sehr hohen Genauigkeit. Dieses Resultat überrascht nicht, denn die erste Zustandsgröße wird als $y(k)$ gemessen. Interessanter ist die Schätzung der zweiten Zustandsgröße $x_2(k)$, denn hier erkennt man, dass das mit dem UKF erzielte Schätzergebnis
näher am wirklichen Systemzustand liegt als das mit dem EKF geschätzte. Die
zweite Zustandsgröße war die Ableitung der Messgröße $y(k)$; somit bestand ein en-
ger Zusammenhang zwischen Messgröße und Zustandsgröße. Schwieriger wird die
Schätzung des Modellparameters $\epsilon(k) = x_3(k)$, denn er beeinflusst die Messgröße
weniger stark als die anderen beiden Zustandsgrößen. Bei der Schätzung dieses Parameters zeigt sich am deutlichsten die Überlegenheit des UKF, denn es konvergiert
nach wenigen Sekunden gegen den wirklichen Parameterwert. Sogar der Parameter-
sprung bei $t = 15$s wird - etwas verzögert - erkannt. Diese Verzögerung kann mit
der nichtlinearen Systemdynamik erklärt werden, denn bei $t = 15$s sind die übrigen
beiden Zustandsgrößen und damit auch die Messgröße nahezu konstant und damit
hat die sprungartige Veränderung von ϵ nahezu keinen Einfluss auf die Schätzung.
Erst ab ungefähr $t = 17$s tritt wieder eine stärkere Veränderung der Zustandsgrößen
auf und das UKF erkennt eine Veränderung des Parameters.
Das Schätzergebnis des EKF für den Parameterverlauf $\epsilon(k)$ ist dagegen nicht akzeptabel. Bei bekannten und konstanten Parameterwerten ϵ liefert das EKF jedoch
ähnlich genaue Schätzwerte, wie das UKF.

Schon an diesem einfachen Beispiel lässt sich verdeutlichen, dass das UKF zur gleichzeitigen Zustands- und Parameterschätzung besser geeignet ist als das klassische
EKF. Der Grund hierfür ist die höhere Approximationsgenauigkeit für die ersten
beiden Momente, die durch die Verwendung der Unscented Transformation möglich
wird.

Darum soll im Kapitel 6 das UKF dazu verwendet werden, um die Parameterverläufe eines fraktionalen Impedanzmodells einer SOFC-Hochtemperaturbrennstoffzelle
während des Betriebs zu schätzen.

Kapitel 6

Online-Identifikation fraktionaler Impedanzmodelle

Mit der im Kapitel 4 entwickelten direkten Approximation fraktionaler Impedanzmodelle der Form

$$Z(j\omega) = R_0 + \sum_{n=1}^{N} \frac{R_n}{1 + (j\omega\tau_{0,n})^{\alpha_n}}$$

gelingt die Entwicklung nicht-fraktionaler, konventioneller linearer Zustandsraummodelle, die in ein Unscented Kalman-Filter integriert werden können, um eine Impedanzschätzung im Zeitbereich zu ermöglichen.

In den Abschnitten 6.2 und 6.3 wird die Einsetzbarkeit des in dieser Arbeit entwickelten Verfahrens demonstriert. Hierzu werden Simulationsdaten verwendet, da zur Durchführung von präzisen Zeitbereichs-Messungen an realen Zellen eine umfangreiche Erfahrung und ein erheblicher zeitlicher Aufwand nötig sind. Zudem wäre bei der Verwendung von Messdaten die Bewertung der Schätzergebnisse schwierig. Schließlich gibt es bei zeitvarianten Impedanzen keine Vergleichsmöglichkeit, um festzustellen wie gut die Parameterschätzergebnisse wirklich sind. Eine Simulation erlaubt also eine detailliertere Analyse der Schätzergebnisse.

6.1 Das nichtlineare Modell zur Impedanzschätzung

Bevor die Impedanzschätzung mit dem Unscented Kalman-Filter durchgeführt werden kann, muss das für die Schätzung notwendige zeitdiskrete Gesamtmodell - mit den zeitvarianten Modellparametern - entwickelt werden.

Im Kapitel 5 wurde davon ausgegangen, dass ein unendlich großer, unbegrenzter Zustandsraum vorliegt. Da die gesuchten Modellparameter

$$\underline{\theta} = \begin{bmatrix} R_1 & R_2 & \cdots & R_N & \tau_{0,1} & \tau_{0,2} & \cdots & \tau_{0,N} & \alpha_1 & \alpha_2 & \cdots & \alpha_N & R_0 \end{bmatrix}^\mathrm{T} \tag{6.1}$$

den physikalischen Begrenzungen

$$0 < R_n, \qquad n \in \{1, 2, \ldots, N\} \tag{6.2}$$

$$0 < \tau_{0,n}, \qquad n \in \{1, 2, \ldots, N\} \tag{6.3}$$

$$0 < \alpha_n < 1, \qquad n \in \{1, 2, \ldots, N\} \tag{6.4}$$

$$0 < R_0 \tag{6.5}$$

unterliegen, müssen Parametertransformationen durchgeführt werden, um neue unbegrenzte Parameter zu erhalten, die vom UKF ohne Schwierigkeiten verwendet werden können. Dabei muss zusätzlich gefordert werden, dass diese Transformationsvorschriften eindeutig umkehrbar sind. Ohne diese Bedingung wären die neuen geschätzten Parameter nutzlos, denn sie ließen sich nicht eindeutig in die ursprünglichen Parameter $\underline{\theta}$ umrechnen.

Eine alternative Lösung des vorgestellten Begrenzungsproblems beim Einsatz von Unscented Kalman-Filtern wurde in [WH06] vorgestellt. Die äußeren Sigma-Punkte, die nicht mehr im erlaubten Zustandsraum liegen, wurden durch eine individuelle Skalierung näher an den mittleren Sigma-Punkt herangezogen. Bei der Berechnung der Momente muss diese zusätzliche Skalierung durch veränderte Gewichtungsfaktoren berücksichtigt werden. Besonders für höherdimensionale Schätzprobleme ist diese alternative Methode in der Implementierung aufwändiger als die - hier durchgeführte - Einführung neuer transformierter Zustände. Außerdem kann dennoch das Problem auftreten, dass schon der mittlere Sigma-Punkt in den nicht erlaubten Bereich abgebildet wird. Dann ist auch eine Skalierung der äußeren Sigma-Punkte erfolglos.

Die im Kapitel 4 eingeführten logarithmischen Zeitkonstanten $T_{0,n} = \ln(\omega_0 \tau_{0,n})$ sind unbegrenzt, und es existiert mit

$$\tau_{0,n} = \frac{1}{\omega_0} e^{T_{0,n}}$$

eine eindeutige Umkehrung der Transformation. Die beiden geforderten Bedingungen sind also erfüllt. Dennoch ist es günstiger eine andere Transformationsvorschrift zu wählen, da die Verwendung der Exponentialfunktion bei der Unscented Transformation zu großen Fehlern führen kann. Vor allem bei sehr großen Varianzen tritt dieses Problem auf.

Ein nahezu lineares Verhalten der gesuchten Transformation, das nur für negative Parameterwerte - wegen der notwendigen Begrenzung - einen nichtlinearen Verlauf aufweist, ist wünschenswert. Eine mögliche Abbildungsvorschrift, die dieses Wunschverhalten besitzt, wird durch die Gleichung

$$\tau_{0,n}^* = \ln\left(e^{\tau_{0,n}\,\omega_0} - 1\right)$$

mit der eindeutigen Rücktransformation

$$\tau_{0,n} = \ln\left(1 + e^{\tau_{0,n}^*}\right) / \omega_0$$

definiert. Die transformierten Zeitkonstanten $\tau_{0,n}^*$ werden schließlich zur Schätzung mit dem UKF im Zustandsraummodell verwendet.

Für die Widerstände der Cole-Cole-Glieder gelten die gleichen Bedingungen, wie für die Zeitkonstanten. Daher werden auch hier neue transformierte Parameter

$$R_n^* = \ln\left(e^{R_n/R_{\mathrm{norm}}} - 1\right) \quad n \in \{1, 2, \ldots, N\} \tag{6.6}$$

eingeführt, die vom UKF geschätzt werden sollen. Der frei wählbare Normierungsfaktor R_{norm} wird dabei zu $1\,\Omega$ gewählt.

Die für R_0 gültige Begrenzung (6.5) könnte ebenfalls durch eine Variablentransformation der Form (6.6) umgangen werden. Das würde aber zu einer nichtlinearen Ausgangsgleichung führen und damit müsste auch beim Filterschritt die Unscented Transformation durchgeführt werden. Zwar wäre dies theoretisch durchführbar, aber der Rechenaufwand würde unverhältnismäßig ansteigen. Zudem kann durch einen negativen Schätzwerte für R_0 kein instabiles Systemverhalten entstehen, das zur Divergenz der Schätzung führen kann. Negative Schätzwerte sind nach der Modellvorstellung zwar physikalisch nicht sinnvoll, dennoch stellen sie keine wesentliche Schwierigkeit für das verwendete Impedanzmodell dar. Der Vorteil der linearen Ausgangsgleichung ist somit stärker zu bewerten als mögliche Interpretationsschwierigkeiten des Schätzergebnisses.

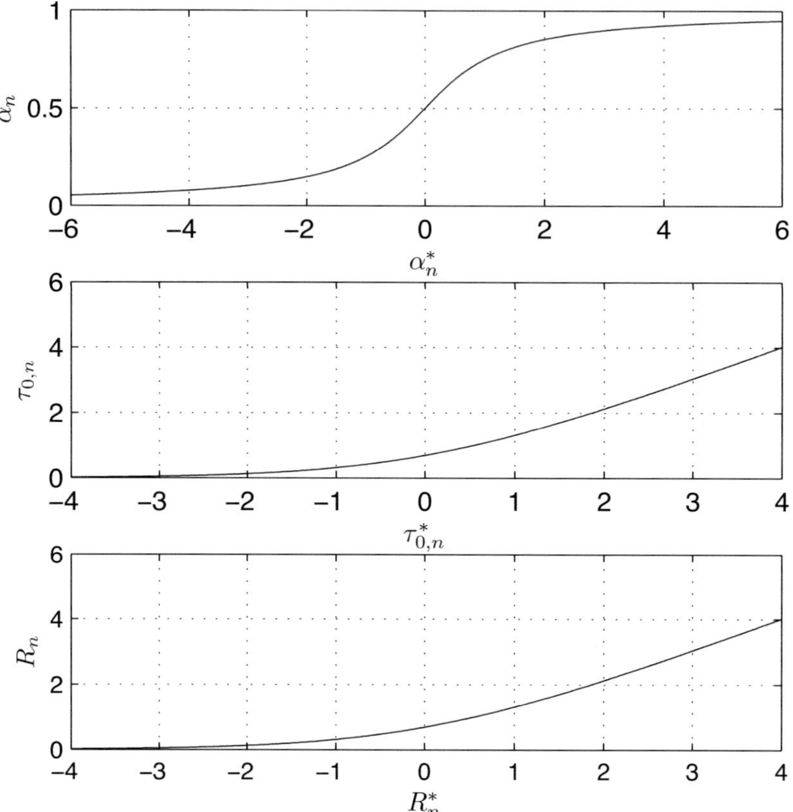

Abbildung 6.1: Transformation der Modellparameter des fraktionalen Impedanzmodells

Die Exponenten α_n der Cole-Cole-Glieder liegen zwischen 0 und 1. Aus diesem Grund muss für sie eine andere Transformationsvorschrift gefunden werden. Durch seine Begrenzungen ist die Arkustangens-Funktion hierfür geeignet. Daher wird die Transformation

$$\alpha_n^* = \tan\left(\pi\left(\alpha_n - \frac{1}{2}\right)\right)$$

$$\alpha_n = \frac{1}{2} + \frac{1}{\pi}\arctan(\alpha_n^*)$$

für die Exponenten eingeführt.

In Abbildung 6.1 sind alle verwendeten Parametertransformationen für $\omega_0 = 1\,\mathrm{rad/s}$ und $R_{\mathrm{norm}} = 1\,\Omega$ grafisch dargestellt. Man erkennt, dass alle neuen Parameter (R_n^*, $\tau_{0,n}^*$ und α_n^*) unbegrenzt sind, aber die Begrenzungsbedingungen (6.2)-(6.4) der ursprünglichen Modellparameter $\underline{\theta}$ durch die eingeführten Transformationen immer erfüllt sind.

Als nächster Schritt sollen die eigentlichen Zustandsgrößen des für die Schätzung verwendeten Modells untersucht werden. In Abschnitt 4.2.4 wurden die zeitdiskreten Differenzengleichungen

$$x_{D,m}(k+1) = e^{-T_A/\tau_m}\, x_{D,m}(k) + r_m \left(1 - e^{-T_A/\tau_m}\right) i(k), \qquad m \in \{1,\dots,M\}$$

(6.7)

der Zustandsgrößen des linearen Approximationsmodells hergeleitet. Zur gemeinsamen Zustands- und Parameterschätzung muss die Annahme gemacht werden, dass die Modellparameter τ_m und r_m in Gleichung (6.7) zeitvariant sind. Über die soeben eingeführten Parametertransformationen und über die direkte Approximation existiert ein nichtlinearer funktionaler Zusammenhang mit den interessierenden Modellparametern $\underline{\theta}$, der fraktionalen Impedanz. Daher werden die Modellparameter $\underline{\theta}(k)$ zur Impedanzschätzung als zeitvariante Zustandsgrößen interpretiert. Für diese neuen, zusätzlichen Zustandsgrößen liegen keinerlei Informationen über deren Dynamik vor; das heißt, es lassen sich keine Differenzengleichungen angeben, die deren zeitliche Entwicklung beschreiben. Man nimmt daher bei der Parameterschätzung mit nichtlinearen Filtern an, dass der zeitliche Verlauf von $\underline{\theta}(k)$ durch einen sogenannten Brownschen Bewegungsprozess nachgebildet werden kann [Kre80]. Dabei handelt es sich um einen stochastischen Prozess, der in dieser Arbeit zeitdiskret behandelt wird und durch die folgende Differenzengleichung

$$\underline{\theta}(k+1) = \underline{\theta}(k) + \underline{w}_{\underline{\theta}}(k)$$

(6.8)

für die Modellparameter definiert ist. Dabei ist $\underline{\theta}(k)$ ein Teil des geschätzten Zustandsvektors und $\underline{w}_{\underline{\theta}}(k)$ ist ein vektorieller stochastischer Prozess, der zu jedem Zeitpunkt $t_k = k\,T_A$ einen anderen Zahlenwert besitzt. Die genauen auftretenden Zahlenwerte $\underline{w}_{\underline{\theta}}(k-1)$ sind zwar unbekannt, jedoch kennt man die ersten beiden Momente

$$\mathcal{E}\left\{\underline{w}_{\underline{\theta}}(k)\right\} = \underline{0},$$
$$\mathcal{E}\left\{\underline{w}_{\underline{\theta}}(k)\,\underline{w}_{\underline{\theta}}(k)^{\mathrm{T}}\right\} = \underline{Q}_{\underline{\theta}}(k)$$

dieses Zufallsprozesses. Ferner wird angenommen, dass es sich bei $\underline{w}_{\underline{\theta}}(k)$ um einen weißen Gaußschen Zufallsprozess handelt, dass also die zusätzlichen Bedingungen

$$\mathcal{E}\left\{w_{\underline{\theta},i}(k)w_{\underline{\theta},j}(k)\right\} = \delta_{i,j}Q_{\underline{\theta},ij}(k),$$
$$\mathcal{E}\left\{\underline{w}_{\underline{\theta}}(k_1)\,\underline{w}_{\underline{\theta}}(k_2)^{\mathrm{T}}\right\} = \delta_{k_1,k_2}\underline{Q}_{\underline{\theta}}(k)$$

erfüllt sind. Die Kovarianzmatrix $\underline{Q}_\theta(k)$ ist also wegen der Unkorreliertheit der einzelnen Komponenten von $\underline{w}_\theta(k-1)$ eine positiv definite Diagonalmatrix. Über die Kovarianzmatrix $\underline{Q}_\theta(k)$ kann eingestellt werden, wie stark sich die Modellparameter verändern können. Je größer die entsprechende Komponente $Q_{\underline{\theta},ii}(k)$ der Kovarianzmatrix gewählt wird, desto betragsmäßig größer ist auch der unbekannte Wert $w_{\underline{\theta},i}(k)$, der in jedem Simulationsschritt zum Modellparameter hinzuaddiert wird. Daher wird die Kovarianz vor allem für Modellparameter groß gewählt, deren zeitlicher Verlauf als sehr unsicher gilt. Das Unscented Kalman-Filter wird bei einem solchen Parameter eine größere Schätzfehlerkovarianz ermitteln, woraus ein großer Wert für die Komponente der Kalman-Verstärkung für diesen Modellparameter resultiert. Daraus folgt, dass für eine fehlerhafte Messwertprädiktion vor allem die Unsicherheit in diesem Modellparameter verantwortlich gemacht wird. Darum wird der Schätzwert eines Modellparameters schneller verändert, wenn seine Prozessrauschkomponente verhältnismäßig große Werte annimmt. Umgekehrt wird ein Modellparameter bei der Schätzung nur geringfügig verändert, wenn die entsprechende Prozessrauschkomponente klein gewählt wird.

Insgesamt liegen also M nichtlineare Differenzengleichungen

$$x_{D,m}(k+1) \;=\; \mathrm{e}^{-T_A/\tau_m(\underline{\theta}(k))}\, x_{D,m}(k) + r_m(\underline{\theta}(k))\left(1 - \mathrm{e}^{-T_A/\tau_m(\underline{\theta}(k))}\right) i(k),$$
$$m \in \{1,\dots,M\}$$

für die Zustandsgrößen $x_{D,m}$ vor, zu denen noch die stochastische Parameterdifferenzengleichung (6.8) hinzu kommt, die Informationen über die Veränderungsgeschwindigkeit der einzelnen Komponenten von $\underline{\theta}(k)$ enthält.

Zur gemeinsamen Zustands- und Parameterschätzung, die mit dem Unscented Kalman-Filter (UKF) ausgeführt werden soll, muss ein erweiterter Zustandsvektor $\underline{x}(k)$ definiert werden, der sich aus den Zustandsgrößen $x_{D,m}(k)$ und dem zeitvarianten Modellparametervektor $\underline{\theta}^*(k)$ zusammensetzt. Dabei besteht $\underline{\theta}^*(k)$ neben $R_0(k)$ aus den zeitvarianten, transformierten Parametern $R_n^*(k)$, $\tau_{0,n}^*(k)$ und $\alpha_n^*(k)$. Der auf diese Weise gebildete Zustandsvektor lautet also in ausführlicher Darstellung

$$\underline{x}(k) = \begin{bmatrix} \underline{x}_D(k) \\ \underline{\theta}^*(k) \end{bmatrix} = \begin{bmatrix} x_{D,1}(k) \\ x_{D,2}(k) \\ \vdots \\ x_{D,M-1}(k) \\ x_{D,M}(k) \\ R_1^*(k) \\ \vdots \\ R_N^*(k) \\ \tau_{0,1}^*(k) \\ \vdots \\ \tau_{0,N}^*(k) \\ \alpha_1^*(k) \\ \vdots \\ \alpha_N^*(k) \\ R_0(k) \end{bmatrix} \tag{6.9}$$

und besteht aus $n_x = M + 3N + 1$ einzelnen Zustandsgrößen. Die vom UKF ausgeführte nichtlineare Schätzung wird also in einem n_x-dimensionalen Zustandsraum durchgeführt.

Die Zustandsgrößen $x_{D,m}$ des durch die direkte Approximation gebildeten Modells beschreiben dynamische Prozesse erster Ordnung mit der zeitveränderlichen Zeitkonstanten $\tau_m(k)$. Die Werte dieser Zeitkonstanten werden durch die Zeitkonstanten $\tau_{0,n}$ und die Exponenten α_n der entsprechenden Cole-Cole-Glieder beeinflusst, die ebenfalls zeitvariant sind und durch die stochastische Differenzengleichung (6.8) mathematisch beschrieben werden. Hier tritt eine Schwierigkeit auf: Wie sollen die Zustandsgrößen $x_{D,m}$ verschiedener direkter Approximationen ineinander umgerechnet werden?

Jedes der Approximationsmodelle besteht aus M einzelnen Prozessen erster Ordnung mit bestimmten Zeitkonstanten τ_m. Die in diesen Prozessen gespeicherten M Zustandsgrößen $x_{D,m}$ müssen bei einem zeitvarianten Impedanzmodell im nächsten Simulationsschritt dem neuen Approximationsmodell übergeben werden. Leider besitzt das neue Modell aufgrund der Zeitvarianz andere Parameter r_m und τ_m. Wie sollten die Zustandsgrößen des neuen Modells initialisiert werden? Dieses Problem wird durch die Zeitvarianz des Vektors $\underline{\theta}^*(k)$ verursacht und würde bei zeitinvarianten Modellen nicht auftreten. Die Lösung dieses Problems ist verhältnismäßig einfach, hat aber dennoch für die Schätzung weitreichende Konsequenzen.

Bei der im Kapitel 4 vorgestellten direkten Approximation wurden die M Zeitkonstanten

$$\begin{bmatrix} \tau_1 & \tau_2 & \cdots & \tau_{M-1} & \tau_M \end{bmatrix}$$

und die entsprechenden Widerstandswerte

$$\begin{bmatrix} r_1 & r_2 & \cdots & r_{M-1} & r_M \end{bmatrix}$$

aus den Modellparametern $\underline{\theta}$ der fraktionalen Gesamtimpedanz berechnet. Da sich im Relaxationsspektrum teilweise Überlappungen der einzelnen Cole-Cole-Prozesse zeigen, konnten einige der Teilmodelle

$$\frac{r_m}{1 + j\omega\tau_m}$$

mehrere dieser fraktionalen Prozesse beschreiben. Somit war es möglich, die notwendige Anzahl M an Zustandsgrößen klein zu halten. Bei der Impedanz-Schätzung muss auf diesen Vorteil verzichtet werden, damit die Zustandsgrößen $x_{D,m}$ während der Schätzung eindeutig einem Cole-Cole-Prozess zugeordnet werden können. Jeder Cole-Cole-Prozess wird durch eine konstante Anzahl $M_{CC,n}$ an Prozessen erster Ordnung approximiert. Somit ergibt sich die konstante Anzahl dieser Prozesse zu

$$M = \sum_{n=1}^{N} M_{CC,n}.$$

Dies hat den entscheidenden Vorteil, dass dadurch auch die Dimension n_x des nichtlinearen Gesamtmodells konstant bleibt. Wäre die Modellordnung und damit auch die Dimension des Zustandsraums über die Zeit veränderlich, so wäre nicht klar, wie die Zustandsgrößen innerhalb eines einzelnen Simulations- beziehungsweise Schätzschritts in die neuen Zustandsgrößen umgerechnet werden müssen. Ein derartiges Modell wäre somit nicht konstruierbar. Daraus ergibt sich jedoch auch ein Nachteil, denn man muss bei der Wahl von M so vorgehen, dass auch im ungünstigsten Fall eine hohe Genauigkeit der direkten Approximation vorliegt. Dieser Fall liegt sicher dann vor, wenn die Exponenten α_n sehr klein werden. Daher muss eine verhältnismäßig große Modellordnung M gewählt werden, um das fraktionale Verhalten der Impedanz für die gesamte Schätzung gut approximieren zu können.

Gerade zur Beschreibung von zeitvarianten Parametern $\underline{\theta}(k)$ ist die in dieser Arbeit entwickelte direkte Approximation sehr gut geeignet, denn durch die Interpretation des Approximationsmodells als ein diskretisiertes Relaxationsdichtespektrum kann man auch bei sich verändernden Parametern, die zu einer zeitvarianten Relaxationsdichte führen, ein Zustandsraummodell für den Zeitbereich formulieren. Bei den bekannten Approximationsverfahren für fraktionale Systeme, die im Abschnitt 4.1 vorgestellt wurden, ist dies nicht möglich.

Das gesamte nichtlineare Zustandsraummodell für die Impedanzschätzung ist durch die vektorielle Differenzengleichung

$$
\underbrace{\begin{bmatrix} x_{D,1}(k+1) \\ \vdots \\ x_{D,M}(k+1) \\ \hline R_1^*(k+1) \\ \vdots \\ R_N^*(k+1) \\ \tau_{0,1}^*(k+1) \\ \vdots \\ \tau_{0,N}^*(k+1) \\ \alpha_1^*(k+1) \\ \vdots \\ \alpha_N^*(k+1) \\ R_0(k+1) \end{bmatrix}}_{=\,\underline{x}(k+1)}
=
\underbrace{\begin{bmatrix} \mathrm{e}^{-T_A/\tau_1(k)}\,x_{D,1}(k) + r_1(k)\left(1 - \mathrm{e}^{-T_A/\tau_1(k)}\right)i(k) \\ \vdots \\ \mathrm{e}^{-T_A/\tau_M(k)}\,x_{D,M}(k) + r_M(k)\left(1 - \mathrm{e}^{-T_A/\tau_M(k)}\right)i(k) \\ \hline R_1^*(k) \\ \vdots \\ R_N^*(k) \\ \tau_{0,1}^*(k) \\ \vdots \\ \tau_{0,N}^*(k) \\ \alpha_1^*(k) \\ \vdots \\ \alpha_N^*(k) \\ R_0(k) \end{bmatrix}}_{=\,\underline{f}\,(\underline{x}(k),\,i(k))}
$$

$$
+ \underbrace{\begin{bmatrix} \underline{w}_{x_D}(k) \\ \hline \underline{w}_{\theta^*}(k) \end{bmatrix}}_{=\,\underline{w}(k)}
\tag{6.10}
$$

gegeben. Die lineare Ausgangsgleichung lautet für das Impedanzmodell:

$$
u(k) = \sum_{m=1}^{M} x_{D,m}(k) + R_0(k)\,i(k) + v(k) = \underline{c}^T(i(k))\underline{x}(k) + v(k).
\tag{6.11}
$$

Die Linearität von (6.11) bezüglich des erweiterten Zustandsvektors $\underline{x}(k)$ erlaubt die Verwendung der Gleichungen (5.7) und (5.8) des klassischen Kalman-Filters zur Durchführung des Filterschritts. Die deutlich rechenintensivere Anwendung der Unscented Transformation ist daher nicht notwendig, wenn das Modell (6.10)-(6.11) zur Schätzung verwendet wird.

Durch die Gestalt der Differenzengleichung

$$
\underline{\theta}^*(k+1) = \underline{\theta}^*(k) + \underline{w}_{\theta^*}(k)
\tag{6.12}
$$

für die Modellparameter in (6.10) folgt für die Bildung des Prädiktionswerts

$$\hat{\underline{\theta}}^{*}(k+1|k),$$

bei dem der Erwartungswert von (6.12) für den Zeitschritt $k|k-1$ gebildet wird, der Ausdruck

$$\hat{\underline{\theta}}^{*}(k|k-1) \;=\; \mathcal{E}\left\{\hat{\underline{\theta}}^{*}(k-1|k-1) + \underline{w}_{\underline{\theta}^{*}}(k-1)\right\} =$$

$$= \hat{\underline{\theta}}^{*}(k-1|k-1) + \underbrace{\mathcal{E}\left\{\underline{w}_{\underline{\theta}^{*}}(k-1)\right\}}_{=\underline{0}} = \hat{\underline{\theta}}^{*}(k-1|k-1),$$

$$(6.13)$$

wenn die Mittelwertfreiheit des Rauschsignals $\underline{w}_{\underline{\theta}^{*}}(k)$ berücksichtigt wird. Die in Gleichung (6.13) durchgeführte Rechnung zeigt, dass beim Prädiktionsschritt keine Veränderung des Parameterschätzwerts erfolgt. Nur im Filterschritt sind Veränderungen des Schätzwerts $\hat{\underline{\theta}}^{*}(k|k)$ möglich. Aus diesem Grund ist der mit den Gleichungen (5.7) und (5.8) durchgeführte Filterschritt für das wesentliche Ziel dieser Arbeit, die Schätzung des Parametervektors $\underline{\theta}^{*}(k)$, von großer Bedeutung.

Die beiden im Modell auftretenden weißen Gaußschen Rauschprozesse $\underline{w}(k)$ und $v(k)$ sind mittelwertfrei und unkorreliert [Kre80]. Mit dem Prozessrauschen $\underline{w}(k)$ wird die Modellunsicherheit der Zustandsgrößen $\underline{x}_{D}(k)$ sowie die Veränderung der Modellparameter $\underline{\theta}(k)$ - beziehungsweise $\underline{\theta}^{*}(k)$ in transformierter Form - berücksichtigt. Zur Beschreibung der zeitveränderlichen Modellparameter wirkt das Prozessrauschen in Gleichung (6.10) additiv auf die Zustandsgleichungen der transformierten Parameter $\underline{\theta}^{*}(k)$. Durch diesen additiven Ansatz vereinfacht sich der Prädiktionsschritt des UKF, denn es muss keine zusätzliche Erweiterung des Zustandsvektors um nicht-additives Prozessrauschen vorgenommen werden. Somit kann auch hierbei der Rechenaufwand eingeschränkt werden.

Die Konsequenz dieser Maßnahme ist, dass in der Nähe der Begrenzungen (6.2)-(6.4) der nicht transformierten Parameter $\underline{\theta}(k)$ im Modell eine zu geringe Driftgeschwindigkeit der Parameter angenommen wird. Dieser Effekt entsteht durch die geringe Steigung der in Abbildung 6.1 dargestellten nichtlinearen Transformationsfunktionen in der Nähe der Begrenzungen. Um ihn zu kompensieren, müssten die entsprechenden Komponenten der Kovarianzmatrix des Prozessrauschens vergrößert werden, wenn sich ein entsprechende Parameterwert seiner Begrenzung nähert. Es hat sich aber bei Simulationen gezeigt, dass diese Maßnahme häufig zu einer divergierenden Schätzung führte. Aus diesem Grund wird auf die Anpassung der Prozessrauschkovarianz verzichtet.

Der skalare Rauschprozess $v(k)$, beschreibt den Messfehler, der Auftritt, wenn die an der Zelle abfallende Verlustspannung gemessen wird.

Zur Implementierung des UKF müssen die Kovarianzmatrix

$$\mathcal{E}\left\{\underline{w}(k)\underline{w}(k)^{\mathrm{T}}\right\} = \underline{Q}(k) = \begin{bmatrix} \underline{Q}_{\underline{x}_D}(k) & \underline{0} \\ \underline{0} & \underline{Q}_{\underline{w}}(k) \end{bmatrix}$$

und die Messfehlerkovarianz

$$\mathcal{E}\left\{v(k)v(k)\right\} = r(k)$$

geeignet gewählt werden. Mit den Elementen von $\underline{Q}(k)$ kann eingestellt werden, wie schnell sich die einzelnen Komponenten der erweiterten Zustandsgröße $\underline{x}(k)$ ändern. Vor allem für die Bestimmung der Modellparameter ist dies entscheidend. So führt beispielsweise eine zu groß gewählte Rauschkovarianz für den Parameter $R_0(k)$ zu sehr schlechten Schätzergebnissen, da für Abweichungen der prädizierten Ausgangsgröße $\hat{u}(k|k-1)$ vom gemessenen Wert $u(k)$ der als unsicher angenommene Schätzwert $\hat{R}_0(k|k)$ verantwortlich gemacht wird. Dies hat zur Folge, dass der Schätzwert $\hat{R}_0(k|k)$ vom UKF sehr schnell verändert wird, die übrigen Modellparameter aber fast konstant bleiben. Die Schätzung der Zustandsgrößen ist dann erfolglos, obwohl nur kleine Abweichungen

$$\tilde{u}(k|k-1) = u(k) - \hat{u}(k|k-1)$$

am Ausgangssignal erkennbar sind. Diese Schwierigkeiten werden durch die vorliegende Modellstruktur verursacht und lassen sich nur durch eine geschickte Wahl von $\underline{Q}(k)$ vermeiden.

Ferner müssen die Parameter ΔT (Streifenbreite) und M (Modellordnung) der direkten Approximation so vorgegeben werden, dass eine hinreichend genaue Nachbildung der fraktionalen Impedanz möglich ist. Hierfür kann die im Abschnitt 4.2.2 vorgestellte Strategie angewendet werden.

6.2 Simulationsergebnis zur Konvergenz der Impedanz-Schätzung

In diesem Abschnitt wird das Ergebnis einer Rechnersimulation vorgestellt und besprochen. Dabei soll vor allem gezeigt werden, dass der vorgestellte nichtlineare Schätzer auch dann noch gegen die Parameterverläufe der Impedanz konvergiert, wenn er mit einem beliebigen Anfangszustand initialisiert wird. Zur Schätzung werden Daten verwendet, die von einem Modell der Form (6.10)-(6.11) generiert wurden. Das Ziel dieses Beispiels ist die Schätzung der fraktionalen Impedanz (in SI-Einheiten)

$$Z(j\omega) \;=\; \underbrace{0{,}04}_{=\,R_0} + \underbrace{\frac{0{,}023}{1 + (j\omega\,1{,}1)^{0,9}}}_{=\,\frac{R_1}{1 + (j\omega\tau_{0,1})^{\alpha_1}}} + \underbrace{\frac{0{,}011}{1 + (j\omega\,0{,}00017)^{0,54}}}_{=\,\frac{R_2}{1 + (j\omega\tau_{0,2})^{\alpha_2}}}, \qquad (6.14)$$

deren Parameter vorerst konstant sind. Die Parameter von Gleichung (6.14) stammen von den beiden dominanten Prozessen der Impedanz (2.3), die über eine klassische EIS bestimmt wurde. Das Unscented Kalman-Filter (UKF) soll die sieben konstanten Modellparameter schätzen, die im Vektor

$$\underline{\theta} = \begin{bmatrix} R_1 & R_2 & \tau_{0,1} & \tau_{0,2} & \alpha_1 & \alpha_2 & R_0 \end{bmatrix}^{\mathrm{T}}$$

$$(6.15)$$

zusammengefasst werden. Für das Simulationsmodell wird $M_{CC} = 22$ gewählt. Da der kleinste fraktionale Exponent $\alpha_2 = 0{,}54$ beträgt, ist nach Abbildung 4.8 eine Integrationsweite von $L = 12$ ausreichend um einen Flächenanteil von nahezu

$$q(\alpha, L) = q(0{,}54 \,,\; 12) \approx 1$$

zu erreichen. Daher liegt die Streifenbreite

$$\Delta T = \frac{2L}{M_{CC}} = 1{,}09$$

innerhalb des erlaubten Bereichs der direkten Approximation. Die Gleichung (4.33), mit der im Abschnitt 4.2.2 die optimalen Zeitkonstanten τ_m des Approximationsmodells gewählt wurden, war nämlich für $0 < \Delta T \leq 2$ gültig.

Als Anregungssignal muss ein Stromverlauf gewählt werden, der eine kleine Amplitude besitzt und möglichst alle Prozesse der Impedanz anregt. Ideal wäre hierfür ein Pseudo-Rausch-Signal, dessen Leistungsdichtespektrum fast den gesamten relevanten Frequenzbereich umfasst und somit alle Dynamiken anregt [Lju87]. Da aber eine Schaltsequenz mit einer Stromsenke einfacher zu realisieren ist, wird ein Anregungssignal verwendet, wie es in Abbildung 6.2 dargestellt ist. Eine wirkliche Stromsenke kann keine beliebig schnellen Schaltvorgänge im Stromsignal durchführen, da sie - wie alle realen Systeme - ein Tiefpassverhalten mit einer bestimmten Grenzfrequenz besitzt. Dynamische Prozesse, die höherfrequent sind, können nicht angeregt werden. Für dieses Beispiel wird aber eine ideale Stromsenke angesetzt, die den in Abbildung 6.2 dargestellten Verlauf des Stroms $i(t)$ exakt erzeugen kann. Der maximale Betrag des von der Senke erzeugten Stromsignals beträgt 100mA. Dieser Wert wird auch

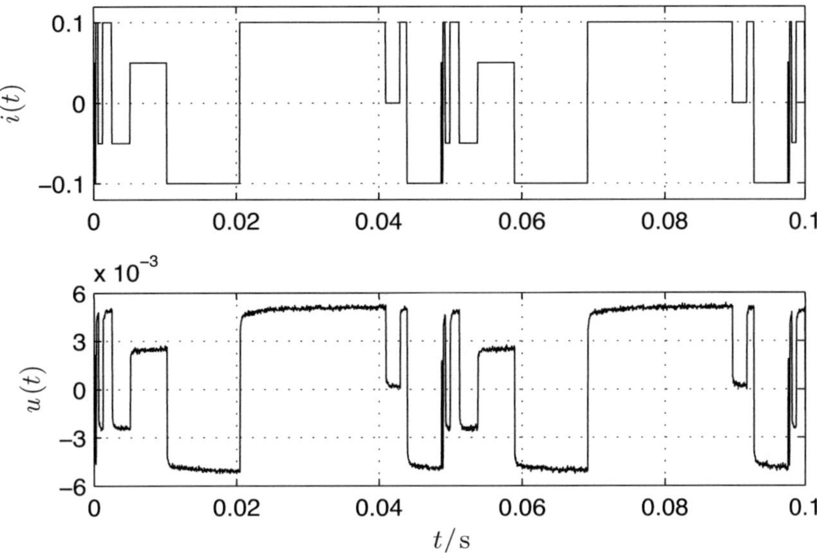

Abbildung 6.2: Verwendetes Anregungssignal $i(t)$ und simulierter Spannungsverlauf $u(t)$, die zur Impedanzschätzung verwendet werden

häufig bei der klassischen elektrochemischen Impedanzspektroskopie (EIS) als Wert für die Amplitude des sinusförmigen Stroms verwendet.

Zur Schätzung wird das ebenfalls in Abbildung 6.2 dargestellte Spannungssignal $u(t)$ verwendet, in dem ein weißes Messrauschen der konstanten Varianz

$$r(k) = \mathcal{E}\left\{v^2(k)\right\} = 4T_A^2$$

enthalten ist. Als konstante Abtastzeit wird mit $T_A = 40\mu s$ ein verhältnismäßig kleiner Wert gewählt, da die Dynamik mit der Zeitkonstanten $\tau_{0,2} = 170\mu s$ sehr schnell ist. Bei einer höheren Abtastzeit könnte man die Parameter dieser schnellen Dynamik praktisch nicht mehr schätzen. Um die Abtastzeit des Impedanzschätzers wählen zu können benötigt man also bereits a priori-Wissen über die in der Impedanz vorkommenden Zeitkonstanten.

Um die Einsetzbarkeit dieses neuen Verfahrens bewerten zu können, soll ein Schätzmodell verwendet werden, das die fraktionale Impedanz weniger genau approximiert als das Simulationsmodell. Schließlich ist bei einer Messung an einer realen Zelle die wirkliche Zellimpedanz ein fraktionales System und nur das Modell im Schätzer ist ein konventionelles (Approximations-)Modell. Daher wird für das Modell im Schätzer eine kleinere Ordnung als bei der Simulation verwendet. Besonders beim Schätzen der fraktionalen Impedanz mit dem UKF ist darauf zu achten, dass die

Modellordnung n_x des Schätzmodells nicht zu groß wird, um den Rechenaufwand der Unscented Transformation, die beim Prädiktionsschritt $2n_x + 1$ Sigma-Punkte abbilden muss, möglichst gering zu halten. Daher wird für das Modell im Schätzer nur $M_{CC} = 11$ gewählt, woraus bei $L = 11$ eine maximal mögliche Streifenbreite von $\Delta T = 2$ folgt, wenn keiner der Exponenten kleiner als $\alpha_n = 0{,}5$ wird. Das nichtlineare Gesamtmodell, das der Schätzer verwendet, besitzt somit wegen $N = 2$ eine Modellordnung von

$$n_x = N\, M_{CC} + 3\, N + 1 = 29.$$

Wie bereits im Abschnitt 3.3 erwähnt, beschreibt das durch die direkte Approximation erzeugte Modell nur das Übertragungsverhalten des Stroms auf die Spannung, nicht aber das Einschwingverhalten. Obwohl der Schätzer und das simulierte Impedanzmodell verschiedene Anfangswerte besitzen, sollten bei einer erfolgreichen Schätzung die beiden Parametervektoren von Modell und Schätzer nach einer endlichen Zeitspanne möglichst identische Werte annehmen. Die Zustandsgrößen $\underline{x}_D(k)$ und $\underline{\hat{x}}_D(k|k)$ der RC-Glieder können nicht miteinander konvergieren, da sie Zustandsgrößen unterschiedlich genauer Approximationsmodelle der gleichen Impedanz sind und damit eine unterschiedliche Dimension besitzen. Nur wenn der Entwurfsparameter M beim Simulations- und beim Schätzmodell identisch ist, kann ein Vergleich dieser Zustandsgrößen durchgeführt werden. Die Zustandsgrößen $\underline{x}_D(k)$ besitzen im Gegensatz zum Parametervektor $\underline{\theta}(k)$ ohnehin keine Aussagekraft, sondern sind nur notwendig, um die fraktionale Impedanz durch ein dynamisches Zustandsraummodell mathematisch zu beschreiben.

Zur Impedanzschätzung wird der im Abschnitt 5.3.6 vorgestellte Algorithmus des Unscented Kalman-Filters (UKF) verwendet. Das zur Schätzung verwendete Modell - das Schätzmodell - liegt durch die additiven Rauscheinflüsse von $\underline{w}(k)$ und $v(k)$ in der Form

$$\begin{aligned}
\underline{x}(k+1) &= \underline{f}\left(\underline{x}(k), i(k)\right) + \underline{w}(k) \\
u(k) &= \underline{c}^T\left(i(k)\right)\underline{x}(k) + v(k)
\end{aligned}$$

vor. Damit muss keine weitere Erweiterung des Zustandsraums erfolgen, wie sie nach Abschnitt 5.3.6 bei nicht-additivem Rauschen notwendig ist.

Wegen der hohen Modellordnung wird die Skalierte Unscented Transformation aus Abschnitt 5.3.5 verwendet. Hierfür werden die Entwurfsparameter

$$\eta = \sqrt{n_x},$$

$$\chi = \sqrt{\dfrac{3}{n_x}}$$

und

$$\vartheta = 2$$

gewählt, um sicherzustellen, dass die positive Definitheit der Kovarianzmatrizen während der Schätzung immer erhalten bleibt. Mit den nun festgelegten Parametern der Skalierten Unscented Transformation können die Gewichtungsfaktoren $\beta_{10}^*, \beta_1^*, \beta_{20}^*$ und β_2^* nach den im Abschnitt 5.3.5 angegebenen Formeln berechnet werden. Ferner müssen die skalierten Sigma-Punkte $\underline{\xi}_j^*(k-1)$ zur Durchführung der Schätzung mit dem UKF verwendet werden. Bei der gewählten Modellordnung $n_x = 29$ werden insgesamt $2\,n_x + 1 = 59$ Sigma-Punkte

$$\underline{\xi}_0^*(k-1), \underline{\xi}_1^*(k-1), \underline{\xi}_2^*(k-1), \cdots, \underline{\xi}_{57}^*(k-1), \underline{\xi}_{58}^*(k-1)$$

bei jedem Prädiktionsschritt mit der Nichtlinearität

$$\underline{\xi}_j^{*\prime}(k-1) = \underline{f}\left(\underline{\xi}_j^*(k-1), i(k-1)\right)$$

abgebildet. Mit der gewichteten Summe

$$\underline{\hat{x}}(k|k-1) = \beta_{10}^*\underline{\xi}_0^{*\prime}(k-1) + \beta_1^* \sum_{j=1}^{2n_x} \underline{\xi}_j^{*\prime}(k-1)$$

wird der Prädiktionswert berechnet. Die Schätzfehlerkovarianz des Prädiktionsschritts wird ebenfalls mit der Unscented Transformation durch die Formel

$$\begin{aligned}
\underline{\hat{P}}(k|k-1) \;=\; & \beta_{20}^*\left(\underline{\xi}_0^{*\prime}(k-1) - \underline{\hat{x}}(k|k-1)\right)\left(\underline{\xi}_0^{*\prime}(k-1) - \underline{\hat{x}}(k|k-1)\right)^{\mathrm{T}} \\
& + \beta_2^* \sum_{j=1}^{2n_x} \left(\underline{\xi}_j^{*\prime}(k-1) - \underline{\hat{x}}(k|k-1)\right)\left(\underline{\xi}_j^{*\prime}(k-1) - \underline{\hat{x}}(k|k-1)\right)^{\mathrm{T}} \\
& + \underline{Q}(k-1)
\end{aligned}$$

bestimmt. Die Rauschkovarianzmatrix $\underline{Q}(k)$ kann also einfach zu dem durch die Skalierte Unscented Transformation entstandenen Term hinzuaddiert werden, um $\underline{\hat{P}}(k|k-1)$ zu berechnen.

Wie bereits bei der Vorstellung des nichtlinearen Schätzmodells im Abschnitt 6.1 erwähnt, kann der Filterschritt wegen der linearen Form der Ausgangsgleichung (6.11) ohne die Unscented Transformation durchgeführt werden. Die hierfür verwendeten Filtergleichungen lauten

$$\underline{g}(k) = \underline{\hat{P}}(k|k-1)\underline{c}\left(i(k)\right)\left(\underline{c}^T\left(i(k)\right)\underline{\hat{P}}(k|k-1)\underline{c}\left(i(k)\right) + r(k)\right)^{-1}$$

und

$$\hat{\underline{x}}(k|k) = \hat{\underline{x}}(k|k-1) + \underline{g}(k)\left(u(k) - \underline{c}^T\left(i(k)\right)\underline{x}(k)\right).$$

Da nur eine einzige skalare Ausgangsgröße gemessen wird, entartet die Kalman-Verstärkungsmatrix zu einem Vektor, der mit $\underline{g}(k)$ bezeichnet wird. Zur Berechnung der Schätzfehlerkovarianz, die im nächsten Prädiktionsschritt benötigt wird, kann die Gleichung

$$\hat{\underline{P}}(k|k) = \hat{\underline{P}}(k|k-1) - \underline{g}(k)\underline{c}^T\left(i(k)\right)\hat{\underline{P}}(k|k-1)$$

verwendet werden. Als Rauschvarianzmatrix wird die konstante Diagonalmatrix

$$\underline{Q}(k) = \begin{bmatrix} \underline{Q}_{x_D} & \underline{0} & \underline{0} & \underline{0} & \underline{0} \\ \underline{0} & \underline{Q}_{R^*} & \underline{0} & \underline{0} & \underline{0} \\ \underline{0} & \underline{0} & \underline{Q}_{\tau^*} & \underline{0} & \underline{0} \\ \underline{0} & \underline{0} & \underline{0} & \underline{Q}_{\alpha^*} & \underline{0} \\ \underline{0} & \underline{0} & \underline{0} & \underline{0} & q_{R_0} \end{bmatrix} \tag{6.16}$$

gewählt, die aus den einzelnen Diagonalmatrizen

$$\underline{Q}_{x_D} = \begin{bmatrix} 0{,}0002 & 0 & \cdots & 0 \\ 0 & 0{,}0002 & \cdots & 0 \\ \vdots & \vdots & \ddots & \vdots \\ 0 & 0 & \cdots & 0{,}0002 \end{bmatrix},$$

$$\underline{Q}_{R^*} = \begin{bmatrix} 0{,}036 & 0 \\ 0 & 0{,}036 \end{bmatrix},$$

$$\underline{Q}_{\tau^*} = \begin{bmatrix} 0{,}08 & 0 \\ 0 & 0{,}12 \end{bmatrix},$$

$$\underline{Q}_{\alpha^*} = \begin{bmatrix} 0{,}032 & 0 \\ 0 & 0{,}02 \end{bmatrix}$$

aufgebaut ist und die Prozessrauschvarianz $q_{R_0} = 0{,}0012$ des Parameters R_0 enthält.

Zur Erzeugung der Simulationsdaten wurde die Gleichung

$$\underline{\theta}^*(k) = \underline{\theta}^*(k-1)$$

verwendet. Dagegen wurden die stochastisch gestörten Parameter im Schätzmodell durch Gleichung

$$\underline{\theta}^*(k) = \underline{\theta}^*(k-1) + \underline{w}_\theta(k-1)$$

berücksichtigt.

In Abbildung 6.3 sind die konstanten transformierten Widerstandsparameter $R_n^*(k)$

des Simulationsmodells und die zeitveränderlichen Schätzwerte $\hat{R}_n^*(k|k)$ des Unscented Kalman-Filters dargestellt. Da eine sehr kleine Abtastzeit von nur $T_A = 40\mu s$ verwendet wurde, liegen alle Ergebnisse fast in zeitkontinuierlicher Form vor. Darum werden in den Abbildungen alle Resultate aus Gründen der Interpretierbarkeit in Abhängigkeit der Zeit t angegeben.

Man erkennt in Abbildung 6.3, dass die Schätzung der $R_n^*(k)$ bereits nach 4 Sekunden konvergiert ist. Diese sehr geringe Zeitspanne ist durch die Werte der Zeitkonstanten in der Impedanz (6.14) zu erklären. Die größte beträgt nämlich in diesem Beispiel nur $\tau_{0,1} = 1{,}1\,\mathrm{s}$. Währen Prozesse in der untersuchten Impedanz enthalten, deren Zeitkonstanten größer sind, so würde es auch länger dauern bis die Schätzung konvergiert ist.

Die auftretende leichte Welligkeit im Verlauf der Schätzwerte wird durch das periodische Anregungssignal $i(t)$ verursacht, denn die Eingangsgröße hat bei der Schätzung nichtlinearer Systeme einen größeren Einfluss als bei einer Schätzung an linearen Systemen. Bei letzteren ist der Schätz- beziehungsweise Beobachtungsfehler unabhängig vom Anregungssignal, das somit nicht in die Fehlerdifferenzialgleichung eingeht.

Ebenfalls fällt auf, dass bei der Schätzung der Widerstände keine erkennbaren konstanten Fehler für große Zeiten auftreten. Diese Tatsache ist nicht unbedingt zu erwarten, da die Berechnung der Momente bei der Prädiktion nur näherungsweise erfolgen kann und eine eingeschränkte Schätzerstruktur - die Prädiktor-Korrektor-Struktur - verwendet wird. Das Auftreten eines bleibenden konstanten Schätzfehlers, der auch als Bias bezeichnet wird, wäre durchaus zu erwarten. Es liegt aber bei dieser Widerstandsschätzung kein relevanter Biasfehler vor.

In Abbildung 6.3 wurden die Vertrauensbereiche der geschätzten Variablen als gestrichelte Linien eingezeichnet. Die Grenzen des Vertrauensbereichs wurden aus dem Wert der entsprechenden Schätzfehlerkovarianz ermittelt. Da die Varianzen der Schätzfehler, die sich auf der Hauptdiagonalen der Matrix $\underline{\hat{P}}(k|k)$ befinden, bekannt sind, können die Standardabweichungen der einzelnen Komponenten des Zustandsvektors aus $\underline{\hat{P}}(k|k)$ berechnet werden. Auf diese Weise kann man die Standardabweichung $\sigma_{R_1^*}(k)$ des Schätzfehlers von $\hat{R}_1^*(k)$ bestimmen. Die in Abbildung 6.3 eingezeichneten Grenzen des Vertrauensbereichs ergeben sich durch die beiden Gleichungen

$$\hat{R}_1^*(k) + 3\sigma_{R_1^*}(k)$$

und

$$\hat{R}_1^*(k) - 3\sigma_{R_1^*}(k).$$

Wären die Schätzfehler normalverteilt, dann müssten die wirklichen Modellparameter mit der Wahrscheinlichkeit von 99,73% im Vertrauensbereich liegen. Man erhält also bei einer Schätzung mit dem UKF neben dem Schätzwert zusätzliche Informatio-

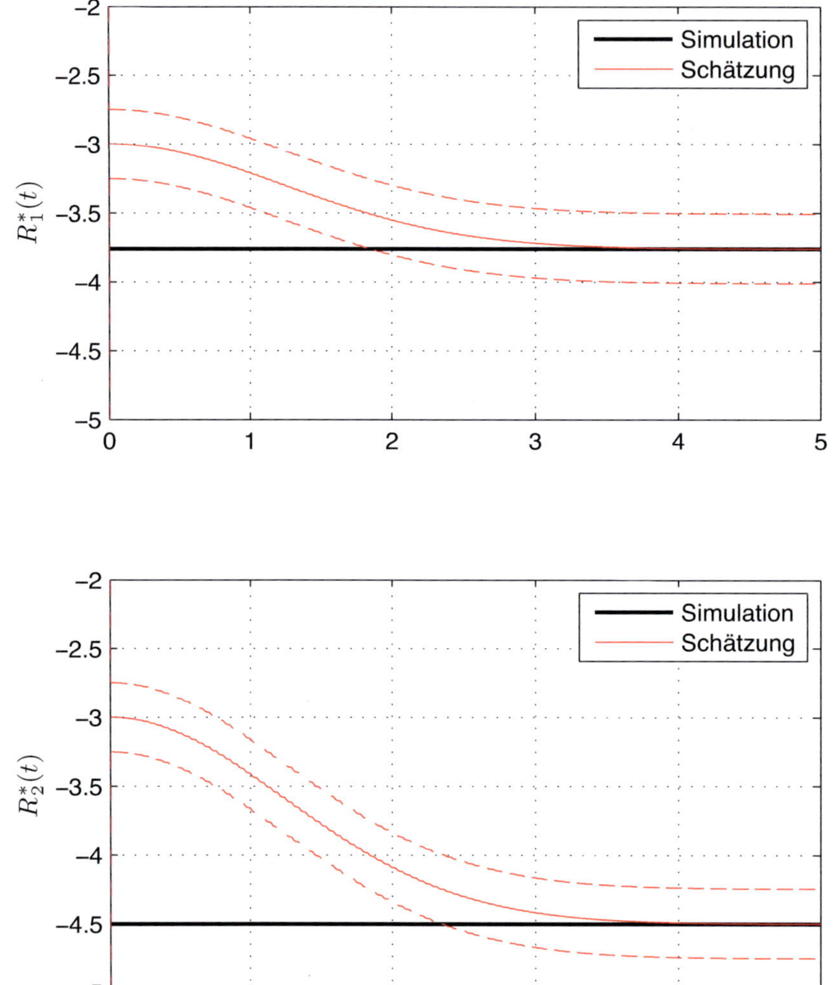

Abbildung 6.3: Konvergenz der Schätzung der transformierten Widerstandsparameter R_1^* und R_2^*

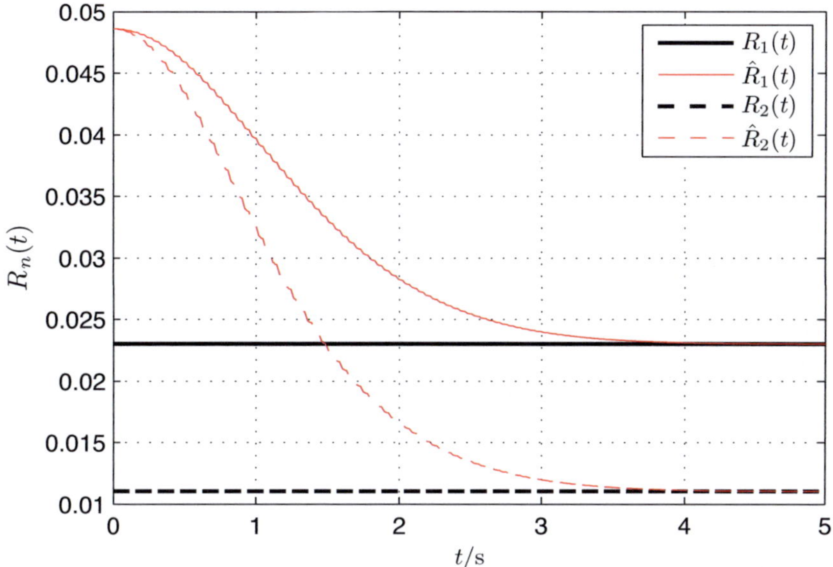

Abbildung 6.4: Konvergenz der Schätzung der Widerstandsparameter R_1 und R_2

nen über die Genauigkeit der Schätzung. Da im hier durchgeführten Experiment die Modellparameter deterministisch und konstant sind, wird die Wahl der Kovarianzmatrix $\underline{Q}$ dazu verwendet, um das Konvergenzverhalten des Schätzers einzustellen. Außerdem kann der wirkliche Schätzfehler wegen der nichtlinearen Systemdynamik nicht normalverteilt sein. Eine strenge stochastische Interpretation des Vertrauensbereichs ist daher nicht immer ratsam.

Die Widerstandsparameter in nicht transformierter Form sind in Abbildung 6.4 dargestellt. Auch in dieser Form ist kein Bias im Schätzergebnis erkennbar.

Die Verläufe der transformierten Zeitkonstanten $\tau_{0,1}^*$ und $\tau_{0,2}^*$ sind in Abbildung 6.5 zu sehen. Auch diese Schätzung konvergiert bereits nach 4 Sekunden. Man erkennt aber, dass die Konvergenzgeschwindigkeit der beiden Zeitkonstanten unterschiedlich ist. Vor allem in Abbildung 6.6, in der die nicht transformierten Parameter dargestellt sind, ist deutlich zu erkennen, dass die Schätzung der kleineren Zeitkonstanten schneller konvergiert.

Im Gegensatz zur Schätzung der Widerstandswerte tritt bei der Schätzung der Zeitkonstanten $\tau_{0,2}^*$ ein Bias von ungefähr

$$\lim_{k \to \infty} \left(\tau_{0,2}^*(k) - \hat{\tau}_{0,2}^*(k) \right) = -0{,}72$$

auf. Die Abweichungen liegen aber im 3σ-Vertrauensbereich, der ebenfalls in dieser

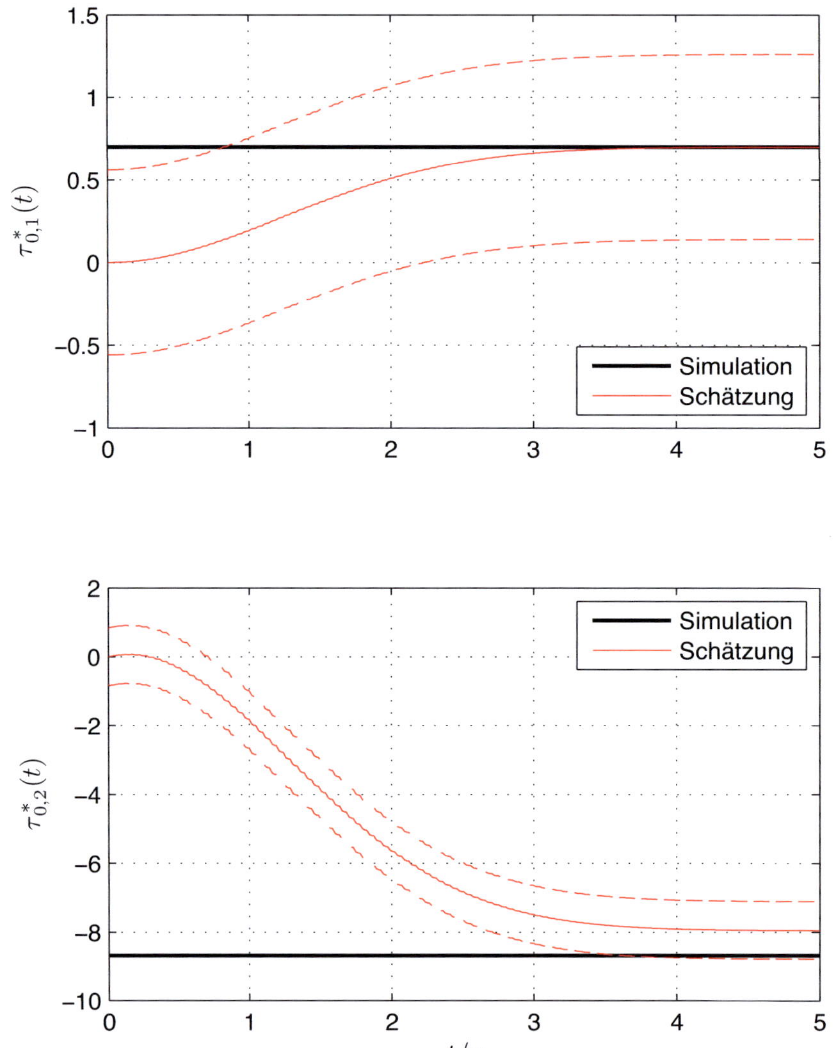

Abbildung 6.5: Konvergenz der Schätzung der transformierten Zeitkonstanten $\tau_{0,1}^*$ und $\tau_{0,2}^*$

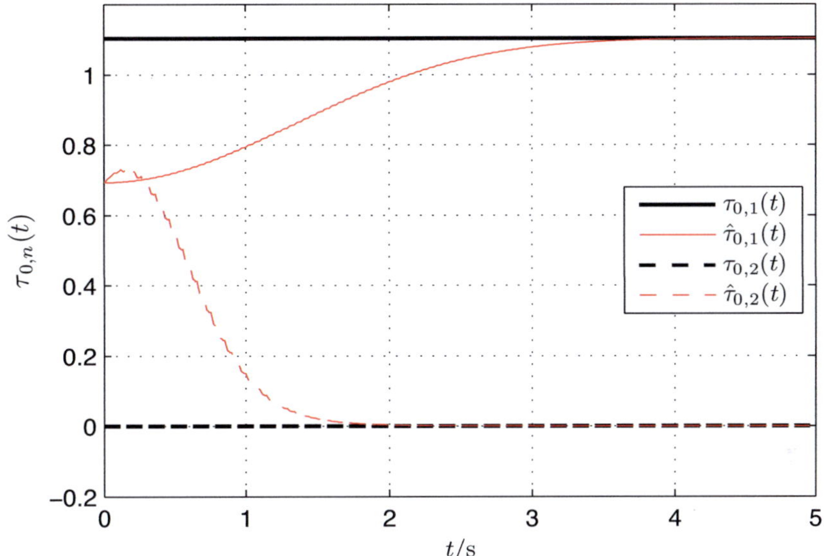

Abbildung 6.6: Konvergenz der Schätzung der Zeitkonstanten $\tau_{0,1}$ und $\tau_{0,2}$

Abbildung dargestellt ist. Bei der in dieser Arbeit entwickelten Impedanzschätzung kann es möglich sein, dass einige Modellparameter nicht beliebig genau geschätzt werden können. Hierfür ist - wie bereits erwähnt - das nichtlineare Verhalten des Modells verantwortlich. In Abbildung 6.6 ist der Bias jedoch durch die Rücktransformation von $\tau_{0,2}^*$ nach $\tau_{0,2}$ kaum erkennbar.

Mit der in dieser Arbeit vorgestellten Strategie zur Impedanzschätzung können auch die fraktionalen Ordnungen (die fraktionalen Exponenten) der einzelnen Cole-Cole-Glieder geschätzt werden. In den Abbildungen 6.7 und 6.8 sind die konvergenten Schätzergebnisse der Exponenten dargestellt. Zu keinem Zeitpunkt ist einer dieser beiden Schätzwerte kleiner als $\alpha = 0{,}5$ und damit bleibt die Genauigkeit der direkten Approximation während der gesamten Schätzung im akzeptablen Bereich.

Auch bei der Schätzung des Exponenten α_2^* tritt ein Bias auf, denn dieser wird zu groß geschätzt $(\alpha_2^*(\infty) - \hat{\alpha}_2^*(\infty) = -0{,}075)$, da eine ebenfalls fehlerhafte Zeitkonstante für diesen Prozess ermittelt wurde. Häufig führt ein Biasfehler dazu, dass gleich mehrere Parameter fehlerhaft geschätzt werden. Dennoch sind die hier vorliegenden Fehler akzeptabel.

Im vorherigen Abschnitt 6.1 wurde bereits erwähnt, dass die Schätzung des Widerstandsparameters R_0 schwierig, aber für den gesamten Erfolg der Impedanzschätzung entscheidend ist. Wird die Kovarianz des Prozessrauschens für diesen Parameter zu groß eingestellt, misslingt die Schätzung der Cole-Cole-Elemente, denn für alle

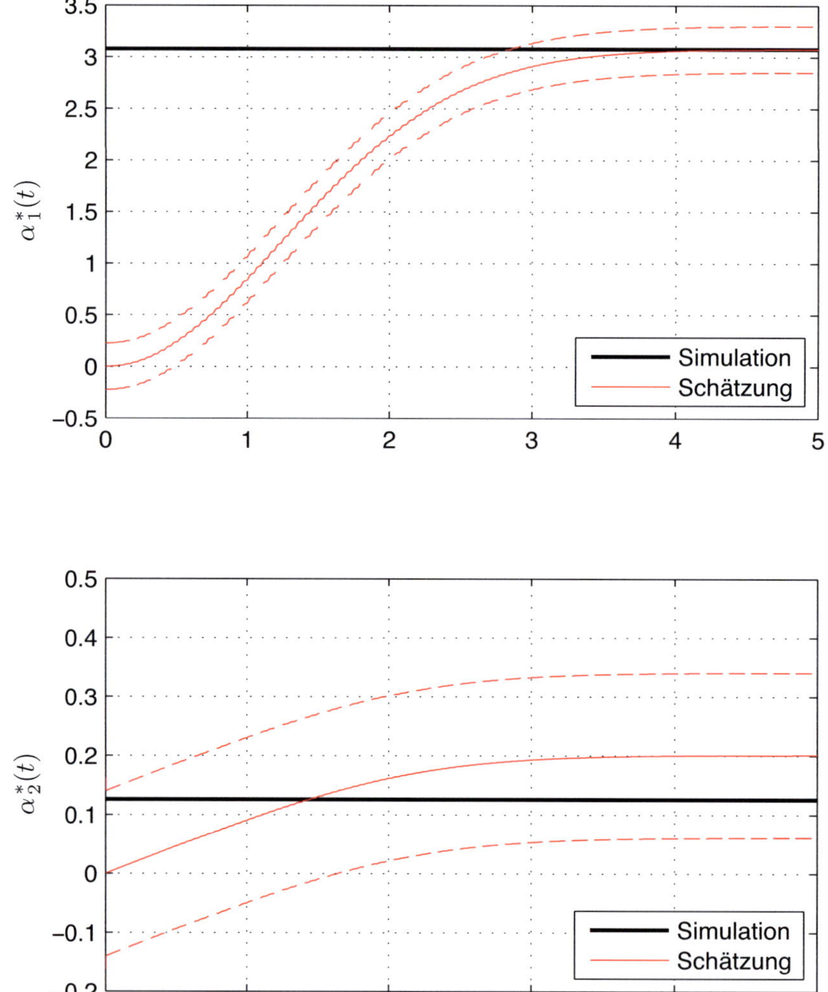

Abbildung 6.7: Konvergenz der Schätzung der transformierten Exponenten α_1^* und α_2^*

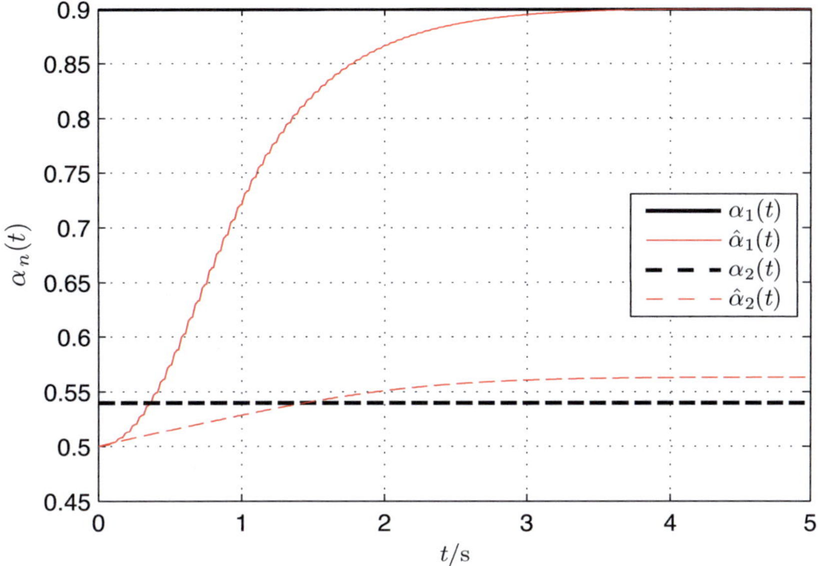

Abbildung 6.8: Konvergenz der Schätzung der Exponenten α_1 und α_2

Veränderungen des Ausgangssignals $u(t)$ wird ein sich änderndes und unsicheres R_0 verantwortlich gemacht. Darum muss der entsprechende Wert in $\underline{Q}$ verhältnismäßig klein gewählt werden. In Abbildung 6.9 ist das Ergebnis der Schätzung von R_0 dargestellt, die schon nach 2 Sekunden eingeschwungen ist. Da R_0 der einzige Parameter ist, der direkt in die Ausgangsgleichung eingeht, konvergiert seine Schätzung meist sehr schnell.

Zu jedem Zeitpunkt liegen geschätzte Modellparameter vor, aus denen ein Relaxationsdichtespektrum berechnet werden kann. In Abbildung 6.10 sind die zu den Zeitpunkten $t = 0\text{s}$, $t = 1\text{s}$, $t = 2\text{s}$ und $t = 5\text{s}$ vorliegenden Spektren eingezeichnet. Die Dichte zum Zeitpunkt $t = 0\text{s}$ ergibt sich dabei direkt aus den Anfangswerten des Unscented Kalman-Filters. Bereits nach nur 2 Sekunden sind die reale und die geschätzte Relaxationsdichte nahezu identisch, obwohl noch nicht alle Parameter biasfrei vorliegen. Vor allem der Cole-Cole-Prozess, mit dem Exponenten $\alpha_1 = 0{,}9$, dessen Spitze im Spektrum bei ungefähr $T_{0,1} = 0$ liegt, wird vom UKF deutlich schneller und genauer geschätzt als der andere Prozess bei $T_{0,2} = -8$, dessen Exponent $\alpha_2 = 0{,}54$ beträgt. Hierbei darf nicht vergessen werden, dass im Relaxationsdichtespektrum die logarithmischen Zeitkonstanten T aufgetragen werden, woraus eine verzerrte Zeitkonstantenachse resultiert. Ein Vergleich mit den Kurven in Abbildung 6.6 zeigt, dass die Zeitkonstante $\tau_{0,2}$ des zweiten Prozesses in nicht transformierter Darstellung schneller konvergiert. Der Biasfehler, der bei den Schätzungen von $\tau_{0,2}^*$ und α_2^* auftritt führt dazu, dass die Spitze im Relaxationsspektrum,

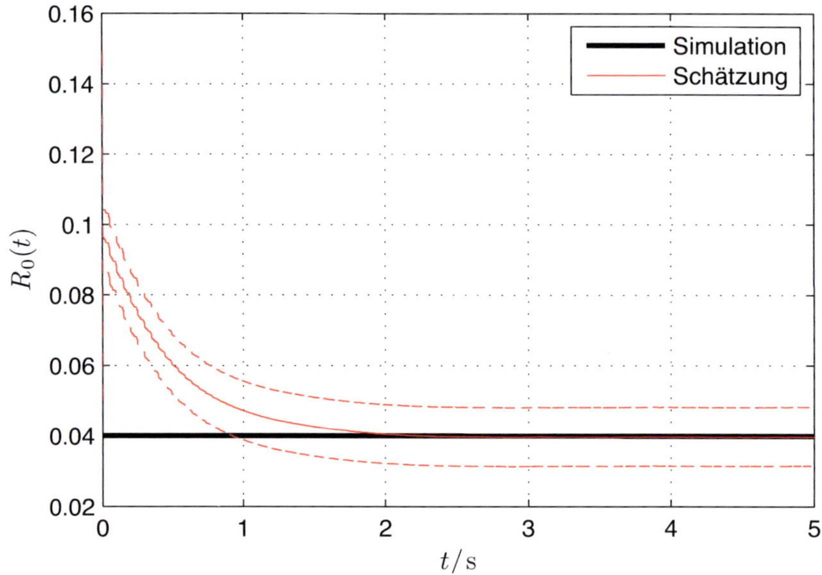

Abbildung 6.9: Konvergenz der Schätzung des Elektrolytwiderstands R_0

die diesen Prozess repräsentiert, deutlich verschoben ist. Der Fehler im Exponenten macht sich im Spektrum kaum bemerkbar, da die Breite, der zum Prozess 2 gehörende Spitze korrekt ermittelt wurde. Dagegen wird ein Bias in der Darstellung mit logarithmischen Zeitkonstanten T vor allem bei kleinen Werten $\tau_{0,n} < 1/\omega_0$ durch die nichtlineare Abbildungsvorschrift

$$T_{0,n} = \ln\left(\omega_0\,\tau_{0,n}\right)$$

deutlich verstärkt.

Das hier vorgestellte Beispiel zeigt, dass die mit dem UKF durchgeführte Impedanzschätzung konvergiert und nur ein geringer bleibender Schätzfehler (Bias) bei der Parameterschätzung auftritt.

6.3   Simulationsergebnis bei zeitvarianten Modellparametern

Der bedeutendste Vorteil, des in dieser Arbeit vorgestellten Verfahrens zur Impedanzschätzung war die Möglichkeit, zeitvariante Impedanzen schätzen zu können. Daher wird als nächstes in einem Simulationsexperiment eine Schätzung bei zeit-

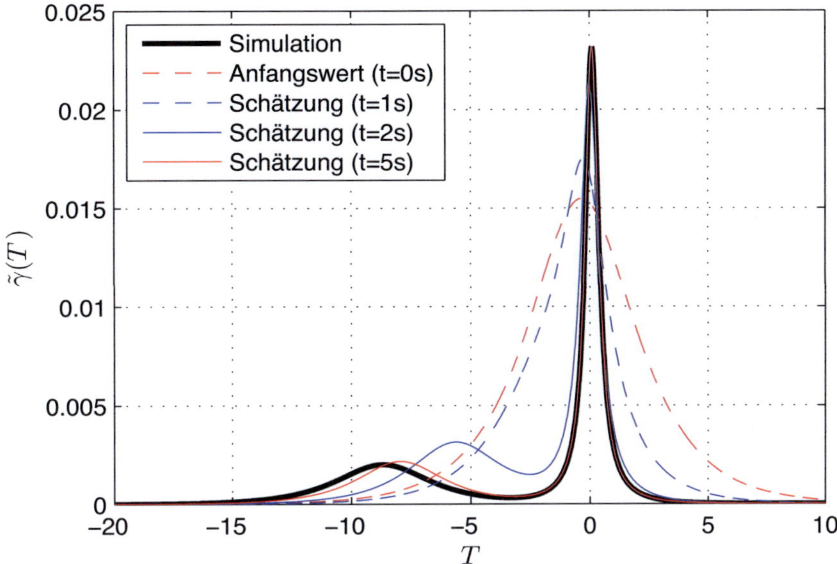

Abbildung 6.10: Konvergenz der Relaxationsdichte bei der Schätzung

varianten Modellparametern durchgeführt. Somit werden in diesem Beispiel keine konstanten Modellparameter im Simulationsmodell verwendet. Stattdessen werden zeitveränderliche Parameter von einem Brownschen Bewegungsprozess erzeugt. Bei der Simulation der Impedanz wird daher ein Modell verwendet, das zu einer Parameterdrift führt. Auf das Simulationsmodell wirkt das Prozessrauschen $\underline{w}(k)$, dessen konstante Varianzmatrix $\underline{Q}(k) = \underline{Q}$, wie in Gleichung (6.16) angegeben, aufgebaut ist. Die Matrix $\underline{Q}$ wird außerdem beim Prädiktionsschritt verwendet, um $\underline{\hat{P}}(k|k-1)$ zu berechnen.

Der Zustandsvektor des Schätzers und des Simulationsmodells werden zum Anfangszeitpunkt identisch gewählt.

Das Ergebnis dieser Schätzung ist in den Abbildungen 6.11-6.14 für die transformierten Modellparameter dargestellt. Es zeigt sich, dass die Veränderung aller Modellparameter nach einer gewissen Zeitspanne erkannt wird. Die Schätzung der Parameter R_n^*, $\tau_{0,n}^*$ und α_n^* ist dabei vergleichsweise träge. Die Schätzwerte folgen den zeitveränderlichen Parametern sehr langsam. Das Filter wirkt also glättend. Bei der Schätzung des Widerstands R_0 ist der Schätzer, wie schon im vorherigen Beispiel, wesentlich schneller. Ein zu geringer Glättungseffekt bei der Schätzung von R_0, würde dazu führen, dass die Veränderungen der übrigen Parameter nicht erkannt werden. In diesem Beispiel trat dieses Problem jedoch nicht auf, da die Varianz $\underline{Q}$ des mittelwertfreien Prozessrauschens bekannt war.

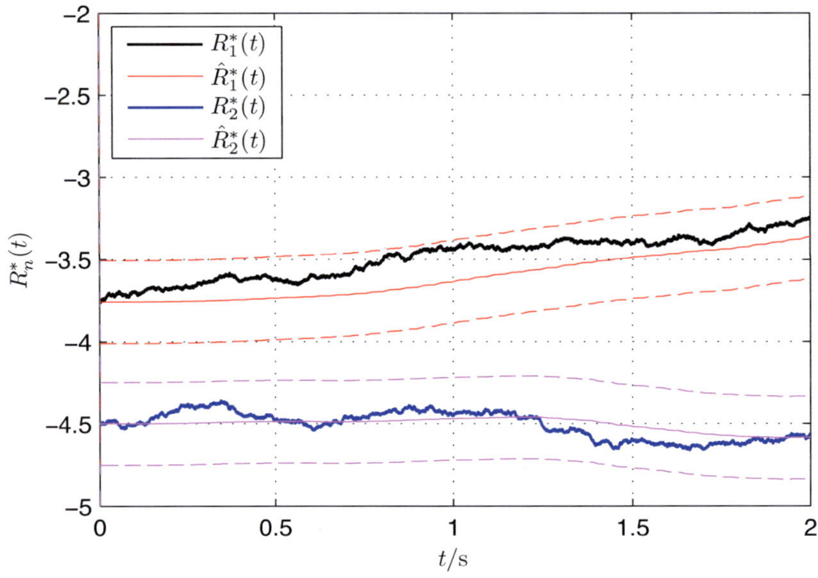

Abbildung 6.11: Schätzung der transformierten Widerstandsparameter R_1^* und R_2^*

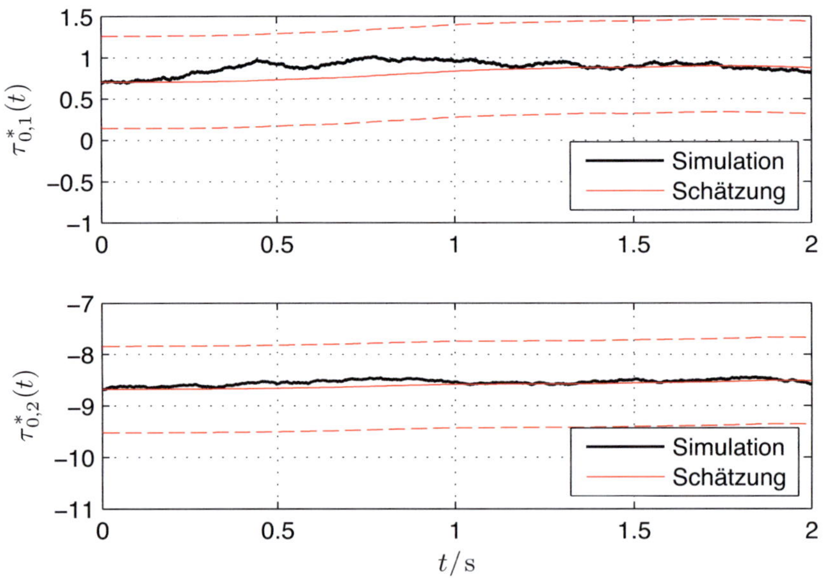

Abbildung 6.12: Schätzung der transformierten Zeitkonstanten $\tau_{0,1}^*$ und $\tau_{0,2}^*$

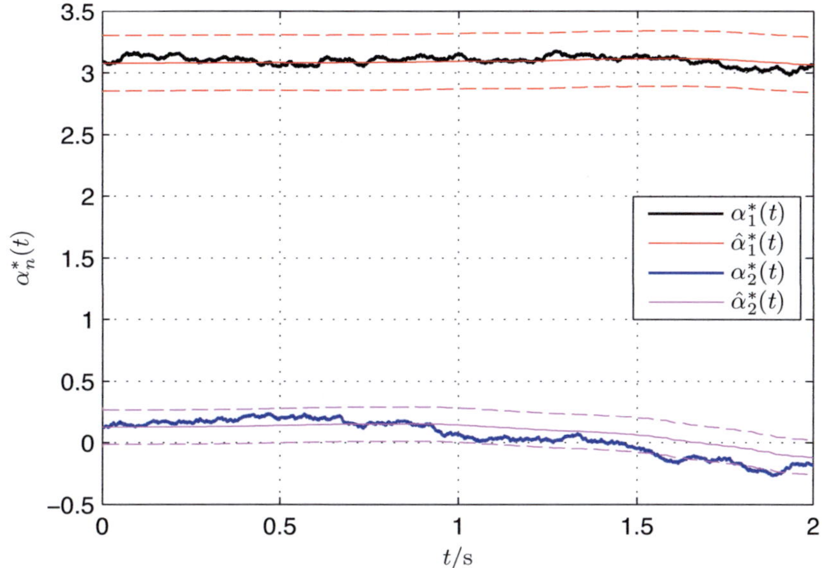

Abbildung 6.13: Schätzung der transformierten Exponenten $\alpha_{0,1}^*$ und $\alpha_{0,2}^*$

Zur erfolgreichen Schätzung zeitvarianter Impedanzen ist die Matrix $\underline{Q}$ von großer Bedeutung. Sind ihre Komponenten ungünstig gewählt, so entstehen große Abweichungen zwischen den wirklichen und den geschätzten Modellparametern der fraktionalen Impedanz. Im schlimmsten Fall führt eine zu groß gewählte Matrix $\underline{Q}$ zur Divergenz des Filters. Bei der Schätzung mit Kalman-Filtern an linearen Systemen kann dieses Problem nicht auftreten.

6.4 Zusammenfassung

Durch die Einbindung des mit der direkten Approximation erzeugten Zustandsraum-Impedanzmodells in das Unscented Kalman-Filter liegt erstmals ein Verfahren vor, das eine Schätzung zeitvarianter Impedanzen ermöglicht. Die auftretenden physikalischen Begrenzungen der zu schätzenden Modellparameter werden durch die Einführung nichtlinearer Transformationsvorschriften bereits im Modell berücksichtigt. Da sich bei zeitveränderlichen Modellparametern die Relaxationsdichte und auch das durch Diskretisierung entstandene Approximationsmodell verändert, wird eine konstante Modellordnung verwendet. Diese Maßnahme ist notwendig, da bei einem Approximationsmodell mit zeitveränderlicher Ordnung die Umrechnung der Zustandsgrößen nicht möglich ist. Daher muss bereits bei der Durchführung der direkten Approximation darauf geachtet werden, dass auch bei einer sehr breiten

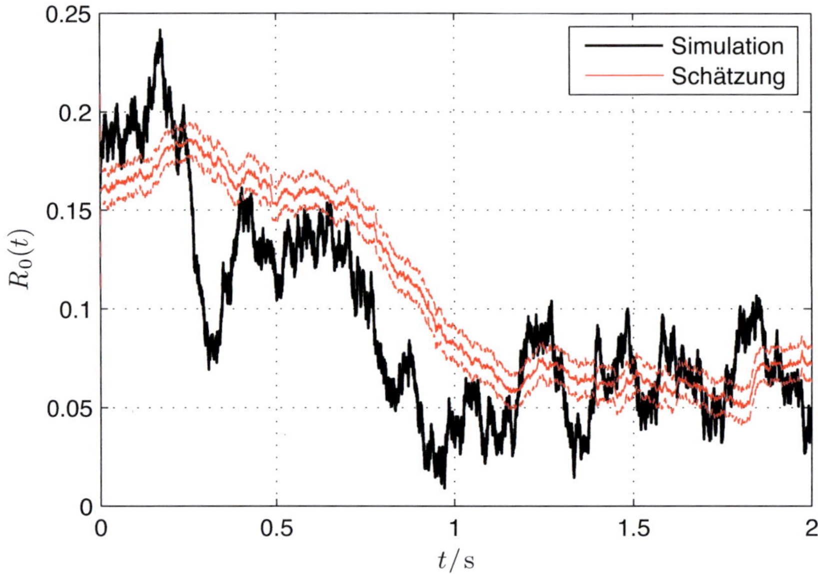

Abbildung 6.14: Schätzung des Elektrolytwiderstands R_0

Relaxationsdichte eine akzeptable Genauigkeit erreicht wird. Die Exponenten der Cole-Cole-Glieder sind hierfür entscheidend. Der kleinste vorkommende Wert dieser Modellparameter bestimmt die notwendige Modellordnung.

Das im Zeitbereich vorliegende nichtlineare Zustands- und Parameterschätzproblem kann mit dem Unscented Kalman-Filter gelöst werden. Beim Entwurf des Schätzers sind einige Parameter zu wählen, die für eine erfolgreiche Schätzung entscheidend sind. Hierzu zählen die Skalierungsfaktoren der verwendeten Skalierten Unscented Transformation, die Varianzmatrizen des Prozess- und Messrauschens, die Abtastzeit sowie das Anregungssignal, das im Arbeitspunkt dem Laststrom der Zelle überlagert wird. Da es sich um ein nichtlineares Schätzproblem handelt, können auch nach einer eingeschwungenen Schätzung Abweichungen zu den wirklichen Parametern auftreten. Bei einer geeigneten Wahl der Entwurfsparameter bleiben diese Fehler jedoch in einem akzeptablen Bereich.

Mit den beiden vorgestellten Beispielen konnte gezeigt werden, dass die von einem UKF durchgeführte Impedanzschätzung konvergiert und auch zeitveränderliche Parameter geschätzt werden können.

In den vorgestellten Beispielen wurden fraktionale Impedanzen, bestehend aus $N = 2$ Cole-Cole-Gliedern verwendet. Die Verwendung von $N > 2$ ist nicht empfehlenswert, da in diesem Fall zu viele Parameter aus nur einem einzigen gemessenen Signal geschätzt werden müssen. Hierbei können sehr große Biasfehler auftreten. Doch auch die Bestimmung einer analytischen Impedanz aus EIS-Daten, wie im Abschnitt 2.3 durchgeführt, ist ebenfalls sehr schwierig, wenn viele Cole-Cole-Glieder für das gesuchte Modell angesetzt werden.

Kapitel 7

Zusammenfassung

In dieser Arbeit wurde eine neuartige Methode entwickelt, um die Impedanz einer Hochtemperaturbrennstoffzelle SOFC im Zeitbereich zu schätzen. Diese Vorgehensweise besitzt den entscheidenden Vorteil, dass sie auch bei zeitveränderlichen Impedanzen anwendbar ist. Das bis heute eingesetzte klassische Verfahren der elektrochemischen Impedanzspektroskopie erfordert dagegen eine zeitlich konstante Zellimpedanz über den Messzeitraum. Diese Forderung schränkt somit die Verwendbarkeit der Impedanzspektroskopie ein.

Um die Schätzung im Zeitbereich durchführen zu können, musste ein Zustandsraummodell gefunden werden, das die im Frequenzbereich definierten Cole-Cole-Glieder mathematisch beschreibt. Dabei trat eine Besonderheit auf, denn nur mit fraktionalen (nicht-ganzzahligen) Ableitungen konnten Differenzialgleichungen im Zeitbereich für die Zellimpedanz gefunden werden. Durch die Entwicklung einer neuartigen Approximationsmethode für diese mit fraktionalen Ableitungen formulierten Systeme konnten konventionelle lineare Modelle entwickelt werden, die ein identisches Übertragungsverhalten besitzen. Im Vergleich zu bestehenden numerischen Methoden für durch fraktionale Differenzialgleichungen definierte Systeme ist die neue Methode über einen sehr großen Frequenzbereich - bei verhältnismäßig geringer Modellordnung - genau und führt außerdem auf ein für die Schätzung verwendbares Zustandsraummodell.

Um auch die gesuchten zeitveränderlichen Modellparameter der durch Cole-Cole-Glieder gegebenen Zellimpedanz beschreiben zu können, wurde das Zustandsraummodell erweitert. Alle Parameter der Impedanz wurden als zusätzliche Zustandsgrößen verwendet, was auf ein nichtlineares Modell führte. Daher musste ein nichtlinearer Schätzer verwendet werden, um diese Aufgabe zu lösen. Da die Drift der zeitvarianten Modellparameter und auftretende Messfehler mathematisch als stochastische Prozesse beschreibbar sind, wurde ein nichtlinearer stochastischer Zustandsschätzer verwendet: das Sigma-Punkt-Kalman-Filter, das als rekursives Schätzfilter implementiert werden kann und somit wenig Speicherplatz bedarf. Bei jedem Schätzschritt werden - wie auch beim klassischen Kalman-Filter für lineare Systeme - nur die ersten beiden Momente des prädizierten und des gefilterten Zustands berechnet. Weitere Informationen über die stochastischen Prozesse sind daher nicht erforderlich.

Das zur Impedanzschätzung eingesetzte Sigma-Punkt-Kalman-Filter verwendete die sogenannte Unscented Transformation. Dieses Verfahren ermöglicht die Approximation der ersten beiden Momente einer Zufallsvariablen, die eine nichtlineare Transformation durchlief. Dabei werden in Abhängigkeit von der Varianz ausgewählte Stichproben - die sogenannten Sigma-Punkte - der Zufallsvariablen verwendet, um mit der nichtlinearen Funktion zu entsprechenden Realisierungswerten der neuen Variablen transformiert zu werden. Über eine gewichtete Summe können dann die gesuchten ersten beiden Momente näherungsweise bestimmt werden. Die so berechneten Approximationswerte sind genauer als die der klassischen Linearisierungsmethode, die im erweiterten Kalman-Filter (EKF) verwendet wird. Daher ist das Sigma-Punkt-Kalman-Filter dem EKF überlegen, was schon bei einfachen nichtlinearen Schätzaufgaben deutlich wird.

In dieser Arbeit wurde das prinzipielle Vorgehen bei der Unscented Transformation im skalaren Fall anschaulich gezeigt. Danach wurde es auch für den beliebigen mehrdimensionalen Fall detailliert hergeleitet.

Begrenzungen des Zustandsraums sind bedeutende Probleme für Zustandsschätzer, die mit den ersten beiden Momenten der stochastischen Prozesse arbeiten, denn die Varianz eines Schätzwerts kann so groß sein, dass auch Zustandsgrößen, die außerhalb der Begrenzungen liegen, als wahrscheinliche Realisierungen interpretiert werden. Um dieses Problem, das auch bei der Impedanzschätzung auftrat, umgehen zu können, wurden transformierte Parameter in das Gesamtmodell integriert, die keinen Begrenzungen unterliegen.

Unter Verwendung der vorgestellten Methoden gelang die Durchführung von Schätzungen im Zeitbereich, um erstmals auch zeitveränderliche Zellimpedanzen während des Betriebs erkennen zu können.

Insgesamt zeigt diese Arbeit, wie fruchtbar das Zusammenwirken verschiedener wissenschaftlicher Disziplinen sein kann. Neue Methoden der Mathematik und der Regelungstechnik konnten angewandt werden, um ein anspruchsvolles Schätzproblem aus der Werkstoffwissenschaft zu lösen.

Anhang A

Definitionen

Definition A.1 (Gamma-Funktion):

$$\Gamma(x) = \int_{t=0}^{\infty} t^{x-1}\mathrm{e}^{-t}dt$$

Mit der Gamma-Funktion kann die Fakultät wegen Gleichung

$$\alpha! = \Gamma(\alpha + 1)$$

auch für reelle Zahlen definiert werden. Dieser Zusammenhang wird genutzt, um die fraktionale Ableitung nach Riemann-Liouville zu definieren. Die Gamma-Funktion $\Gamma(x)$ besitzt einfache Pole an den Stellen $x = 0, -1, -2, \ldots, -\infty$.

Definition A.2 (Mittag-Leffler-Funktion mit zwei Parametern):

$$\mathrm{E}_{\alpha,\beta}(z) = \sum_{k=0}^{\infty} \frac{z^k}{\Gamma(\alpha k + \beta)}, \qquad \alpha, \beta \in \mathbb{R}^+$$

Die Mittag-Leffler-Funktion (mit zwei Parametern) ist eine Verallgemeinerung der Exponentialfunktion, denn es gilt der Zusammenhang

$$\mathrm{E}_{1,1}(z) = \sum_{k=0}^{\infty} \frac{z^k}{\Gamma(k + 1)} = \sum_{k=0}^{\infty} \frac{z^k}{k!} = \mathrm{e}^z.$$

Es gibt auch eine Mittag-Leffler-Funktion $\mathrm{E}_{\alpha}(z)$ mit nur einem Parameter α. Diese kann aus der zweiparametrigen Form durch den Zusammenhang $\mathrm{E}_{\alpha}(z) = \mathrm{E}_{\alpha,1}(z)$ bestimmt werden.

Die numerische Bestimmung der Funktionswerte dieser Funktion ist Gegenstand des Artikels [GLL02].

Definition A.3 (Faltungsintegral):
Das Integral

$$\int_{\tau=0}^{t} f(t-\tau)\,g(\tau)\,d\tau = \int_{\tau=0}^{t} f(\tau)\,g(t-\tau)\,d\tau$$

wird Faltungsintegral genannt und durch die Schreibweise $f(t) * g(t)$ *abgekürzt.*

Im Bildbereich vereinfacht sich die Faltung zweier Funktionen zur Multiplikation der jeweiligen Laplace-Transformierten [Föl93]:

$$f(t) * g(t) \ \circ\!\!-\!\bullet\ F(s)\,G(s) \quad (\text{mit } f(t) \ \circ\!\!-\!\bullet\ F(s),\ g(t) \ \circ\!\!-\!\bullet\ G(s)).$$

Um Formeln vereinfacht darstellen zu können, wird häufig das Kronecker-Symbol verwendet. In Definition A.4 wird dieses Symbol eingeführt.

Definition A.4 (Kronecker-Symbol):

Das Symbol $\delta_{k_1,k_2,\ldots,k_n}$ *wird Kronecker-Symbol genannt und ist für* $k_1, k_2, \ldots, k_n \in$ $\mathbb{N}$ *folgendermaßen definiert:*

$$\delta_{k_1,k_2,\ldots,k_n} = \begin{cases} 1, & k_1 = k_2 = \cdots = k_n \\ 0, & \text{sonst.} \end{cases}$$

Eine wichtige Eigenschaft von quadratischen Matrizen ist die positive Definitheit. Bei der stochastischen Zustandsschätzung wird diese Eigenschaft aus Definition A.5 für Kovarianzmatrizen gefordert.

Definition A.5 (Positive (Semi-)Definitheit quadratischer Matrizen):
Eine symmetrische Matrix $\underline{M}$ *wird positiv definit genannt, wenn für beliebige Vektoren* $\underline{x} \neq \underline{0}$ *die Ungleichung*

$$\underline{x}^{\mathrm{T}} \underline{M}\, \underline{x} > 0$$

gilt.
Ist nur die schwächere Bedingung

$$\underline{x}^{\mathrm{T}} \underline{M}\, \underline{x} \geq 0$$

erfüllt, so wird die Matrix $\underline{M}$ *positiv semidefinit genannt [ZF92].*

Es existiert nach [ZF92, Föl92] ein hinreichendes und notwendiges Kriterium, um die positive Definitheit symmetrischer Matrizen $\underline{M} = \underline{M}^{\mathrm{T}}$ nachzuweisen. Symmetrische Matrizen besitzen keine komplexwertigen Eigenwerte. Sind alle Eigenwerte $\lambda_i \in \mathbb{R}$

einer symmetrischen Matrix größer null, dann ist $\underline{M}$ positiv definit. Gilt aber nur $\lambda_i \geq 0$ für alle Eigenwerte, dann ist $\underline{M}$ positiv semidefinit.

Ein weiteres hinreichendes und notwendiges Kriterium ist das Kriterium von Sylvester das ebenfalls in [Föl92] angegeben ist.

Anhang B

Hilfssätze

In diesem Abschnitt werden einige Hilfssätze angegeben, die zum vollständigen mathematischen Verständnis dieser Arbeit notwendig sind, aber trotzdem nur eine geringere Bedeutung besitzen.

Satz B.1 (Hilfssatz zur Ableitung der Cauchy-Formel):

Für $m \in \mathbb{N}$ gilt die Gleichung

$$\frac{d^m}{dt^m}\left\{\mathcal{I}_t^m\{f(t)\}\right\} = \frac{d^m}{dt^m}\left\{\frac{1}{(m-1)!}\int_{\tau=0}^{t}(t-\tau)^{m-1}f(\tau)\,d\tau\right\} = f(t). \qquad \text{(B.1)}$$

Die m-fache Ableitung der Cauchy-Formel zur m-fachen Integration der Funktion $f(t)$ ergibt wieder die Funktion $f(t)$.

Beweis von Satz B.1
Der Beweis wird mit der Methode der vollständigen Induktion geführt.
Induktionsanfang $(m = 1)$
Für $m = 1$ gilt die Gleichung

$$\frac{d}{dt}\int_{\tau=0}^{t}f(\tau)\,d\tau = f(t),$$

also ist der Satz für $m = 1$ bewiesen.
Induktionsannahme und Induktionsschritt
Jetzt wird angenommen, dass der Satz B.1 für m erfüllt ist. Unter dieser Annahme muss jetzt gezeigt werden, dass der Satz auch für $m + 1$ gültig ist. Darum wird die entsprechende Formel für $m + 1$ angesetzt:

$$\frac{1}{m!}\frac{d^{m+1}}{dt^{m+1}}\left\{\int_{\tau=0}^{t}(t-\tau)^{m}f(\tau)\,d\tau\right\}.$$

Dieses Integral kann jetzt partiell integriert werden; dabei wird die Stammfunktion von $f(t)$ mit $F(t)$ bezeichnet:

$$\frac{1}{m!}\frac{d^{m+1}}{dt^{m+1}}\left\{[F(\tau)(t-\tau)^m]|_{\tau=0}^{t}+m\int_{\tau=0}^{t}(t-\tau)^{m-1}F(\tau)\,d\tau\right\}$$

$$=\frac{1}{m!}\frac{d^{m+1}}{dt^{m+1}}\left\{-F(\tau)t^m+m\int_{\tau=0}^{t}(t-\tau)^{m-1}F(\tau)\,d\tau\right\}.$$

Der erste Summand verschwindet nach der $(m+1)$-fachen Ableitung und das Integral vereinfacht sich damit zu

$$\frac{1}{(m-1)!}\frac{d^{m+1}}{dt^{m+1}}\left\{\int_{\tau=0}^{t}(t-\tau)^{m-1}F(\tau)\,d\tau\right\}.$$

Nach einer weiteren Umformung erhält man schließlich den Ausdruck

$$\frac{d}{dt}\left\{\underbrace{\frac{d^m}{dt^m}\left\{\frac{1}{(m-1)!}\int_{\tau=0}^{t}(t-\tau)^{m-1}F(\tau)\,d\tau\right\}}_{(*)}\right\}.$$

Da angenommen wurde, dass der Satz B.1 für $m=1$ gilt, kann der mit $(*)$ bezeichnete Ausdruck durch $F(t)$ - der Stammfunktion von $f(t)$ - ersetzt werden. Nach einer weiteren Ableitung folgt schließlich

$$\frac{d}{dt}\left\{F(t)\right\}=f(t).$$

Da der Satz auch für $m+1$ gilt, ist somit der Beweis für alle $m\in\mathbb{N}$ erbracht. $\square$

Satz B.2 (Laplace-Transformierte von $\frac{t^{\alpha-1}}{\tau^\alpha}\mathrm{E}_{\alpha,\alpha}(-t^\alpha/\tau^\alpha)$):
Die Laplace-Transformierte der Funktion

$$f(t)=\frac{t^{\alpha-1}}{\tau^\alpha}\mathrm{E}_{\alpha,\alpha}\left(-\frac{t^\alpha}{\tau^\alpha}\right),\qquad \alpha\in\mathbb{R}^+$$

ist für $\mathrm{Re}\{s\}>\frac{1}{\tau}$ *durch*

$$F(s)=\frac{1}{1+(\tau\,s)^\alpha}$$

gegeben.

Beweis von Satz B.2

Um Satz B.2 zu beweisen, muss das Integral

$$\mathcal{L}\{f(t)\} = \int_{t=0}^{\infty} \frac{t^{\alpha-1}}{\tau^{\alpha}} \mathrm{E}_{\alpha,\alpha}\left(-\frac{t^{\alpha}}{\tau^{\alpha}}\right) \mathrm{e}^{-st} dt$$

berechnet werden. Dies geschieht indem die Definition der zweiparametrigen Mittag-Leffler-Funktion (Definition A.2) verwendet wird, um das Integral wie folgt darzustellen:

$$\mathcal{L}\{f(t)\} = \int_{t=0}^{\infty} \frac{t^{\alpha-1}}{\tau^{\alpha}} \underbrace{\sum_{k=0}^{\infty} \frac{\left(-\frac{t^{\alpha}}{\tau^{\alpha}}\right)^{k}}{\Gamma(\alpha k + \alpha)}}_{= \mathrm{E}_{\alpha,\alpha}(-t^{\alpha}/\tau^{\alpha})} \mathrm{e}^{-st} dt. \tag{B.2}$$

Da vorausgesetzt wird, dass das Integral und die Reihe in Gleichung (B.2) gleichmäßig konvergieren, können Integration und Summation vertauscht werden. Somit erhält man

$$\mathcal{L}\{f(t)\} = \sum_{k=0}^{\infty} \frac{1}{\Gamma(\alpha k + \alpha)} \underbrace{\int_{t=0}^{\infty} \frac{t^{\alpha-1}}{\tau^{\alpha}} \left(-\frac{t^{\alpha}}{\tau^{\alpha}}\right)^{k} \mathrm{e}^{-st} dt}_{= J_k(s)}. \tag{B.3}$$

Die uneigentlichen Integrale $J_k(s)$ in (B.3) für $k \in \mathbb{N}_0$ konvergieren wenn

$$\mathrm{Re}\{s\} > 0$$

gilt, denn eine gedämpfte Exponentialfunktion unterdrückt jedes Polynom für $t \to \infty$. Die unter dieser Bedingung konvergenten Integrale können wie folgt berechnet werden:

$$J_k(s) = \int_{t=0}^{\infty} \frac{t^{\alpha-1}}{\tau^{\alpha}} \left(-\frac{t^{\alpha}}{\tau^{\alpha}}\right)^{k} \mathrm{e}^{-st} dt = \Gamma(\alpha k + \alpha) \frac{1}{(\tau s)^{\alpha}} \left(\frac{-1}{(\tau s)^{\alpha}}\right)^{k}.$$

Die nun berechneten uneigentlichen Integrale $J_k(s)$ können in Gleichung (B.3) eingesetzt werden, was die gesuchte Laplace-Transformierte in Form einer Potenzreihe darstellt:

$$\mathcal{L}\{f(t)\} = \frac{1}{(\tau s)^{\alpha}} \sum_{k=0}^{\infty} \left(\frac{-1}{(\tau s)^{\alpha}}\right)^{k}. \tag{B.4}$$

Da die Potenzreihe in Gleichung (B.4) eine geometrische Reihe ist, kann die Laplace-Transformierte in einer geschlossenen Form angegeben werden. Dazu muss die gleichmäßige Konvergenz der Potenzreihe gesichert sein. Die dafür notwendige Bedingung lautet

$$\left| \frac{1}{s^\alpha \tau^\alpha} \right| < 1,$$

beziehungsweise

$$|s| > \frac{1}{\tau},$$

da für die Zeitkonstante immer $\tau > 0$ gilt. Somit kann jetzt mit

$$F(s) = \mathcal{L}\{f(t)\} = \frac{1}{(\tau s)^\alpha} \frac{1}{1 + (\tau s)^{-\alpha}} = \frac{1}{1 + (\tau s)^\alpha} \qquad (\text{B.5})$$

die Laplace-Transformierte der Funktion $f(t)$ angegeben werden. Für die Herleitung von Gleichung (B.5) wurde die Gültigkeit der beiden Bedingungen

$$|s| > \frac{1}{\tau} \text{ und } \mathrm{Re}\{s\} > 0$$

gefordert. Dies hat zur Konsequenz, dass die Laplace-Transformierte (B.5) dann existiert, wenn die Bedingung

$$\mathrm{Re}\{s\} > \frac{1}{\tau},$$

die aus den oben angegebenen Bedingungen folgt, erfüllt ist. Diese Bedingung ist auch in Satz B.2 als Voraussetzung angegeben. $\qquad\square$

Anhang C

Beweise

Beweis von Satz 3.1
Der Beweis wird mit der Methode der vollständigen Induktion geführt.
Induktionsanfang $(n = 1)$
Für $n = 1$ - die kleinste Zahl aus $\mathbb{N}$ - gilt

$$_a\mathcal{I}_t^1\{f(t)\} = \int_{t_0=a}^{t} f(t_0)dt_0,$$

was mit Gleichung (3.11) aus Satz 3.1 identisch ist.
Induktionsannahme und Induktionsschritt
Jetzt muss gezeigt werden, dass der Satz für $n + 1$ wahr ist, wenn er für n wahr ist. Darum wird nun eine $(n+1)$-fache Integration unter der Voraussetzung durchgeführt, dass die Formel für eine n-fache Integration angewendet werden kann. Dies führt auf das Integral

$$_a\mathcal{I}_t^{n+1}\{f(t)\} = \frac{1}{(n-1)!} \int_{t_n=a}^{t} \int_{\tau=a}^{t_n} (t_n - \tau)^{n-1} f(\tau) \, d\tau \, dt_n.$$

Um eine Vertauschung der beiden Integrale durchführen zu können, werden vorher die Integrationsgrenzen verändert. Die neue innere Integration soll über die Variable t_n von τ bis t erfolgen. Dagegen wird die äußere Integration über die Variable τ von a bis t durchgeführt. Diese Umwandlung ermöglicht es, das gesuchte Integral wie folgt umzuformen:

$$\frac{1}{(n-1)!} \int_{t_n=a}^{t} \int_{\tau=a}^{t_n} (t_n - \tau)^{n-1} f(\tau) \, d\tau \, dt_n =$$

$$\frac{1}{(n-1)!} \int_{\tau=a}^{t} f(\tau) \int_{t_n=\tau}^{t} (t_n - \tau)^{n-1} \, dt_n \, d\tau.$$

Das innere Integral mit der Integrationsvariablen t_n kann gelöst werden, was auf die Gleichung

$$\frac{1}{n!} \int_{\tau=a}^{t} (t-\tau)^n f(\tau) d\tau$$

führt, die mit der Cauchy-Formel (3.11) identisch ist, wenn eine (n+1)-fache Integration ausgeführt wird. Damit ist der Beweis abgeschlossen und die Gültigkeit des Satzes 3.1 wurde für alle n bewiesen. $\qquad\square$

Beweis von Satz 3.2

In diesem Beweis wird die Laplace-Transformierte

$$\mathcal{L}\{\mathcal{I}_t^\alpha\{f(t)\}\} = \int_{t=0}^{\infty} \mathcal{I}_t^\alpha\{f(t)\}\,\mathrm{e}^{-st} dt \tag{C.1}$$

berechnet. Darum wird als nächster Schritt die Definition der fraktionalen Integration aus Gleichung (3.13) in die obige Gleichung (C.1) eingesetzt:

$$\mathcal{L}\{\mathcal{I}_t^\alpha\{f(t)\}\} = \int_{t=0}^{\infty} \underbrace{\frac{1}{\Gamma(\alpha)} \int_{\tau=0}^{t} (t-\tau)^{\alpha-1} f(\tau)\,d\tau}_{=\mathcal{I}_t^\alpha\{f(t)\}}\,\mathrm{e}^{-st} dt. \tag{C.2}$$

Diese Gleichung (C.2) kann durch das Doppelintegral

$$\mathcal{L}\{\mathcal{I}_t^\alpha\{f(t)\}\} = \frac{1}{\Gamma(\alpha)} \int_{t=0}^{\infty} \int_{\tau=0}^{t} (t-\tau)^{\alpha-1} f(\tau)\,\mathrm{e}^{-st} d\tau\,dt$$

übersichtlicher geschrieben werden. Um die Integrationsreihenfolge zu vertauschen - was durchführbar ist, wenn alle Integrale existieren -, müssen die Grenzen der beiden Integrationsvariablen t und τ verändert werden. Da nach einer Vertauschung zuerst über die Variable t integriert wird, läuft diese innere Integration von $t=\tau$ bis $t=\infty$. Die äußere Integration soll mit der Integrationsvariablen τ von $\tau=0$ bis $\tau=\infty$ erfolgen. So entsteht das neue Doppelintegral

$$\mathcal{L}\{\mathcal{I}_t^\alpha\{f(t)\}\} = \frac{1}{\Gamma(\alpha)} \int_{\tau=0}^{\infty} \underbrace{\int_{t=\tau}^{\infty} (t-\tau)^{\alpha-1}\mathrm{e}^{-st} dt}_{=I_1(\tau)}\,f(\tau)\,d\tau. \tag{C.3}$$

Das innere, mit $I_1(\tau)$ bezeichnete, Integral kann nach der Variablensubstitution

$$v = t - \tau$$

auf die Darstellung

$$I_1(\tau) = \mathrm{e}^{-s\tau} \underbrace{\int_{v=0}^{\infty} v^{\alpha-1}\mathrm{e}^{-sv}dv}_{= \mathcal{L}\{v^{\alpha-1}\} = \dfrac{\Gamma(\alpha)}{s^{\alpha}}} \qquad (C.4)$$

gebracht werden, was durch die Verwendung der Laplace-Transformation auf das Zwischenergebnis

$$\mathcal{L}\{\mathcal{I}_t^{\alpha}\{f(t)\}\} = \frac{1}{s^{\alpha}} \underbrace{\int_{\tau=0}^{\infty} f(\tau)\mathrm{e}^{-s\tau}d\tau}_{= \mathcal{L}\{f(\tau)\} = F(s)} \qquad (C.5)$$

führt. Die gesuchte Laplace-Transformierte kann jetzt als

$$\mathcal{L}\{\mathcal{I}_t^{\alpha}\{f(t)\}\} = \frac{F(s)}{s^{\alpha}}$$

angegeben werden. $\qquad\qquad\qquad\qquad\qquad\qquad\qquad\qquad\qquad\qquad\qquad \square$

Anhang D

Herleitungen

D.1 Berechnung der Stammfunktion von $\tilde{\gamma}(T)$

Im Kapitel 4 wird die Stammfunktion $\tilde{\Gamma}(T)$ von

$$\tilde{\gamma}_{CC}(T) \;=\; \frac{R}{2\pi}\,\frac{\sin\left((1-\alpha)\pi\right)}{\cosh\left(\alpha(T-T_0)\right)-\cos\left((1-\alpha)\pi\right)}. \tag{D.1}$$

zur Berechnung der direkten Approximation benötigt. Mit Hilfe der Stammfunktion kann der Informationsverlust bei der Begrenzung der Relaxationsdichte bewertet werden. Außerdem können die Parameter r_m des Approximationsmodells mit der Stammfunktion berechnet werden.

Zur Vereinfachung der Schreibweise dienen die folgenden Abkürzungen:

$$\begin{aligned}
A &= \frac{R}{2\pi}\sin\left((1-\alpha)\pi\right), \\
B &= \cos\left((1-\alpha)\pi\right).
\end{aligned}$$

Somit vereinfacht sich die Funktion (D.1) zu

$$\tilde{\gamma}_{CC}(T) = \frac{A}{\cosh\left(\alpha(T-T_0)\right)-B}.$$

Da

$$\frac{1}{2}\left(\mathrm{e}^{x}+\mathrm{e}^{-x}\right) = \cosh(x)$$

gilt, kann mit der Substitution $s = \mathrm{e}^{\alpha(T-T_0)}$ das zu lösende unbestimmte Integral folgendermaßen vereinfacht werden:

$$\int \frac{A}{\frac{\alpha}{2}s^2 - B\alpha s + \frac{\alpha}{2}}\, ds. \tag{D.2}$$

Zur Lösung eines unbestimmten Integrals der Form (D.2) findet man in Tabellen [BSMM95] die entsprechende Stammfunktion

$$\frac{2A \operatorname{arctanh}\left(\dfrac{2s - 2B}{2\sqrt{B^2 - 1}}\right)}{\alpha\sqrt{B^2 - 1}}.$$

Eine Rücksubstitution und das Einsetzen der Konstanten A und B ergibt schließlich die gesuchte Stammfunktion

$$\tilde{\Gamma}(T) = \frac{R\sin\left(\pi(\alpha - 1)\right)\arctan\left(\dfrac{\cos(\pi(\alpha - 1)) - \mathrm{e}^{\alpha(T - T_0)}}{\sqrt{1 - \cos^2(\pi(\alpha - 1))}}\right)}{\pi\alpha\sqrt{1 - \cos^2(\pi(\alpha - 1))}}. \tag{D.3}$$

D.2 Lösung der Integralgleichung (4.16)

Die für die direkte Approximation benötigte Integralgleichung

$$z(\Omega) = -\frac{1}{2}\int_{T=-\infty}^{\infty} \tilde{\gamma}(T)\operatorname{sech}(\Omega + T)\,dT \tag{D.4}$$

soll nach der Relaxationsdichte $\tilde{\gamma}(T)$ gelöst werden. Hierzu wird die Methode der Fourier-Transformation verwendet, denn Gleichung (D.4) kann auf Grund der Achsen-Symmetrie des Sekans-Hyperbolikus zu einem Faltungsintegral

$$z(-\Omega) = -\frac{1}{2}\int_{T=-\infty}^{\infty} \tilde{\gamma}(T)\operatorname{sech}(\Omega - T)\,dT \tag{D.5}$$

umgeformt werden. Die Faltung kann im Frequenzbereich durch eine Multiplikation der Fourier-Transformierten von $\tilde{\gamma}(\Omega)$ und $\operatorname{sech}(\Omega)$ durchgeführt werden. Hierzu müssen die Fourier-Transformationen

$$z_\vartheta(\vartheta) = \int_{\Omega=-\infty}^{\infty} z(\Omega)\mathrm{e}^{-j\vartheta\Omega}d\Omega,$$

$$\tilde{\gamma}_\vartheta(\vartheta) = \int_{\Omega=-\infty}^{\infty} \tilde{\gamma}(\Omega)\mathrm{e}^{-j\vartheta\Omega}d\Omega,$$

und

$$S_\vartheta(\vartheta) = \pi\operatorname{sech}\left(\frac{\pi}{2}\vartheta\right) = \int_{\Omega=-\infty}^{\infty} \operatorname{sech}(\Omega)\mathrm{e}^{-j\vartheta\Omega}d\Omega$$

berechnet werden. Im Frequenzbereich - mit der Variablen ϑ - lautet die Integralgleichung (D.5) auf Grund der Faltungseigenschaft

$$z_\vartheta(-\vartheta) = -\frac{1}{2}\tilde{\gamma}_\vartheta(\vartheta)\, S_\vartheta(\vartheta).$$

Jetzt kann nach der Fourier-Transformierten $\tilde{\gamma}_\vartheta(\vartheta)$ der gesuchten Relaxationsdichte $\tilde{\gamma}(T)$ aufgelöst werden:

$$
\begin{aligned}
\tilde{\gamma}_\vartheta(\vartheta) &= -\frac{2}{\pi} z_\vartheta(-\vartheta) \underbrace{\frac{1}{\operatorname{sech}\left(\frac{\pi}{2}\vartheta\right)}}_{=\cosh\left(\frac{\pi}{2}\vartheta\right)} = -\frac{2}{\pi} z_\vartheta(-\vartheta)\ \underbrace{\cosh\left(\frac{\pi}{2}\vartheta\right)}_{=\frac{1}{2}\left(\mathrm{e}^{\frac{\pi}{2}\vartheta}+\mathrm{e}^{-\frac{\pi}{2}\vartheta}\right)} \\[2mm]
&= -\frac{1}{\pi} z_\vartheta(-\vartheta)\left(\mathrm{e}^{\frac{\pi}{2}\vartheta}+\mathrm{e}^{-\frac{\pi}{2}\vartheta}\right) \tag{D.6}
\end{aligned}
$$

Als nächster Schritt muss nur noch die Rücktransformation von (D.6) in den Zeitbereich - mit den logarithmischen Variablen Ω und T - durchgeführt werden. Dabei tritt ein Problem im Umgang mit der Fourier-Transformation auf: Das für die Rücktransformation des Kosinus-Hyperbolikus notwendige Integral

$$\frac{1}{2\pi}\int_{\vartheta=\infty}^{\infty}\left(\mathrm{e}^{\frac{\pi}{2}\vartheta}+\mathrm{e}^{-\frac{\pi}{2}\vartheta}\right)\mathrm{e}^{j\vartheta\Omega}\,d\vartheta$$

ist nicht konvergent. Eine Rücktransformation ist dennoch möglich, wenn die Distributionentheorie aus der Mathematik verwendet wird [SS67, Doe58]. Mit dieser Theorie, auf die nicht weiter eingegangen werden soll, kann die inverse Fourier-Transformation der Frequenzbereichsfunktionen $\mathrm{e}^{\frac{\pi}{2}\vartheta}$ und $\mathrm{e}^{-\frac{\pi}{2}\vartheta}$ angegeben werden, obwohl die dafür notwendigen Integrale nicht im klassischen Sinne existieren. Für die beiden Exponentialfunktionen im Frequenzbereich gelten daher die Korrespondenzen

$$\delta(\Omega + ja) \mathrel{\underset{\mathcal{F}}{\circ\!\!-\!\!\bullet}} \mathrm{e}^{-a\vartheta}$$

und

$$\delta(\Omega - ja) \mathrel{\underset{\mathcal{F}}{\circ\!\!-\!\!\bullet}} \mathrm{e}^{a\vartheta},$$

die als Faltung

$$\tilde{\gamma}(T) = -\frac{1}{\pi} z(-T) \underset{\mathcal{F}}{*} \left(\delta\left(T - j\frac{\pi}{2}\right) + \delta\left(T + j\frac{\pi}{2}\right)\right) \tag{D.7}$$

im Zeitbereich zur Berechnung von $\tilde{\gamma}(T)$ verwendet werden. Für die Faltung mit der Dirac-Distribution δ gilt die Ausblendeigenschaft

$$f(t) \underset{\mathcal{F}}{*} \delta\left(t - t_0\right) = f(t - t_0) \qquad t_0 \in \mathbb{C}$$

auch für komplexwertige t_0 [SS67]. Daher kann jetzt die reellwertige Lösung der Integralgleichung (D.4) als

$$\tilde{\gamma}(T) = -\frac{1}{\pi}\left[\left(z\left(\Omega\right)\right)\big|_{\Omega=-T+j\frac{\pi}{2}} + \left(z\left(\Omega\right)\right)\big|_{\Omega=-T-j\frac{\pi}{2}}\right]$$

in Abhängigkeit des Imaginärteils $z(\Omega)$ der Impedanz angegeben werden.

D.3 Berechnung des Varianz-Schätzwerts $\hat{R}_{z_i'z_j'}$ mit der Unscented Transformation

Zur Bestimmung der Gewichtungsfaktoren β_{20} und β_2 für die Approximation der Kovarianzmatrix $\underline{P}_{\underline{x}'\underline{x}'}$ wird im folgenden Abschnitt der Varianz-Schätzwert

$$\hat{R}_{z_i'z_j'} = \beta_{20}\zeta_{i,0}'\zeta_{j,0}' + \beta_2 \sum_{k=1}^{2n} \zeta_{i,k}'\zeta_{j,k}' \tag{D.8}$$

bestimmt. Dabei ist z_i' der durch die nichtlinearen Funktion (5.41) gegebene i-te Komponente des Zustandsvektors $\underline{z}' = \underline{f}(\underline{z})$, dessen Eingangsvektor durch

$$\underline{z} = \begin{bmatrix} z_1 & z_2 & \cdots & z_{n-1} & z_n \end{bmatrix}^{\mathrm{T}}$$

gegeben ist. Es wird zudem angenommen, dass die Funktion $\underline{f}(\underline{z})$ als mehrdimensionale Taylor-Reihe entwickelt werden kann. Die jeweiligen $2n+1$ Sigma-Punkte $\underline{\zeta}_0$ bis $\underline{\zeta}_{2n}$ werden wieder entsprechend des Schemas (5.52) gewählt, damit die Gleichungen (5.54) bis (5.57) zur Vereinfachung der Gleichung für $\hat{R}_{z_i'z_j'}$ verwendet werden können.

Das Produkt zweier Komponenten, des durch die Funktion $\underline{f}(\underline{\zeta})$ abgebildeten Sigma-

Punkts $\underline{\zeta}_k$ kann durch die Taylorreihenentwicklung

$$
\begin{aligned}
\zeta'_{i,k}\zeta'_{j,k} = {} & \left(a_{i,0} + \sum_{k_1=1}^{n} a_{i,k_1}\zeta_{k_1,k} + \sum_{k_1=1}^{n}\sum_{k_2=1}^{n} a_{i,k_1 k_2}\zeta_{k_1,k}\zeta_{k_2,k} \right. \\
& + \sum_{k_1=1}^{n}\sum_{k_2=1}^{n}\sum_{k_3=1}^{n} a_{i,k_1 k_2 k_3}\zeta_{k_1,k}\zeta_{k_2,k}\zeta_{k_3,k} \\
& \left. + \sum_{k_1=1}^{n}\sum_{k_2=1}^{n}\sum_{k_3=1}^{n}\sum_{k_4=1}^{n} a_{i,k_1 k_2 k_3 k_4}\zeta_{k_1,k}\zeta_{k_2,k}\zeta_{k_3,k}\zeta_{k_4,k} + \cdots \right) \cdot \\
& \left(a_{j,0} + \sum_{m_1=1}^{n} a_{j,m_1}\zeta_{m_1,k} + \sum_{m_1=1}^{n}\sum_{m_2=1}^{n} a_{j,m_1 m_2}\zeta_{m_1,k}\zeta_{m_2,k} \right. \\
& + \sum_{m_1=1}^{n}\sum_{m_2=1}^{n}\sum_{m_3=1}^{n} a_{j,m_1 m_2 m_3}\zeta_{m_1,k}\zeta_{m_2,k}\zeta_{m_3,k} \\
& \left. + \sum_{m_1=1}^{n}\sum_{m_2=1}^{n}\sum_{m_3=1}^{n}\sum_{m_4=1}^{n} a_{j,m_1 m_2 m_3 m_4}\zeta_{m_1,k}\zeta_{m_2,k}\zeta_{m_3,k}\zeta_{m_4,k} + \cdots \right)
\end{aligned}
$$

angegeben werden. Bei der Kovarianz-Schätzung der Unscented Transformation wird über die Sigma-Punkte $k = 1, \cdots, 2n$ aufsummiert, was auf den Ausdruck in Gleichung (D.12) führt.

Mit den in den Unterklammern angegebenen Vereinfachungen kann Gleichung (D.12) wie folgt geschrieben werden:

$$
\begin{aligned}
\sum_{k=1}^{2n} \zeta'_{i,k}\zeta'_{j,k} = {} & 2n a_{i,0}a_{j,0} + a_{i,0}\sum_{k=1}^{n} a_{j,kk}2\eta^2\sigma^2 + a_{i,0}\sum_{k=1}^{n} a_{j,kkkk}2\eta^4\sigma^4 \\
& + \sum_{k=1}^{n} a_{i,k}a_{j,k}2\eta^2\sigma^2 + \sum_{k=1}^{n} a_{i,k}a_{j,kkk}2\eta^4\sigma^4 \\
& + a_{j,0}\sum_{k=1}^{n} a_{i,kk}2\eta^2\sigma^2 + \sum_{k=1}^{n} a_{i,kk}a_{j,kk}2\eta^4\sigma^4 \\
& + \sum_{k=1}^{n} a_{i,kkk}a_{j,k}2\eta^4\sigma^4 + a_{j,0}\sum_{k=1}^{n} a_{i,kkkk}2\eta^4\sigma^4 .
\end{aligned}
\tag{D.9}
$$

Eine Umsortierung sowie ein Ausklammern der Terme $\eta^2\sigma^2$ und $\eta^4\sigma^4$ ergibt schließlich den Ausdruck:

$$\sum_{k=1}^{2n} \zeta'_{i,k}\zeta'_{j,k} = 2na_{i,0}a_{j,0} + \left(a_{i,0}\sum_{k=1}^{n} a_{j,kk} \right.$$
$$+ \sum_{k=1}^{n} a_{i,k}a_{j,k} + a_{j,0}\sum_{k=1}^{n} a_{i,kk} \left.\right) 2\eta^2\sigma^2$$
$$+ \left(a_{i,0}\sum_{k=1}^{n} a_{j,kkkk} + \sum_{k=1}^{n} a_{i,k}a_{j,kkk} + \sum_{k=1}^{n} a_{i,kk}a_{j,kk} \right.$$
$$+ \sum_{k=1}^{n} a_{i,kkk}a_{j,k} + a_{j,0}\sum_{k=1}^{n} a_{i,kkkk} \left.\right) 2\eta^4\sigma^4 + \cdots . \qquad \text{(D.10)}$$

Der approximierte Schätzwert $\hat{R}_{z'_i z'_j}$ für $R_{z'_i z'_j}$ kann jetzt durch die Hinzunahme des zentralen Sigma-Punkts $\underline{\zeta}_0 = \underline{0}$, dessen Abbildung auf $\underline{\zeta}' = \underline{f}(\underline{0}) = a_{i,0}a_{j,0}$ führt, wie folgt angegeben werden:

$$\hat{R}_{z'_i z'_j} = \beta_{20}a_{i,0}a_{j,0} + \beta_2\left[2na_{i,0}a_{j,0} + \left(a_{i,0}\sum_{k=1}^{n} a_{j,kk} \right.\right.$$
$$+ \sum_{k=1}^{n} a_{i,k}a_{j,k} + a_{j,0}\sum_{k=1}^{n} a_{i,kk} \left.\right) 2\eta^2\sigma^2$$
$$+ \left(a_{i,0}\sum_{k=1}^{n} a_{j,kkkk} + \sum_{k=1}^{n} a_{i,k}a_{j,kkk} + \sum_{k=1}^{n} a_{i,kk}a_{j,kk} \right.$$
$$+ \sum_{k=1}^{n} a_{i,kkk}a_{j,k} + a_{j,0}\sum_{k=1}^{n} a_{i,kkkk} \left.\right) 2\eta^4\sigma^4 + \cdots \left.\right]. \qquad \text{(D.11)}$$

Werden die Terme in (D.11) nach den Potenzen von σ sortiert, erhält man schließlich als gesuchtes Ergebnis

$$\hat{R}_{z'_i z'_j} = \left(\beta_{20}a_{i,0}a_{j,0} + \beta_2 2na_{i,0}a_{j,0} \right) + \left(a_{i,0}\sum_{k=1}^{n} a_{j,kk} \right.$$
$$+ \sum_{k=1}^{n} a_{i,k}a_{j,k} + a_{j,0}\sum_{k=1}^{n} a_{i,kk} \left.\right) \beta_2 2\eta^2\sigma^2$$
$$+ \left(a_{i,0}\sum_{k=1}^{n} a_{j,kkkk} + \sum_{k=1}^{n} a_{i,k}a_{j,kkk} + \sum_{k=1}^{n} a_{i,kk}a_{j,kk} \right.$$
$$+ \sum_{k=1}^{n} a_{i,kkk}a_{j,k} + a_{j,0}\sum_{k=1}^{n} a_{i,kkkk} \left.\right) \beta_2 2\eta^4\sigma^4 + \cdots ,$$

das für die Bestimmung der Gewichtungskoeffizienten β_{20} und β_2 im Abschnitt 5.3.4.2 verwendet wird.

$$
\begin{aligned}
\sum_{k=1}^{2n} \zeta_{i,k}' \zeta_{j,k}' \;=\; & 2n\,a_{i,0} a_{j,0} + a_{i,0} \underbrace{\sum_{m_1=1}^{n} \sum_{m_2=1}^{n} a_{j,m_1 m_2} 2\eta^2 \sigma^2 \delta_{m_1,m_2}}_{=\sum_{k=1}^{n} a_{j,kk} 2\eta^2 \sigma^2} \\[2ex]
& + a_{i,0} \underbrace{\sum_{m_1=1}^{n} \sum_{m_2=1}^{n} \sum_{m_3=1}^{n} \sum_{m_4=1}^{n} a_{j,m_1 m_2 m_3 m_4} 2\eta^4 \sigma^4 \delta_{m_1,m_2,m_3,m_4}}_{=\sum_{k=1}^{n} a_{j,kkkk} 2\eta^4 \sigma^4} \\[2ex]
& + \underbrace{\sum_{k_1=1}^{n} \sum_{m_1=1}^{n} a_{i,k_1} a_{j,m_1} 2\eta^2 \sigma^2 \delta_{k_1,m_1}}_{=\sum_{k=1}^{n} a_{i,k} a_{j,k} 2\eta^2 \sigma^2} \\[2ex]
& + \underbrace{\sum_{k_1=1}^{n} \sum_{m_1=1}^{n} \sum_{m_2=1}^{n} \sum_{m_3=1}^{n} a_{i,k_1} a_{j,m_1 m_2 m_3} 2\eta^4 \sigma^4 \delta_{k_1,m_1,m_2,m_3}}_{=\sum_{k=1}^{n} a_{i,k} a_{j,kkk} 2\eta^4 \sigma^4} \\[2ex]
& + a_{j,0} \underbrace{\sum_{k_1=1}^{n} \sum_{k_2=1}^{n} a_{i,k_1 k_2} 2\eta^2 \sigma^2 \delta_{k_1,k_2}}_{=\sum_{k=1}^{n} a_{i,kk} 2\eta^2 \sigma^2} \\[2ex]
& + \underbrace{\sum_{k_1=1}^{n} \sum_{k_2=1}^{n} \sum_{m_1=1}^{n} \sum_{m_2=1}^{n} a_{i,k_1 k_2} a_{j,m_1 m_2} 2\eta^4 \sigma^4 \delta_{k_1,k_2,m_1,m_2}}_{=\sum_{k=1}^{n} a_{i,kk} a_{j,kk} 2\eta^4 \sigma^4} \\[2ex]
& + \underbrace{\sum_{k_1=1}^{n} \sum_{k_2=1}^{n} \sum_{k_3=1}^{n} \sum_{m_1=1}^{n} a_{i,k_1 k_2 k_3} a_{j,m_1} 2\eta^4 \sigma^4 \delta_{k_1,k_2,k_3,m_1}}_{=\sum_{k=1}^{n} a_{i,kkk} a_{j,k} 2\eta^4 \sigma^4} \\[2ex]
& + a_{j,0} \underbrace{\sum_{k_1=1}^{n} \sum_{k_2=1}^{n} \sum_{k_3=1}^{n} \sum_{k_4=1}^{n} a_{i,k_1 k_2 k_3 k_4} 2\eta^4 \sigma^4 \delta_{k_1,k_2,k_3,k_4}}_{=\sum_{k=1}^{n} a_{i,kkkk} 2\eta^4 \sigma^4}
\end{aligned}
\tag{D.12}
$$

Literatur

[BS94]   Brammer, K. und G. Siffling: *Kalman-Bucy-Filter*. Oldenbourg Verlag, München, 4. Auflage, 1994.

[BSMM95]   Bronstein, I.N., K.A. Semendjajew, G. Musiol und H. Mühlig: *Taschenbuch der Mathematik*. Verlag Harri Deutsch, Frankfurt am Main, 2. Auflage, 1995.

[Cap69]   Caputo, M.: *Elasticità e Dissipazione*. Zanichelli Verlag, Bologna, Italien, 1969.

[CC41]   Cole, K. S. und R. H. Cole: *Dispersion and Absorption in Dielectrics - I. Alternating Current Characteristics*. Journal of Chem. Phys., 9:341–351, April 1941.

[Doe58]   Doetsch, G.: *Einführung in Theorie und Anwendung der Laplace-Transformation*. Birkhäuser Verlag, Basel und Stuttgart, 1958.

[Dre76]   Dreszer, J.: *Mathematik Handbuch für Technik und Naturwissenschaft*. Verlag Harri Deutsch, 1976.

[Eul74]   Euler, K.J.: *Entwicklung der elektrochemischen Brennstoffzelle*. Thiemig Verlag, 1974.

[Fel01]   Feldmann, D.: *Repetitorium der Numerischen Mathematik*. Binomi-Verlag, Springe, Deutschland, 2001.

[FK41]   Fuoss, R.M. und J.G. Kirkwood: *Electrical Properties of Solids. VIII. Dipole Moments in Polyvinyl Chloride-Diphenyl Systems*. J. Am. Chem. Soc., 63:385–394, April 1941.

[Föl92]   Föllinger, O.: *Regelungstechnik*. Hüthig Buch Verlag, Heidelberg, 7. Auflage, 1992.

[Föl93]   Föllinger, O.: *Laplace- und Fourier-Transformation*. Hüthig Buch Verlag, Heidelberg, 6. Auflage, 1993.

[Fox07]   Fox, J.: *Robotergestützte Parameterschätzung für inertiale Messsysteme*. Dissertation der Naturwissenschaftlich-Technischen Fakultät II, Universität des Saarlandes, 2007.

[GA93]   Grewal, M.S. und A.P. Andrews: *Kalman Filtering - Theory and Practice*. Prentice Hall, Englewood Cliffs (NJ), USA, 1993.

[Gem05]   Gemmar, M.: *Numerische Simulation von linearen fraktionalen Systemen*. Universität Karlsruhe (TH), Institut für Regelungs- und Steuerungssysteme, Studienarbeit S 168, 2005.

[GLL02]   Gorenflo, R., J. Loutchko und Y. Luchko: *Computation of the Mittag-Leffler-Function $E_{\alpha,\beta}(z)$ and its Derivatives*. Fractional Calculus and Applied Analysis, Vol. 4, No. 5, 2002.

[GM97]   Gorenflo, R. und F. Mainardi: *Integral and Differential Equations of Fractional Order*. In: A. Carpinteri and F. Mainardi: Fractals and Fractional Calculus in Continuum Mechanics, Springer Verlag, pp.: 223-276, 1997.

[Grü67]   Grünwald, A.K.: *Über begrenzte Deviationen und deren Anwendung*. Zeitschrift für Mathematik und Physik, 12:441–480, 1867.

[Hen62]   Henrici, P.: *Discrete Variable Methods in Ordinary Differential Equations*. John Wiley, New York, 1962.

[HK07]   Haschka, M. und V. Krebs: *A Direct Approximation of Fractional Cole-Cole-Systems by Ordinary First Order Processes*. In: Advances in Fractional Calculus: Theoretical Developments and Applications in Physics and Engineering, Springer Verlag, 2007.

[HV98]   Hamann, C.H. und W. Vielstich: *Elektrochemie*. Wiley-VCH, 3. Auflage, 1998.

[HWK$^+$06] Haschka, M., T. Weickert, V. Krebs, S. Schäfer und E. Ivers-Tiffée: *Identification of a Nonlinear Model for the Electrical Behavior of a Solid Oxide Fuel Cell*. Journal of Power Sources, 2:71–77, Februar 2006.

[IT01]   Ivers-Tiffée, E.: *Brennstoffzellen und Batterien*. Vorlesungsskript, Institut für Werkstoffe der Elektrotechnik, Universität Karlsruhe, 2001.

[Jaz70]   Jazwinski, A.H.: *Stochastic Processes and Filtering Theory*. Academic Press, New York, 1970.

[JU97]   Julier, S. J. und J. K. Uhlmann: *A new Extension of the Kalman Filter to Nonlinear Systems*. Proceedings of AeroSense: 8th Int. Symp. Aerospace/Defence Sensing, Simulation and Control, Seiten 182–193, 1997.

[JU04]   Julier, S. J. und J. K. Uhlmann: *Unscented Filtering and Nonlinear Estimation*. Proceedings of IEEE 92, March 2004.

[Jul02]   Julier, S. J.: *The Scaled Unscented Transformation*. Proceedings of the American Control Conference 2002, Seiten 4555–4559, 2002.

[JW00]   Jondral, F. und A. Wiesler: *Grundlagen der Wahrscheinlichkeitsrechnung und stochastischer Prozesse für Ingenieure*. B.G. Teubner, Stuttgart und Leipzig, 2000.

[Kal60]   Kalman, R.E.: *A New Approach to Linear Filtering and Prediction Problems*. Trans. ASME J. Basic Eng, 82:34–45, March 1960.

[KJ98]   Kiencke, U. und H. Jäckel: *Signale und Systeme*. B.G. Teubner Studienbücher, Stuttgart, 2. Auflage, 1998.

[KK98]   Kammeyer, K.D. und K. Kroschel: *Digitale Signalverarbeitung*. B.G. Teubner Studienbücher, Stuttgart, 4. Auflage, 1998.

[Kre80]   Krebs, V.: *Nichtlineare Filterung*. Oldenbourg Verlag, München, 1980.

[LD00]   Larminie, J. und A. Dicks: *Fuel Cell Systems Explained*. John Wiley & Sons Ltd., 2000.

[Lju87]   Ljung, L.: *System Identification - Theory for the User*. P.T.R Prentice Hall, Englewood Cliffs (NJ), USA, 1987.

[Lof90a]   Loffeld, O.: *Estimationstheorie I*. R. Oldenbourg Verlag GmbH, München, 1990.

[Lof90b]   Loffeld, O.: *Estimationstheorie II*. R. Oldenbourg Verlag GmbH, München, 1990.

[Lub86]   Lubich, Ch.: *Discretized Fractional Calculus*. SIAM J. Math. Anal, 17:704–719, May 1986.

[Mac87]   Macdonald, J.R.: *Impedance Spectroscopy*. J. Wiley, New York, 1987.

[Mat98]   Matignon, D.: *Stability Properties for Generalized Fractional Differential Systems*. ESAIM: Proceedings Fractional Differential Systems: Models, Methods and Applications, 5:145–158, 1998.

[MR93]   Miller, K.S. und B. Ross: *An Introduction to the Fractional Calculus and Fractional Differential Equations*. J. Wiley, New York, 1993.

[NPR00]   Nørgaard, M., N.K. Poulsen und O. Ravn: *New Developments in State Estimation for Nonlinear Systems*. Automatica, 11:1627–1638, 2000.

[OLN00]   Oustaloup, A., F. Levron und F. M. Nanot: *Frequency-Band Complex Noninteger Differentiator: Characterization and Synthesis*. IEEE Transactions on Circuits and Systems, 47:25–39, January 2000.

[OS02]   Oldham, K.B. und J. Spanier: *The Fractional Calculus*. Dover Publications, New York, 2002.

[Pap91]   Papoulis, A.: *Probability, Random Variables, and Stochastic Processes*. McGraw-Hill, New York, 3. Auflage, 1991.

[Pod99]   Podlubny, I.: *Fractional Differential Equations*. Academic Press, San Diego (CA), USA, 1999.

[Rie53]   Riemannn, B.: *Versuch einer allgemeinen Auffassung der Integration und Differenziation.* In: The collected Works of Bernhard Riemann, Dover Publications, New York, USA, 1953.

[Sch97]   Schei, T.S.: *A Finite-Difference Method for Linearizing in Nonlinear Estimation Algorithms.* Automatica, 11:2053–2058, 1997.

[Sch02]   Schichlein, H.: *Experimentelle Modellbildung für die Hochtemperatur-Brennstoffzelle SOFC.* Dissertation, Institut für Werkstoffe der Elektrotechnik, Universität Karlsruhe, 2002.

[Sch03]   Schmid, K.: *Qualitative dynamische Modelle für das Verhalten von Hochtemperatur-Brennstoffzellen.* VDI-Verlag, Düsseldorf, 2003.

[SKIT02]   Schmid, K., V. Krebs und E. Ivers-Tiffée: *Qualitative dynamische Modelle für die Werkstoffentwicklung von Hochtemperatur-Brennstoffzellen.* atp-Automatisierungstechnische Praxis, 7:55–60, Juli 2002.

[SKM93]   Samko, S.G., A.A. Kilbas und O.I. Marichev: *Integrals and Derivatives of Fractional Order and Some of Their Applications.* Gordon and Breach, Amsterdam, 1993.

[SS67]   Sauer, R. und I. Szabó: *Mathematische Hilfsmittel des Ingenieurs - Teil I.* Springer-Verlag, Berlin, 1967.

[Unb83]   Unbehauen, R.: *Systemtheorie.* Oldenbourg Verlag, München, 4. Auflage, 1983.

[vdM04]   Merwe, R. van der: *Sigma-Point Kalman-Filters for Probalistic Inference in Dynamic State-Space Models.* 2004.

[Web02]   Weber, A.: *Entwicklung von Kathodenstrukturen für die Hochtemperatur-Brennstoffzelle SOFC.* Dissertation, Institut für Werkstoffe der Elektrotechnik, Universität Karlsruhe, 2002.

[WH06]   Weickert, T. und M. Haschka: *Advanced Sigma Point Placement for the Unscented Kalman Filter.* Reports on Industrial Information Technology, 9:81–91, 2006.

[Wie49]   Wiener, N.: *The Extrapolation, Interpolation and Smoothing of Stationary Time Series.* John Wiley & Sons, Inc., New York, 1949.

[ZF92]   Zurmühl, R. und S. Falk: *Matrizen und ihre Anwendungen.* Springer-Verlag, Berlin, 6. Auflage, 1992.

Lebenslauf

Persönliche Daten:

Name:	Markus Stephan Haschka
Geburtsdatum:	21. November 1974
Staatsangehörigkeit:	deutsch

Schulbildung:

1981 - 1985	Besuch der Grundschule in Karlsruhe-Grötzingen
1985 - 1991	Besuch der Geschwister-Scholl-Realschule in Pfinztal-Berghausen
1991 - 1994	Besuch des Technischen Gymnasiums an der Albert-Einstein-Schule in Ettlingen

Studium:

1995 - 2002	Studium der Elektrotechnik und Informationstechnik an der Universität Karlsruhe (TH)
2002	Diplomarbeit am Institut für Regelungs- und Steuerungssysteme der Universität Karlsruhe (TH). Thema: „Bestimmung des Steuerbarkeitsbereichs für nichtlineare zeitdiskrete Systeme".

Berufliche Tätigkeiten:

2002 - 2007	Wissenschaftlicher Angestellter bzw. Mitarbeiter am Institut für Regelungs- und Steuerungssysteme der Universität Karlsruhe (TH)
seit 2007	Angestellter bei der Siemens AG in Erlangen